Ernst Zeier · Kurzweil durch Physik

Ernst Zeier

Kurzweil durch PHYSIK

AULIS VERLAG
DEUBNER & CO KG · KÖLN

CIP-Kurztitelaufnahme der Deutschen Bibliothek

Zeier, Ernst:
Kurzweil durch Physik / Ernst Zeier. – 1.
Aufl. – Köln:
Aulis-Verlag Deubner, 1983.
ISBN 3-7614-0682-7

Best.-Nr. 6054
1., für den Aulis Verlag veranstaltete Auflage

Printed in the German Democratic Republic
ISBN 3-7614-0682-7

Inhaltsverzeichnis

Ein Wort zuvor

Dauernd sind wir von physikalischem Geschehen umgeben. Es sind nicht nur Kinder, die bei Vorgängen und Erscheinungen, die wir täglich erleben, wissen möchten: »Warum ist das so?« und »Wie kommt es, daß ...?« Für alle, die noch nicht verlernt haben zu fragen, ist dies Büchlein geschrieben. Es handelt von so einfachen Dingen wie dünnen Seifenblasen, vom elektrischen Strom beim Essen, aber auch von optischen Scherzen und Zauberkunststücken. Antworten auf entstehende Fragen liefert das Reich der Physik. Keine Angst! Hochwissenschaftliche oder gar langweilige Physikstunden warten nicht auf den Leser.

Möglichst einfach, oft im Plauderton werden Erklärungen angeboten. Die Lektüre soll so unterhaltsam und doch zugleich auch lehrreich wirken. Zahlreiche Abbildungen erleichtern das Verständnis. Freilich geht es nicht immer ganz ohne Rechnung ab. Wem das zu schwierig erscheint, der nehme sich einfach ein anderes Thema aus dem Buch vor. Man kann irgendeine Stelle in dem Buch aufschlagen und lesen, denn jeder Abschnitt ist in sich abgeschlossen.

Die Physik ist nicht nur theoretische Wissenschaft. Sie kommt ohne das Experiment nicht aus. Auch in diesem Buch werden häufig Anregungen gegeben, selbst kleine Versuche anzustellen, für die sich die Hilfsmittel in jedem Haushalt finden, z. B. Papier, Trichter, Luftballon, Taschenspiegel oder Regenschirm. Jedoch ist das Ausführen dieser unter der jeweiligen Überschrift der einzelnen Abschnitte angekündigten Experimentiermöglichkeiten nicht zwingend erforderlich. Die Beschreibung der Versuche genügt für das Verstehen.

Als Maßeinheiten werden die für die Anwendung in allen Ländern empfohlenen und in vielen Staaten schon gesetzlich festgelegten SI-Einheiten benutzt. Basiseinheiten des SI sind für

die Länge (l)	das Meter (m)
die Masse (m)	das Kilogramm (kg)
die Zeit (t)	die Sekunde (s)
die Stromstärke (I)	das Ampere (A)
die Temperatur (T)	das Kelvin (K)
die Stoffmenge (n)	das Mol (mol) und für die
Lichtstärke (I_v)	das Candela (cd).

Von den abgeleiteten SI-Einheiten mit selbständigen Namen benötigen wir im vorliegenden Buch
die Kraft in Newton (N, $1\,N = 1\,kgm/s^2$) und
den Druck bzw. die Spannung in Pascal
(Pa, $1\,Pa = 1\,N/m^2 = 1\,m^{-1} \cdot kg \cdot s^{-2}$).
Wer mit diesen Einheiten noch nicht vertraut ist, kann leicht in die ihm bekannten Maße umrechnen, wenn er beachtet:

$1\,N = 0{,}1\,kp = 100\,p$

$1\,Pa = 1\,N/m^2 = 0{,}1\,kp/m^2 = 10^{-5}\,at = 10^{-5}\,bar.$

(Die Angaben sind für die praktische Arbeit abgerundet.) Bei Temperaturdifferenzen gilt $1\,K = 1\,°C$.

Vom Meter zum Parsec

Wie lang, wie breit, wie hoch? Oft stehen wir vor dem Problem, etwas messen zu müssen. Das ist eine verhältnismäßig einfache Sache. Wir nehmen ein Maßband oder einen Stab mit einer Einteilung in Zentimeter und Millimeter zur Hand und legen ihn an den zu messenden Gegenstand an. Im Sport beim Ballweitwurf und Speerwerfen verwenden wir ein langes aufrollbares Maßband. Auch der Landvermesser benutzt ein oft 50 m langes Band. In den Fahrplänen von Eisenbahn- und Flugverkehr finden wir Entfernungsangaben in Kilometern. Alle Längenmessungen beruhen auf dem Normalmaß Meter. Aber was ist eigentlich ein Meter?

Das Meter ist eine der sieben sogenannten Basiseinheiten (vgl. »Ein Wort zuvor«), die 1960 durch eine internationale Konferenz über Einheiten im Meßwesen im »Système International d'Unités« zur allgemeinen Verwendung empfohlen worden sind. Die Regelung war notwendig geworden, um international im Meßwesen einheitliche Verhältnisse zu schaffen. Das war unerläßlich für den internationalen Warenaustausch wie auch für den Vergleich wissenschaftlicher Meßergebnisse.

Andere ältere Längenmaße sind z. T. noch gebräuchlich. Auf den Garnrollen wurde noch vor kurzem die Länge des aufgerollten Fadens in Yards (englisches Maß) angegeben. Die Handwerker sprechen immer noch vom Zollstock, wenn sie einen Metermaßstab meinen. An Landstraßen stehen hier und da noch aus früherer Zeit Meilensteine. Das alte Maß Zoll, die Spanne, der Fuß und die Elle waren der Natur entnommene Längenmaße. In der Seefahrt ist heute noch die Seemeile gebräuchlich, auch die Luftfahrt rechnet noch mit miles (Meilen).

Wir selbst nehmen ja auch gelegentlich die Spanne zu Hilfe, um rasch eine Länge wenigstens abzuschätzen. Eine Spanne ist der Abstand von Daumenspitze zur Spitze des kleinen Fingers, wenn wir die Hand weit spreizen. Das sind ungefähr 20 cm. Aber wäre z. B. eine Leiste, die wir beim Schreiner mit der Länge fünf Spannen bestellen, am Ende wirklich so lang, wie wir sie brauchen? Der Schreinermeister hat sicher eine ganz andere Hand als der Auftraggeber. Außerdem könnte er die Hand mehr oder weniger weit spreizen.

Wir können uns gar nicht vorstellen, wie schwierig es in früheren Zeiten war, Waren an verschiedenen Orten zu verkaufen. Die Händler, die von einer Verkaufsmesse zur anderen zogen, waren gezwungen, sich bei jedem Überschreiten einer Landesgrenze oder beim Passieren eines Stadttores erst einmal nach der hier gültigen Maßeinheit zu erkundigen, denn nur nach diesem Maß durften sie verkaufen. An alten Rathäusern finden wir manchmal die im Mittelalter übliche Elle in Form eines eisernen Stabes angebracht. In Deutschland gab es damals beispielsweise mehr als 30 Längeneinheiten mit der Bezeichnung Fuß. Außerdem konnte jeder Landesherr nach Belieben die Einheiten ändern, wenn er etwa höhere Steuereinnahmen damit erreichen wollte.

Heute ist ein derartiger Wirrwarr im Geschäftsleben, in Wissenschaft und Technik undenkbar. Wir haben ja einheitlich das Meter als Längeneinheit. Wenn wir statt fünf Spannen ein Meter Leiste bestellen, erhalten wir genau die passende Länge, die wir brauchen. Wie kam es zur Vereinheitlichung? Kurz nach Beginn der Französischen Revolution wurde 1790 für Frankreich ein einheitliches Meßwesen vorgeschlagen. Dabei wollte man auf den Rat von Mathematikern und Physikern hin den Einheiten unveränderliche Naturmaße zugrunde legen. Sie wurden in den Abmessungen der Erde, ihrer Bewegung und ihrer Masse gesucht. Damit sollte es möglich sein, Urmaße, sogenannte Normale, zu bestimmen, die im Falle eines Verlustes nach den Naturmaßen immer wieder hergestellt werden könnten.

Für die Einheit der Länge wählte man den 40millionsten Teil des Erdmeridians, der durch Paris verläuft. Ein Stück davon wurde 1792 bis 1798 vermessen und danach ein Urmaß aus Platin hergestellt, das 1799 im französischen Staatsarchiv hinterlegt wurde. Es erhielt den Namen Meter nach dem griechischen Wort metron = Maß. Diese Einheit wurde nach und nach von anderen Ländern übernommen, die Kopien des Pariser Normals erhielten.

Es stellte sich aber bald heraus, daß mit verbesserten Meßverfahren die Messungen am Meridian von 1799 ungenau waren. Außerdem fand man, daß die Form der Erde und damit auch die des Meridians nicht unveränderlich ist, sondern geringen Schwankungen unterliegt. Damit war die ursprüngliche Idee, das Meter an die Maße der Erde anzuschließen, nicht mehr haltbar. Was jetzt tun?

Schon 1827 hatte der Astronom und Physiker Jacques Babinet darauf hingewiesen, daß die Wellenlänge des Lichts ein unveränderliches Naturmaß ist. Der englische Physiker James Clerk Maxwell schlug 1870 vor, die Wellenlänge, die Frequenz und die Masse der unvergänglichen, unveränderlichen und vollkommen gleichartigen Atome für die Festlegung der Einheiten für Länge, Zeit und Masse zu verwenden. 1889 verwirklichte der amerikanische Physiker Albert Abraham Michelson diesen Gedanken. Er schloß das Meter an die Wellenlänge der roten Linie im Spektrum des Elements Cadmium an. Heute verwenden wir die Wellenlänge der Strahlung, die dem Übergang zwischen zwei bestimmten Energieniveaus des Atoms Krypton 86 unter bestimmten Bedingungen im Vakuum entspricht. Das Meter ist dann das 1650763,73fache dieser Wellenlänge. Die Prüfung erfolgt mit optischen Meßverfahren. Damit kann die Einheit Meter immer wieder hergestellt werden.

Ein Meter ist eine recht handliche Länge. Für das Messen kleiner Objekte ist sie jedoch zu groß. Deshalb wird die Einheit Meter nach dem Zehnersystem unterteilt in Dezimeter, Zentimeter und Millimeter. Damit können wir schon recht feine Dinge messen, etwa die Dicke eines Streichholzes oder eines Haares. Die Wissenschaft hat aber noch viel kleinere Abmessungen zu bestimmen – bis in die Bereiche der Atome. Daher wird die Unterteilung des Meters weiter fortgesetzt. Wir erhalten ein Mikrometer (μm) als das 10^{-6}fache, ein Nanometer (nm) als das 10^{-9}fache, ein Pikometer (pm) als das 10^{-12}fache, ein Femtometer (fm) als das 10^{-15}fache und schließlich ein Attometer (am) als das 10^{-18}fache. Damit sind wir in der Lage, atomare Größen leicht anzugeben. Beispielsweise liegen die Durchmesser der Atome bei 10^{-10} m = 0,1 nm, der Durchmesser eines Atomkerns liegt bei 10^{-15} m = 1 fm. Die Wellenlängen des sichtbaren Lichts gehen von 400 nm des violetten Lichts bis zu 800 nm des roten Lichts. In der Atomphysik benutzen die Physiker als besonderes Maß auch noch das Fermi, 1 f $= 10^{-15}$ m.

Andererseits ist ein Meter auch eine zu kleine Länge, wenn es gilt, große Längen zu messen. Dann verwenden wir ein Dekameter (dam) als das 10fache, ein Hektometer (hm) als das 10^2fache, ein Kilometer (km) als das 10^3fache, ein Megameter (Mm) als das 10^6fache, ein Gigameter (Gm) als das 10^9fache und ein Terameter (Tm) als das 10^{12}fache. Die letzten sind uns im alltäglichen Leben kaum bekannt. Für den Geometer, den Landvermesser, reicht ein Maßband im allgemeinen nicht aus. Wenn er große Entfernungen eventuell auch noch über unzugängliches Gelände hinweg zu messen hat, wendet er das Verfahren der Triangulation an. Auf den Endpunkten einer noch meßbaren Strecke, der Standlinie oder Basis, stellt er Theodoliten auf. Das sind Winkelmesser mit Fernrohren. Mit ihnen fixiert er den weit entfernten Punkt an, dessen Entfernung er feststellen soll. Die gemessene Streckenlänge und die beiden Winkelgrößen zwischen Standlinie und den Richtungen zu dem fernen Objekt sind Grundlage seiner trigonometrischen Berechnungen, aus denen die gesuchte Entfernung hervorgeht.

So kann ein ganzes Land vermessen und in Landkarten aufgezeichnet werden. Dabei handelt es sich um Längen bis zu vielen Kilometern. Die Endpunkte der Basislinie sind also recht weit voneinander entfernt und im Gelände als trigonometrische Punkte festgelegt, meist auf Bergkuppen.

Wie schon erwähnt, rechnet der Seemann mit Seemeilen (1 sm = 1 852 m).

Selbst die größte irdische »Meterlänge«, das Exameter (1 Em = 10^{18} m), reicht für die Astronomen nicht aus, wenn sie den Abstand der Gestirne von der Erde oder voneinander angeben wollen. Sie mußten sich für diese Zwecke ein noch größeres Längenmaß ausdenken. Das Meßverfahren ist das gleiche wie das der Geometer. Nur muß die Standlinie viele Kilometer lang sein. Die Winkelmessungen werden daher an weit auseinanderliegenden Orten auf der Erde vorgenommen. Die Beobachtungen wurden zuerst auf Veranlassung des französischen Astronomen Giovanni Domenico Cassini durchgeführt, und zwar gleichzeitig von der französischen Kolonie Cayenne und dem 9 600 km entfernten Observatorium in Paris aus. Es gelang, den Abstand des Planeten Mars von der Erde zu berechnen.

Als die Messungen später auf die Fixsterne in der Tiefe des Weltraums ausgedehnt wurden, mußte die Standlinie noch weiter verlängert werden. Die Beobachtungen wurden jetzt von zwei entgegengesetzten Punkten der Erdbahn um die Sonne ausgeführt.

Aber schon der nächste uns benachbarte Himmelskörper, der Mond, steht 384420 km weit von uns weg, die Sonne bereits 149600000 km weit. Bis zu den Fixsternen wächst der Abstand noch ganz erheblich an. Die Maßeinheit Kilometer wurde immer unhandlicher. Daher ging man Ende des vorigen Jahrhunderts dazu über, astronomische Entfernungen in Lichtjahren anzugeben.

Was ist ein Lichtjahr? Keineswegs eine Zeitangabe, wie wir dem Wortteil Jahr entnehmen könnten, sondern die Streckenlänge, die ein Lichtsignal in einem Jahr zurücklegt. Nun durcheilt das Licht in der Sekunde 300000 km. Das ergibt im Jahr $9{,}46 \cdot 10^{12}$ km oder 9,5 Billionen Kilometer. Der Fixstern, der unserer Erde am nächsten steht, Proxima Centauri genannt, ist schon 4,26 Lichtjahre entfernt, dicht gefolgt von α-Centauri mit 4,32 Lichtjahren. Beide sind leider nur am südlichen Sternhimmel zu sehen. Wir können an unserem nördlichen Himmel den drittnächsten Stern, den Sirius, im Sternbild Großer Hund sehen (8,8 Lichtjahre entfernt). Besonders an Winterabenden strahlt er in einem hellen bläulichen Licht über dem Südhorizont. Mit dem ersten Aufgang des Sirius in der Morgendämmerung bestimmten die alten Ägypter den Frühlingsanfang und damit die Länge des Jahres. Sie verehrten ihn daher sehr. Alle anderen Fixsterne haben noch viel größere Abstände von uns, z. B. der Stern Deneb im Sternbild Schwan 270 Lichtjahre. Licht, das uns von so weit entfernten Sternen erreicht, wurde dort vor Jahrhunderten oder gar Jahrtausenden ausgestrahlt. Der Stern befindet sich heute, wenn wir ihn beobachten, schon längst nicht mehr an der Stelle, von der wir sein Licht jetzt empfangen, er ist weitergewandert.

Aus noch größeren Entfernungen kommen die Radiosignale zu uns von Sterngebilden, die Quasare genannt werden. Sie sind bis zu 11 Mrd. Lichtjahre von uns entfernt.

Das Längenmaß Lichtjahr war für solch riesige Entfernungen in der Astronomie immer noch zu klein. Vorübergehend benutzten die Astronomen dafür die sogenannte Astronomische Einheit AE. Das ist die mittlere Entfernung Erde – Sonne ($1\ \text{AE} = 149{,}600 \cdot 10^6\,\text{km}$). Heute verwenden sie Parallaxensekunden, kurz Parsec genannt (pc).

Das Kunstwort Parallaxensekunde ist zusammengesetzt aus Parallaxe, d. h. Winkelabstand, und Sekunde. Unter Parallaxensekunde versteht man allgemein die Änderung der Richtung nach einem Stern von den Endpunkten einer Standlinie aus, daher auch umgekehrt den Winkel, unter dem von diesem Stern aus die Standlinie erscheint. Ein Parsec ist nun die Entfernung, unter der der Radius der Erdbahn um die Sonne, von einem Stern aus gesehen, gerade unter dem Winkelmaß von einer Bogensekunde erscheinen würde. Wer gern umrechnen möchte: Es ist 1 pc = 30,8572 Billionen km = 3,2633 Lichtjahre = 206 264,8 AE. Ein Lichtjahr ist z. B. gleich 0,3068 pc. Für das Maß 5 pc wird auch die Bezeichnung Siriusweite benutzt.

Warum gerade das Parsec als Maßeinheit gewählt wurde, wird ersichtlich, wenn ein Astronom die Winkelabstände von Sternen, die Parallaxen, in Entfernungen umrechnen will. Das ist sehr einfach, weil die Parallaxe von x Bogensekunden der Entfernung von 1/x pc entspricht. Der erwähnte Stern α-Centauri hat z. B. von der Erde aus die Parallaxe $^3/_4$ Bogensekunden, seine Entfernung ist dann $^4/_3$ pc (= 4,3 Lichtjahre).

Allerdings hängt die Genauigkeit der Angaben von der Genauigkeit der Winkelmessungen ab. Kleinere Parallaxen als $^1/_{100}$ Bogensekunden werden ungenau. So sind die Entfernungsangaben nur bis 100 pc wirklich brauchbar. Immerhin suchen die Astronomen immer tiefer in die Weite des Weltalls vorzudringen. Bessere Fernrohre und Beobachtungsmöglichkeiten lassen noch fernere Gestirne erkennen. So hat die Astronomie für solch riesige Entfernungen auch die Längen von 1 000 pc = kpc (Kiloparsec) und eine Million Parsec = 1 Mpc (Megaparsec) bereitgestellt.

Das tragfähige Papier

Versuch

Eine einfache Leiste, sei sie aus Holz oder Metall, biegt sich durch, wenn wir sie in der Mitte belasten. Versuchen wir ein Rohr entsprechend zu biegen, wird es schon viel schwieriger, denn es ist wesentlich steifer als eine Leiste. Auch ein großes Brett oder eine Metallplatte läßt sich eindrücken, sobald wir einen schweren Körper mitten daraufstellen.

Erst recht trifft das zu für ein einfaches Blatt Papier. Wir wollen versuchen, es trotzdem stabil zu machen. Legen wir einen Bogen Papier auf einen kleinen Blumentopf oder ein Trinkglas, so können wir das Papier mit dem Finger leicht in das Glas hineindrücken. Stellen wir einen mit Wasser gefüllten Becher auf das Papier, so sinkt es samt dem Papier in das Glas hinein. (Der Becher muß selbstverständlich am Boden kleiner sein als die Öffnung des Glases).

Abb. 1 Das tragfähige Papier

Jetzt machen wir das Papier tragfähig. Wir falten es zickzackförmig in schmalen Streifen und pressen es gleichzeitig etwas zusammen. Lassen wir es los, spreizt es sich ein wenig (Abb. 1). Das Papier zeigt nun eine erstaunliche Festigkeit. Wir können den Becher ohne Sorge daraufstellen. Das Papier hält ihn aus, es biegt sich nicht durch. Auch die Technik nutzt ein solches Falten und Biegen von Blechen aus (z. B. Wellblech), um eine große Biegefestigkeit und Tragfähigkeit zu erzielen.

Die leichte Korkkugel

Das Gewicht eines Flaschenkorkens, den wir in der Hand halten, spüren wir fast nicht. Der Korken ist federleicht. Mit der Briefwaage stellen wir fest, daß seine Masse nur etwa 2 g beträgt. Auch ein größeres Stück Kork erscheint uns außerordentlich leicht. So dürfte es selbstverständlich sein, daß wir eine ganz aus Kork hergestellte Kugel mit dem Radius $R = 1$ m mit Leichtigkeit tragen können.

Aber gemach! Wir wollen doch vorsichtshalber die Masse einmal ausrechnen. Kork hat die Dichte $\gamma = 0{,}2 \frac{g}{cm^3}$ bis $0{,}4 \frac{g}{cm^3}$. Die Masse M ist das Produkt aus Volumen V und Dichte γ. Das Volumen der Kugel ergibt sich aus $V = \frac{4}{3}\pi \cdot R^3 \approx 4{,}189\, R^3$.

Für die Masse folgt

$$M = 4{,}189 \cdot 100^3\, cm^3 \cdot 0{,}2\, g\, cm^{-3} = 4{,}189 \cdot 10^5 \cdot 2\, g = \\ = 8{,}378 \cdot 10^5\, g \text{ bzw. } \approx 838\, kg.$$

Diesen 838 kg entspricht im Schwerefeld der Erde eine Gewichtskraft von 8380 N.

Dabei haben wir noch mit dem geringsten Wert für die Dichte gerechnet. In Wirklichkeit kann eine Korkkugel eine noch größere Masse besitzen. Ein Mensch ist daher sicherlich nicht in der Lage, eine solche Korkkugel zu tragen.

Der Ärger mit dem Schwerpunkt

Versuch

Eine nicht mit Wasser gefüllte schmale, hohe Vase, in die wir einen großen Blumenstrauß stecken, fällt leicht um. Einen Ständer für einen Gartenschirm dagegen können wir nur mit großem Kraftaufwand umwerfen. Woran liegt das? Bei der Vase mit Strauß liegt der Schwerpunkt sehr hoch, die Standfläche ist klein – beim Ständer liegt er tief unten, dicht über einer umfangreichen Standfläche. Nach einem physikalischen Gesetz fällt ein Gegenstand dann um, wenn wir ihn so weit kippen, daß sein Schwerpunkt über die Standfläche hinauskommt.

Unser eigener Körper hat wie jeder Gegenstand natürlich auch einen Schwerpunkt. Wo er genau liegt, das hängt von unserer Körpergröße und unserem Körperumfang ab. Auf jeden Fall müssen wir ihn in unserem Körperinnern annehmen, etwa in der Höhe des Nabels. Unsere Standfläche sind die Fußsohlen und der Platz dazwischen. Selbstverständlich gilt auch für uns das obenerwähnte Gesetz, wann ein Körper umfällt.

Wir können das leicht ausprobieren. Wir stellen uns aufrecht hin, die Füße dicht nebeneinander. Jetzt neigen wir uns mit gestrecktem Körper langsam nach vorn. Sehr schnell bekommen wir das Gefühl: Jetzt kippen wir um. Unwillkürlich reißen wir einen Fuß nach vorn, um die Standfläche zu vergrößern. Dann kommt der Schwerpunkt über diese vergrößerte Fläche, und wir stehen wieder fest.

Der Schwerpunkt ist auch schuld daran, daß wir bei Glatteis so leicht fallen. Rutschen unsere Füße nur ein wenig nach vorn, fallen wir unweigerlich nach hinten, wenn es uns nicht gelingt, den Oberkörper schnell genug nach vorn zu beugen. Nach vorn fallen wir mit Sicherheit, sobald unser Schwerpunkt über die Fußspitzen hinaus gerät.

Das physikalische Gesetz über die Standfestigkeit und unsere eigenen Erfahrungen können wir im Freundeskreis für allerlei lustige Versuche ausnutzen. Wir wollen sie aber immer mit der nötigen Vorsicht ausführen und vor allem dafür sorgen, daß bei einem eventuellen Umfallen eine weiche Unterlage bereitliegt oder daß wir den Fallenden rechtzeitig auffangen.

Wir fordern einen Freund auf, sich gerade aufgerichtet an eine glatte Wand (ohne Scheuerleiste unten) oder eine glatte Tür zu stellen. Die Fersen sollen die Wand berühren. In dieser Stellung soll er ein Bein gestreckt anheben. Dabei darf er das Knie des anderen Beins nicht herausdrücken. Das wird ihm nicht gelingen. Er fällt nach vorn. In der Ausgangsstellung ist nämlich der Schwerpunkt schon so weit nach vorn gerückt, daß er fast über den Fußspitzen liegt. Wird ein Bein angehoben, kommt der Schwerpunkt schnell über die Füße hinaus, und unser Freund fällt nach vorn um.

Nun soll sich unser Freund gerade aufgerichtet auf einen Stuhl setzen. Er legt die Hände auf die Knie und stellt die Füße nebeneinander etwas nach vorn auf den Fußboden. In dieser Haltung soll er aufstehen. Das kann er bei dieser Haltung nicht. Es gelingt ihm erst, wenn er entweder die Füße anzieht oder den Oberkörper weit nach vorn beugt. Sein Schwerpunkt liegt nämlich sehr weit hinten über dem Stuhlsitz. Nur wenn er den Schwerpunkt über die Füße bekommt, kann er aufstehen.

Wir suchen einen recht stabilen Stuhl mit rechteckigem Sitz und kräftigen geraden Beinen aus, den wir auf dem Fußboden so umlegen, daß die Vorderbeine auf dem Boden liegen, die Hinterbeine mit der Lehne waagerecht darüber. Unweit vom Sitz legen wir über die Hinterbeine ein Brett. Unser Freund soll sich auf dieses Brett knien. Nun soll er – ohne mit den Händen nach vorn zu der Lehne zu greifen – mit dem Mund ein Stück Zucker aufnehmen, das wir vor ihm auf den weitestentfernten Punkt der Lehne gelegt haben. Sein Schwerpunkt wird ihm dabei viel Ärger bereiten, denn beim Vorbeugen kommt er über den Stuhlsitz hinaus. Unser Freund kippt nach vorn über, wenn er sich nicht so hinhocken kann, daß sein Schwerpunkt immer hinter dem Stuhlsitz bleibt. Aber auch das ist nicht ganz einfach.

Zwei Freunde knien einander gegenüber. Sie bleiben so weit voneinander entfernt, daß sich ihre Hände bei aufgerichtetem Oberkörper und nach vorn gestreckten Armen gerade noch berühren. Jeder hält eine Kerze in der rechten Hand. Jetzt sollen beide mit der linken Hand ihren linken Fuß fassen und festhalten. Das linke Bein ist dann im Knie abgeknickt und darf den Fußboden nicht mehr berühren. Wir zünden nun eine Kerze an und fordern unsere Freunde auf, mit der brennenden Kerze die andere Kerze anzuzünden. Natürlich gelingt das nicht. Beim Vorstrecken der Arme gelangt bei jedem unserer Freunde der Schwerpunkt über die Standfläche hinaus, und sie fallen um. Den Fußboden decken wir besser ab, um Wachsflecke zu vermeiden.

Zum Schluß wollen wir noch einen Zaubertrick ausführen. Ähnlich wie bei unserem zweiten Versuch lassen wir einen Freund sich auf einen Stuhl setzen. Der Oberkörper sei gerade aufgerichtet und an die Lehne des Stuhls angedrückt. Die Beine muß er anziehen und an die Stuhlbeine andrücken. Wir drücken jetzt einen unserer Zeigefinger an seine Stirn, schauen ihm starr in die Augen und behaupten, er könne nicht aufstehen. Tatsächlich kommt unser Freund nicht vom Stuhl hoch. Erst wenn wir den Zeigefinger wegnehmen, steht der Freund durch Vorbeugen und Vorziehen der Füße leicht auf. Natürlich steckt kein Zauber hinter dem Erfolg des Versuchs. Der Freund wagt es nur nicht, den Zeigefinger wegzudrücken und sich vorzubeugen. Es liegt also kein physiologischer, sondern ein psychologischer Trick vor.

Schwerpunktversuche dieser Art sind schon sehr alt. Sie sind z. B. in dem Buch »La Physique sans Appareil« von A. Good, Paris 1890, beschrieben.

Die schaukelnde Kerze

Versuch

Alle Kinder freuen sich, wenn sie eine Wippe entdecken. Schnell sitzen zwei an den Enden auf und schaukeln lustig auf und ab. Es braucht kein elegantes, teures Gerät zu sein. Ein längeres Brett, in der Mitte auf eine schmale Unterlage gelegt, genügt vollauf für dieses Spiel. Nebenbei lernen die Kinder so spielend die Hebelgesetze kennen. Sie merken, daß sich zwei gleich schwere Kinder in gleichen Abständen von der Drehachse auf die Wippe setzen müssen. Dann herrscht am Gerät Gleichgewicht, und das Wippen geht leicht vonstatten. Ist ein Kind aber schwerer als das andere, dann muß entweder das schwerere Kind näher an die Drehachse heranrücken, oder das leichtere muß sich weiter von der Achse entfernt niederlassen. Bei Gleichgewicht genügt ein geringer Anstoß, um das Schaukeln in Gang zu setzen.

Eine Kerze kann das ganz von alleine. Wir stellen eine Schaukelkerze her. An dem Ende, an dem die Kerze eigentlich in den Kerzenhalter gesteckt werden soll, schaben wir so viel Wachs fort, bis ein etwa 1 cm langes Stück des Dochtes frei liegt. Dann messen wir die Mitte zwischen den beiden Kerzenenden aus. An dieser Stelle müssen wir senkrecht zur Längsrichtung der Kerze eine Achse hindurchstecken (Abb. 2). Dazu brauchen wir eine Stricknadel, einen langen Nagel oder einen dicken Draht. Natürlich schlagen wir die Achse nicht einfach mit dem Hammer durch die Kerze. Sie würde unweigerlich auseinanderspringen. Wir erwärmen die Metallstücke, die wir durchstecken wollen, über einer Kerzenflamme. Die Stücke werden heiß. Wir fassen sie besser mit einer Zange an. Dann bohren wir sie langsam nach und nach in das Wachs hinein, wobei wir sie immer wieder erwärmen müssen.

Wenn die Achse gleichmäßig auf beiden Seiten aus der Kerze herausragt, legen wir die Enden rechts und links irgendwo gleich

Abb. 2 Die schaukelnde Kerze

hoch auf. Die Kerze kann sich dann drehen. Sie wird zunächst auf der einen Seite heruntersinken, weil sie dort schwerer ist als auf der anderen Seite. Durch Antippen mit dem Finger auf die hochgelegene Seite probieren wir, ob das Übergewicht sehr groß ist. In diesem Falle schaben wir auf der schwereren Seite noch etwas Wachs ab, bis das Übergewicht nur noch sehr klein ist.

Nun stellen wir noch einen großen Teller unter die Schaukelkerze auf den Tisch, um später abtropfendes Wachs aufzufangen. Damit sind alle Vorbereitungen beendet. Jetzt zünden wir die Kerze an beiden Enden an. Bald beginnt die Kerze zu tropfen, besonders stark bei der tieferliegenden Flamme. Nach einer kleinen Weile ist dort so viel Wachs abgeschmolzen, daß dieses Kerzenende leichter wird als das obere Kerzenende. Die Kerze dreht sich. Die bisher obere Flamme senkt sich nach unten, die untere steigt hoch. Von neuem brennt das untere Ende schneller ab, so daß die Kerze immer wieder auf und ab schaukelt.

Die Kerze ist ein schönes Beispiel für die Anwendung eines zweiarmigen Hebels. Er ist aber nicht immer im Gleichgewicht, weil das Gewicht des nach unten zeigenden Hebelarms größer ist als das des nach oben zeigenden. Beim Abbrennen wird der tiefere Arm kürzer und damit leichter. Nach dem Hebelgesetz muß nun der schwerere obere Arm nach unten ziehen.

Stevins merkwürdige Kugelkette

Im Jahre 1586 veröffentlichte Simon Stevin in Leiden (Niederlande) ein Buch mit dem Titel »De Beghinselen der Weeghconst«, zu deutsch »Grundlagen der Wägekunst oder Statik«. In diesem Buch beschreibt er die Lehre vom Gleichgewicht der Kräfte, von Hebel und Flaschenzug, vom Schwerpunkt und führt das uns allen wohlbekannte Parallelogramm der Kräfte ein. Das Titelblatt des Buches zeigt eine Figur, wie sie in Abb. 3a dargestellt ist. Über ein auf-

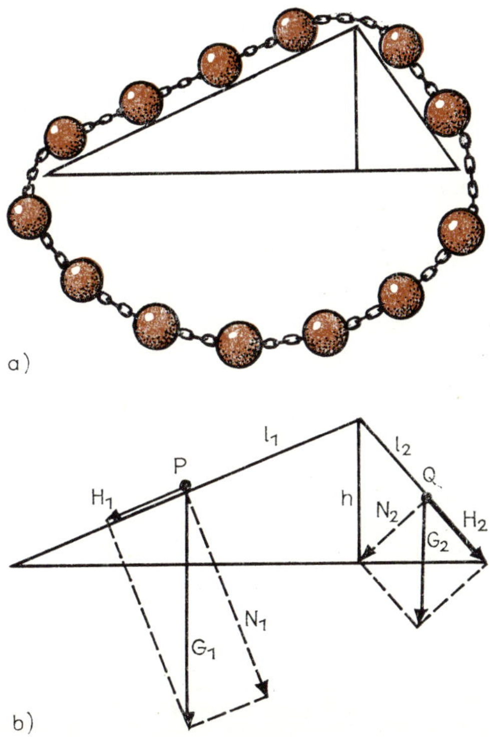

Abb. 3 Stevins merkwürdige Kugelkette

gestelltes Dreieck ist eine Kette gelegt, auf der in gleichmäßigen Abständen Kugeln aufgereiht sind. Auf der linken, längeren Dreieckseite liegen vier Kugeln, auf der rechten, kleineren Seite zwei Kugeln. Demnach liegt links ein größeres Gewicht auf der Schräge als auf der rechten Seite. Was wird geschehen? Rutscht das größere Gewicht links nach unten, und zieht das kleinere Gewicht rechts hoch? Aus dem unteren, frei hängenden Teil der Kette müßten dann Kugeln rechts nachrücken. Und so könnte das Spiel immer weitergehen. Die ganze Kette käme in Bewegung, ohne äußeren Antrieb, ein Perpetuum mobile!

In Wirklichkeit tritt das nicht ein. Die Kette ist und bleibt im Gleichgewicht. Auch wenn wir den unteren Teil, der frei hängt, abschneiden würden, bliebe die Kette über dem Dreieck in Ruhe.

Stevin hat in seinem Buch mit den Gesetzen für die schiefe Ebene nachgewiesen, warum hier Gleichgewicht herrscht. Wir denken uns die Gewichte G_1 und G_2 der beiden Kettenteile in den Schwerpunkten P und Q angreifend (Abb. 3b). Jede Gewichtskraft G bildet die Diagonale in einem Parallelogramm aus den Kräften H und N. Darin bedeutet H die Kraft, die den Kettenteil parallel zur Dreieckseite (schiefe Ebene) abwärts zu ziehen bestrebt ist, den sogenannten Hangabtrieb. N ist die Kraft, mit der die Kette auf der Dreieckseite haftet, die sogenannte Normalkraft. Nun verhält sich in den ähnlichen Dreiecken $G_1 : H_1 = l_1 : h$ und entsprechend $G_2 : H_2 = l_2 : h$. Da die Kette im Gleichgewicht ist, müssen die Kräfte, die nach links und nach rechts ziehen, gleich sein: $H_1 = H_2$. Folglich ist

$$H_1 = \frac{G_1 \cdot h}{l_1} = H_2 = \frac{G_2 \cdot h}{l_2}$$

$$\frac{G_1}{l_1} = \frac{G_2}{l_2} \text{ oder } G_1 : G_2 = l_1 : l_2.$$

Die Kette verteilt sich so, daß sich die Gewichte der Teilstücke, die auf den Dreieckseiten aufliegen, verhalten wie die Längen dieser Seiten. Sie kann dann nicht in Bewegung kommen.

Ein Stein fällt schief

Wenn uns etwas aus der Hand fällt, nehmen wir als selbstverständlich an, daß es lotrecht herunterfällt – es sei denn, äußere Einflüsse, etwa ein Windstoß, wirken störend auf den fallenden Gegenstand ein. Jedoch: Der freie Fall, den wir beobachten, spielt sich im allgemeinen auf einer kurzen Fallstrecke ab. Wie ist es aber bei einer Streckenlänge von einigen hundert Metern? (Auch hier wird das Fehlen von Störfaktoren vorausgesetzt.)

Tycho Brahe, der große Astronom, hat darauf hingewiesen, daß sich die Drehung der Erde um ihre Achse auf den Fallvorgang auswirken müsse. Er überlegte: In der Zeit, die ein Stein für seinen Fallweg braucht, hat sich die Erde unter ihm von West nach Ost ein Stück weitergedreht. Daher bleibt der Stein gegen die Erddrehung zurück und muß an einer Stelle auf dem Boden auftreffen, der westlich von dem Punkt senkrecht unter der Abwurfstelle liegt.

Gegen dieses Argument hat Galileo Galilei (1564—1642) Einwände erhoben. Er zeigte theoretisch, daß die Stelle des Auftreffens auf der Erde nicht westlich, sondern östlich verlagert sein müsse. Der in der Höhe losgelassene Stein fällt von einer Stelle auf die Erdoberfläche, die vom Erdmittelpunkt weiter entfernt ist als der senkrecht darunterliegende Punkt. Weil nun die Geschwindigkeit der Drehung der Erde nach ihrem Mittelpunkt hin immer mehr abnimmt (im Mittelpunkt selbst wäre sie gleich Null), hat die Stelle, von der wir den Stein fallen lassen, eine höhere Geschwindigkeit als die Stelle darunter auf dem Boden. Der fallende Stein behält infolge der Trägheit während des ganzen Fallvorgangs diese Geschwindigkeit bei. Sie ist stets nach Osten gerichtet. Der Stein legt daher in der Zeit seines Fallens eine kleine Wegstrecke in östliche Richtung zurück. Zusammen mit der Strecke seines vertikalen Fallwegs können wir uns ein Rechteck der Wege zusammengesetzt denken. Der Stein bewegt sich dann auf der Diagonalen des Rechtecks. Er erfährt eine Ablenkung von der Vertikalen nach Osten. Dieser Gedanke wurde 1679 von Isaak Newton bekräftigt. Aber es fehlte ein experimenteller Beweis dafür.

Die Schwierigkeit besteht darin, daß die Ablenkung des fallenden Steins nur sehr gering ist. Um sie nachzuweisen, braucht man eine große Fallstrecke und natürlich die Möglichkeit, auf diesem langen Weg andere Einflüsse, z. B. Seitenwind, völlig auszuschließen. So ist es nicht verwunderlich, daß die ersten Versuche, angestellt von dem französischen Naturwissenschaftler Pierre Gassendie, keinen Erfolg hatten. Er wollte 1649 die Behauptung Galileis nachprüfen. Auf schnellfahrenden Schiffen im Hafen von Marseille ließ er oben am Mast Steine fallen. Er fand, daß sie parallel zum Mastbaum herunterfielen und nicht in westlicher oder östlicher Richtung zurückblieben. Auch zu Zeiten Newtons angestellte Versuche, so die von Robert Hooke, ergaben kein anderes Ergebnis. Erst ein Versuch Guiglielmis in Bologna bestätigte die Newtonschen Überlegungen.

Um äußere Einflüsse auszuschalten, wurden die Versuche in geschlossene Räume von großer Höhe verlegt. Im Turm der Michaeliskirche in Hamburg gelang Benzenberg 1812 das Experiment zu voller Zufriedenheit. Noch besseren Erfolg erzielte Reich 1832 in einem Bergwerksschacht in Freiberg in Schlesien. Er erhielt bei 185 m Fallhöhe eine Abweichung von der Vertikalen nach Osten um 28 mm. Die theoretische Berechnung hatte 27,5 mm vorausgesagt.

Fällt uns etwas aus der Hand, merken wir wegen der äußerst geringen seitlichen Ablenkung von Bruchteilen von Millimetern nicht, daß der Gegenstand in Wirklichkeit schief fällt.

Der Physiker wirft am weitesten

Jeder Sportler möchte Bestleistungen vorweisen können. Beim Wurf mit Ball, Kugel, Diskus oder Speer sind das größte Wurfweiten. Wie kann ein Werfer seine Weiten verbessern?

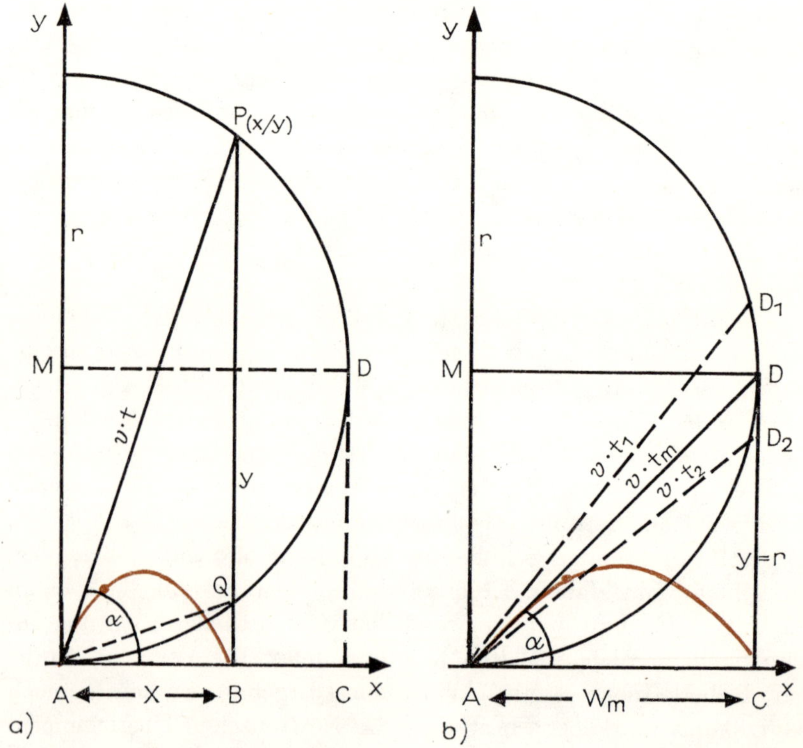

Bei unseren Überlegungen setzen wir voraus, daß sich der Werfer bei allen seinen Versuchen in gleicher Weise anstrengt, d. h. einem Ball immer die gleiche Anfangsgeschwindigkeit v erteilt. Er kann aber den Winkel α, unter dem er den Ball wegwirft, mal größer, mal kleiner wählen. Äußere Einflüsse wie Wind oder Luftreibung seien unwesentlich.

Wir betrachten die Abb. 4a. Der Punkt A stellt die Stelle des Abwurfs dar, B den Zielpunkt, an dem der geworfene Ball wieder auf der Erde aufkommt. AB $= x$ ist die Wurfweite. Gäbe es die Erdanziehung nicht, müßte der Ball eine geradlinige gleichförmige Bewegung ausführen. In der Zeit t legt er dann den Weg AP $= v \cdot t$ zurück und erreicht den Punkt P. Freilich kommt er dort nicht an, denn in dieser Zeit fällt er, von der Erde angezogen, nach den Gesetzen für den freien Fall um die Strecke PB $= y = \frac{1}{2} g \cdot t^2$.

Die beiden Bewegungen überlagern sich so, daß der Ball einen Parabelbogen von A nach B beschreibt.

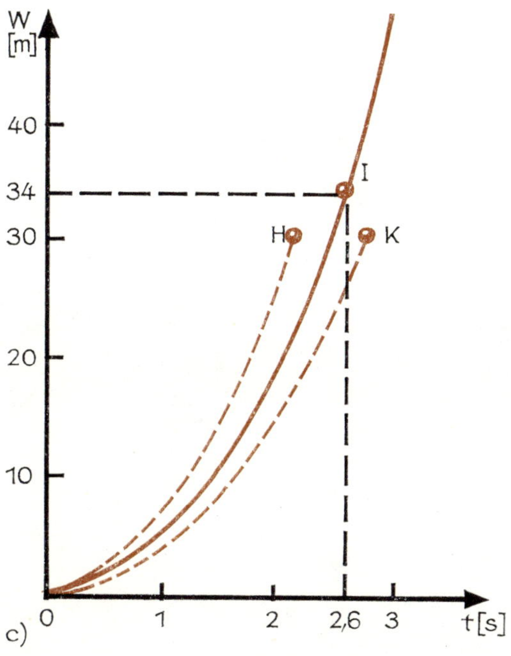

Abb. 4 Der Physiker wirft am weitesten

In dem rechtwinkligen Dreieck APB gilt nach dem Lehrsatz des Pythagoras

$$x^2 + y^2 = (v \cdot t)^2. \tag{1}$$

Das Produkt $v^2 t^2$ ändert seinen Wert nicht, wenn wir es mit $\frac{2}{2} \cdot \frac{g}{g}$ multiplizieren. Etwas umgeschrieben ist dann

$$v^2 \cdot t^2 = \frac{2\,v^2}{g} \cdot \frac{1}{2} g \cdot t^2 = \frac{2\,v^2}{g} \cdot y.$$

Zur Vereinfachung der Rechnung setzen wir $\frac{2\,v^2}{g} = 2\,r$. Dann lautet Gleichung (1):

$$x^2 + y^2 = 2\,r\,y.$$

Wir addieren r^2 auf beiden Seiten der Gleichung:

$$x^2 + y^2 - 2\,r\,y + r^2 = r^2$$

$$x^2 + (y - r)^2 = r^2. \tag{2}$$

Wie die zusammengehörigen Wertepaare (x, y) auch sein mögen, sie müssen diese Gleichung erfüllen, denn $2\,r = \frac{2\,v^2}{g}$ bleibt nach unseren Voraussetzungen unverändert. Nun ist aber die Gleichung (2) die Funktionsgleichung eines Kreises mit dem Radius r, dessen Mittelpunkt M um die Strecke r auf der Ordinatenachse nach oben verschoben ist. Der Kreisbogen in der Abb. 4a besteht also zu Recht.

Aus der Abbildung lesen wir ab, daß die Wurfweite x mit dem Auftreffpunkt B unter zwei Bedingungen erreicht wird: erstens mit dem in der Abbildung eingezeichneten Winkel α mit langer Wurfzeit t_1, zweitens mit erheblich kleinerem Winkel α und geringerer Zeit t_2. Dazu ist in der Abbildung die Strecke AQ eingetragen. Die größte Weite x wird offensichtlich erreicht für $x = AC$. Es ist $AC = MD = r$. Der Abwurfwinkel ist unter diesen Umständen der Winkel mit dem in der Abb. 4b eingezeichneten Schenkel AD. Aus dem Quadrat AMDC ist sofort zu entnehmen, daß für diese größte Wurfweite der Winkel $\alpha = 45°$ beträgt und daß es hier nur diesen einen Abwurfwinkel gibt.

Wir lesen ferner ab (Abb. 4b), daß für die größte Wurfweite, die in der Zeit t_m erzielt wird, gilt:

$$W_m = AC = DC = r = y.$$

Weil in diesem Fall y die Fallstrecke in der Zeit t_m bedeutet, ist

$r = \frac{1}{2} g \cdot t^2$, und beim Einsetzen der Erdbeschleunigung $\left(g = 9{,}8 \frac{m}{s^2}\right)$ ergibt sich:

$$W_m = \frac{1}{2} g \cdot t_m^2 = 4{,}9 \frac{m}{s^2} \cdot t_m^2. \qquad (3)$$

Damit ist es möglich, die Wurfweite mit der Stoppuhr zu kontrollieren. Bei einem Abwurfwinkel größer als 45° wird t_1 größer als der Wert von t_m für die größte Wurfweite; beträgt der Winkel unter 45°, ist t_2 kleiner als t_m.

Die Abb. 4b gibt auch Auskunft darüber, ob sich die Wurfweite W_m wesentlich ändert, wenn der ideale Abwurfwinkel von 45° nur wenig über- oder unterschritten wird. Die gestrichelt eingetragenen Geraden AD_1 und AD_2 begrenzen solche Winkel. Die Lote von D_1 und D_2 (nicht eingezeichnet) liegen mit ihren Fußpunkten sehr nahe an C. Das bedeutet, die maximale Wurfweite wird zwar nicht erreicht, die Verkürzung ist aber nicht sehr groß.

Wie kann ein Sportler seine Wurfweite mit diesen Erkenntnissen verbessern? Wir zeichnen zunächst den Graf zur Funktionsgleichung (3). Es entsteht ein Parabelbogen (Abb. 4c). Der Werfer führt nun einige Würfe immer mit der gleichen Anstrengung im Ballweitwurf aus. Er bemüht sich, den Abwurfwinkel $\alpha = 45°$ einzuhalten. Er läßt jedesmal die Zeit stoppen, die der Ball vom Abwurf bis zum Auftreffen auf dem Boden braucht. Nehmen wir in einem Beispiel an, er habe die Weite 30 m in 2,2 s erzielt. Trägt er seine Werte in das Koordinatensystem des Grafs ein, erhält er Punkt H links über der Kurve. Dann weiß er, sein Abwurfwinkel war zu klein. Er startet einen neuen Versuch, erzielt wieder 30 m, aber diesmal in der längeren Zeit von 2,8 s. Im Koordinatensystem entspricht das dem Punkt K rechts unter der Kurve. Jetzt hat der Werfer den Abwurfwinkel zu groß genommen. Wird für einen Wurf die Zeit 2,6 s gestoppt, liegt der Punkt J auf der Kurve. Damit hat der Sportler die für ihn höchstmögliche Weite von 34 m erzielt, wie sich aus der Kurve ablesen läßt. Bei den Würfen vorher hat er je 4 m verschenkt, und das sind immerhin $13^1/_3$%. Weiter als 34 m zu werfen wäre nur möglich, wenn er mit größerer Anstrengung dem Ball eine höhere Anfangsgeschwindigkeit verleihen könnte.

Eine kleine Einschränkung muß noch gemacht werden. Diese Überlegungen gelten genaugenommen nur dann, wenn Abwurf- und Auftreffpunkt auf derselben horizontalen Ebene liegen. Für einen Fußballer treffen sie also völlig zu. Bei anderen Wurfarten sind die Ergebnisse brauchbar, wenn die Wurfweite W gemessen wird von der etwas erhöht liegenden Abwurfstelle A in schräger Richtung zum Zielpunkt C.

Der Ball, der um die Erde fällt

Wer hat nicht schon einmal einen Stein, einen Diskus, einen Speer oder einen Ball geworfen. Nach wenigen Metern fällt jeder Gegenstand auf die Erde zurück. Mit großer Anstrengung ist es möglich, die Wurfweite zu steigern, vielleicht Rekordweiten zu erzielen. Aber unweigerlich kommt auch dann z. B. der geworfene Ball am Ende doch wieder auf den Boden. Ob es eine Möglichkeit gibt, daß der Ball nicht herunterfällt? Er müßte dann immer weiterfliegen und schließlich die ganze Erde umrunden!

Welchen Naturgesetzen unterliegt ein geworfener Ball? Nehmen wir an, daß er von einem Punkt, der h Meter über dem Boden liegt, in horizontale Richtung weggeworfen wird. Seine Anfangsgeschwindigkeit sei v_0. Dann fliegt er waagerecht mit gleichförmiger Geschwindigkeit (vom Luftwiderstand wollen wir absehen) und legt in der Zeit t die Strecke x zurück:

$$x = v_0 \cdot t. \qquad (1)$$

Gleichzeitig unterliegt er der Schwerkraft der Erde, so daß er nach den Gesetzen für den freien Fall in der Zeit t um die Strecke $\frac{1}{2} g t^2$ fällt. Er befindet sich dann in der Höhe y über dem Boden:

$$y = h - \frac{1}{2} g t^2. \qquad (2)$$

Der Ball durchfliegt eine Parabelbahn, die in der Abbildung 5a erläutert wird. Schlägt der Ball auf dem Boden auf, hat er die Stelle $x = x_0$ auf dem Boden erreicht. Wir können x_0 aus der Gleichung (2) berechnen, wenn $y = 0$ gesetzt und für t der Wert aus der Gleichung (1) eingesetzt wird.

$$0 = h - \frac{1}{2} g \frac{x_0^2}{v^2}$$

$$x_0 = v \cdot \sqrt{\frac{2h}{g}}. \qquad (3)$$

Angenommen, wir werfen von einem $h = 80$ m hohen Turm aus und geben dem Ball die Anfangsgeschwindigkeit $v_0 = 2$ m/s, dann beträgt die Wurfweite

$$x_0 = 2 \text{ m/s} \sqrt{\frac{2 \cdot 80 \text{ m}}{10 \text{ m/s}^2}} = 2 \text{ m/s} \cdot 4 \text{ s} = 8 \text{ m}.$$

(Die Fallbeschleunigung ist abgerundet mit 10 m/s² angenommen.)

Wie aber, wenn die Anfangsgeschwindigkeit erheblich größer wird? Ist z. B. $v_0 = 2$ km/s (das entspricht etwa der Geschwindigkeit, mit der ein Geschoß eine Panzerkanone verläßt), wird $x_0 = 8$ km und für $v_0 = 10$ km/s sogar $x_0 = 40$ km.

Bei einer solchen Entfernung spielt die Krümmung der Erdoberfläche schon eine Rolle. Bisher haben wir stillschweigend vorausgesetzt, daß der Wurf über einer ebenen horizontalen Fläche ausgeführt wurde. Das ist zwar bei den verhältnismäßig kleinen Wurfweiten, die wir mit unserer Muskelkraft erreichen können, durchaus erlaubt, nicht aber für sehr große Weiten. Die Erde wölbt sich unter der horizontalen Ebene weg, die wir uns an der Stelle des Abwurfs tangential an die Erdkugel angelegt denken. Wir können uns das leicht veranschaulichen, wenn wir ein Stück steifer Pappe an einen Fußball oder einen Globus anlegen.

Nach Abb. 5b können wir den Abstand d berechnen, um den der Punkt, auf dem in der gedachten Tangentialebene der Ball auftrifft, tatsächlich von der Erde entfernt liegt. In dem rechtwinkligen Dreieck ist nach dem Lehrsatz des Pythagoras

$$(R + d)^2 = R^2 + x_0^2$$
$$R^2 + 2 R d + d^2 = R^2 + x_0^2.$$

R ist der Erdradius mit 6370 km. d^2 ist so klein gegen x_0^2, daß wir es vernachlässigen dürfen. Es bleibt

$$2 R d = x_0^2$$

$$d = \frac{x_0^2}{2R}. \qquad (4)$$

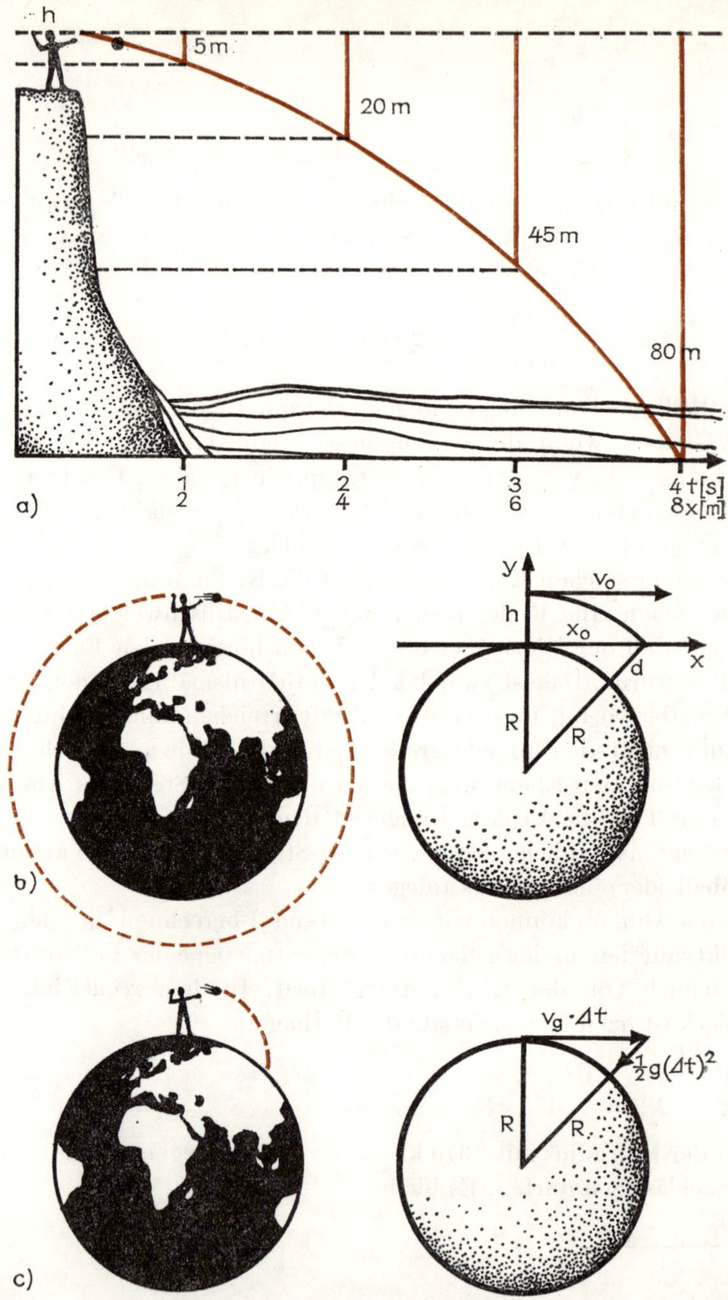

Abb. 5 Der Ball, der um die Erde fällt

Wir berechnen jetzt d für verschiedene Wurfweiten und stellen unsere Ergebnisse in einer Tabelle zusammen.

Anfangsgeschwindigkeit v_0	Wurfweite x_0	Abstand d
$v_{01} = 2$ m/s	$x_{01} = 8$ m	$d_{01} = 5 \cdot 10^{-3}$ mm
$v_{02} = 2$ km/s	$x_{02} = 8$ km	$d_{02} = 5$ m
$v_{03} = 8$ km/s	$x_{03} = 32$ km	$d_{03} = 80$ m
$v_{04} = 10$ km/s	$x_{04} = 40$ km	$d_{04} = 125$ m

Aus der Tabelle lesen wir folgendes ab: Bei kleinen Anfangsgeschwindigkeiten $v_0 < 8$ km/s ist d klein, der Ball fällt zur Erde zurück. Wird der Ball mit einer Anfangsgeschwindigkeit von 10 km/s fortgeworfen, dann ist er bei 40 km Abstand von der Abwurfstelle, wo er eigentlich auf dem Erdboden ankommen sollte, 125 m von der Erdoberfläche entfernt. Er befindet sich weit höher über der Erde als die in 80 m Höhe liegende Abwurfstelle. Zu unserer Verblüffung fällt er nicht zur Erde hin, sondern er entfernt sich von ihr. Behält er seine Anfangsgeschwindigkeit bei, fliegt er immer weiter von der Erde weg und verschwindet im Weltall.

Die Anfangsgeschwindigkeit 8 km/s nimmt eine Sonderstellung ein. Wird sie dauernd beibehalten, ist jeder Punkt, den der Ball als erwartete Auftreffstelle erreicht, wieder Abwurfstelle, von der aus er wiederum um 80 m fällt usw. Er bleibt immer im Abstand von 80 m über der Erde. Er »fällt« um die Erde.

Nehmen wir die Fallbeschleunigung nicht mit 10 m/s² an, wie wir vereinfacht gerechnet haben, erhalten wir für die Anfangsgeschwindigkeit den exakten Wert $v_{03} = 7{,}9$ km/s $= v_g$, den wir als Grenzgeschwindigkeit bezeichnen.

Wir können die Grenzgeschwindigkeit noch durch eine andere Überlegung erhalten. Ein Ball, der mit der Geschwindigkeit v_g waagerecht von einem Punkt auf der Erde fortgeworfen wird, müßte infolge der Trägheit geradlinig weiterfliegen und in der sehr kurzen Zeit Δt den Weg $v_g \cdot \Delta t$ zurücklegen. Denken wir uns die Anziehungskraft der Erde (die Zentripetalkraft) erst am Ende dieser sehr kleinen Wegstrecke wirkend, dann fällt der Ball hier um die Strecke $\frac{1}{2} g (\Delta t)^2$, und zwar in Richtung zum Erdmittelpunkt hin auf die Erde zurück (Abb. 5c). Aus dem rechtwinkligen Dreieck in der Abbildung folgt dann

$$\left(R + \frac{1}{2} g (\Delta t)^2\right)^2 = R^2 + (v_g \cdot \Delta t)^2$$

bzw.

$$R^2 + R g (\Delta t)^2 + \frac{1}{4} g^2 (\Delta t)^4 = R^2 + v_g^2 (\Delta t)^2.$$

Weil Δt bereits sehr klein ist, wird es erst recht die 4. Potenz von Δt, so daß wir diesen Summanden vernachlässigen dürfen. Es bleibt nach Division durch $(\Delta t)^2$

$$v_g^2 = R g$$

$$v_g = \sqrt{R g} = \sqrt{6{,}37 \cdot 10^6 \text{ m} \cdot 9{,}81 \text{ m/s}^2}$$

$$v_g = 7{,}9 \cdot 10^3 \text{ m/s} = 7{,}9 \text{ km/s} = 28\,440 \text{ km/h}.$$

Damit ist der Wert für die Grenzgeschwindigkeit nochmals bestätigt.

Wir können auch ausrechnen, wie lange es dauert, bis unser Ball die Erde umrundet hat. Die Gleichung für die gleichförmige Bewegung erlaubt das; $s = v \cdot t$. In unserem Fall ist s der Erdumfang $2 R \pi$ und v unser v_g.

$$2 \cdot 6\,370 \text{ km} \cdot 3{,}14 = 7{,}9 \text{ km/s} \cdot t$$

$$t = \frac{2 \cdot 6\,370 \text{ km} \cdot 3{,}14}{7{,}9 \text{ km/s}} = 5\,064 \text{ s} = 84{,}4 \text{ min}.$$

Die Grenzgeschwindigkeit heißt übrigens auch erste kosmische Geschwindigkeit, weil sie beim Abschuß eines Körpers in den Weltraum erforderlich ist, um ihn zunächst in eine Umlaufbahn um die Erde zu bringen. Erst von dieser Bahn aus kann er weiter in das All hinausgeschossen werden.

Ein Stein fällt durch die Erde

Wir alle wissen, ein Stein, den wir loslassen, fällt unweigerlich nach unten, im Freien senkrecht auf den Erdboden. Wenn zufällig ein Loch in der Erde ist, fällt er hinein. In einem tiefen Brunnenschacht, den wir gelegentlich im Hof einer alten Burg finden, fällt ein Stein oft viele Meter tief bis in das Wasser am Grund des Brunnens.

Selbst wenn der Schacht immer tiefer wird, z. B. in Bergwerken, bewegt sich der Stein Hunderte von Metern immer weiter abwärts. Wie aber würde sich ein Stein verhalten, den wir aus erhobener Hand in einen Schacht fallen ließen, der ganz durch den Erdball getrieben wäre? Käme der Stein am anderen Ende des Loches bei den Antipoden heraus, oder bliebe er unterwegs irgendwo zurück? Könnten wir ihn jemals wiedersehen? Setzen wir voraus, daß das Experiment tatsächlich zu realisieren wäre, dann käme der Stein bei den Antipoden aus dem Schacht heraus. Trotzdem könnten wir ihn bald darauf wieder bei uns auffangen. Obwohl das Ganze unglaublich klingt, er würde aus unserem Loch wieder herausspringen.

Wie es zu dieser verblüffenden Aussage kommt, müssen wir begründen. Zunächst klären wir die Frage, weshalb ein Stein, den wir loslassen, überhaupt zur Erde fällt. Die alte griechische Naturphilosophie, die uns Aristoteles überliefert hat, gab dazu eine sehr einfache Erklärung: Jedem Körper ist ein bestimmter Ort zugehörig, zu dem er hinstrebt. Ein schwerer Körper, also z. B. Erde oder ein Stein, hat seinen Platz unten nach dem Zentrum der Welt hin, ein leichter Körper, z. B. Rauch oder die Luft, hat seinen Ort oben. Danach ist es selbstverständlich, daß ein Stein, der sich in hoher Lage befindet, d. h. oben, das Bestreben hat, an seinen natürlichen Ort unten zu gelangen. Er muß nach unten zum Weltzentrum hin fallen. Das war in der griechischen Vorstellungswelt der Mittelpunkt der Erde. Das Wasser als ein Stoff, der leichter ist als Erde und Stein, aber schwerer als Luft, lagert sich über Erde und Stein, die Luft noch weiter darüber mit dem Bestreben nach oben.

Heute sagen wir, die Erde zieht den Stein an. Er unterliegt der Anziehungskraft, der Gravitationskraft der Erde. Daher bewegt er sich auf sie zu. Wir müssen jedoch noch genauer werden. Erde und Stein unterliegen dem von Isaac Newton gefundenen Gravitationsgesetz. Es besagt, daß zwischen zwei Körpern mit den Massen m_1 und m_2, die sich im Abstand r voneinander befinden, die Gravitationskraft F wirkt,

$$F = \frac{m_1 \cdot m_2}{r^2} \cdot f.$$

Die Gravitationskraft ist also gleich dem Quotienten aus dem Produkt der Massen und dem Quadrat ihres Abstandes, noch multipliziert mit einer konstanten Zahl f, der Gravitationskonstanten, deren Wert $6{,}67 \cdot 10^{-11}\ m^3/kg\ s^2$ beträgt. Danach müssen sich grundsätzlich zwei Körper gegenseitig anziehen. Nur merken wir davon selten etwas, weil f eben diesen kleinen Wert hat und auch die Massen im allgemeinen klein sind. Auch der Stein zieht die Erde an. Wir sehen zwar das Fallen des Steins zur Erde hin, während die Erde wegen ihrer im Vergleich riesigen Masse sich für uns unmerklich bewegt. Sie ist zu träge. Bei diesen Überlegungen ist die Entfernung r der Massen von den Schwerpunkten der Körper aus zu rechnen.

Nachdem wir so verstehen, warum ein Stein fällt, fragen wir weiter, wie er sich beim Eintauchen in den Schacht durch die Erde verhält. Die Antwort finden wir mit Hilfe eines der wichtigsten Gesetze der Physik, des Satzes von der Erhaltung der Energie. Er wurde im Jahre 1842 von dem Heilbronner Arzt Robert Mayer (1814—1878) gefunden. Dieser Satz sagt aus, daß Energie niemals verlorengeht, sondern sich immer nur in eine andere Form der Energie umwandelt. Wir erleben das auffällig bei einem Pendel. Wir heben es aus seiner Ruhelage seitlich an bis zu einer bestimmten Höhe. Damit erhält es eine bestimmte Lageenergie, die potentielle Energie. In dieser Lage wirkt eine Kraft auf die Pendelmasse, die sie zur Ruhelage hinzieht. Lassen wir das Pendel aus dieser Ausgangslage los, schwingt es zur Ruhelage hin und bekommt dabei Bewegungsenergie, die kinetische Energie. Sie hat beim Loslassen den Wert Null, wächst beim Schwingen immer mehr an, während die potentielle Energie abnimmt. Die Kraft, die das Pendel zur Ruhelage hinzieht, nimmt gleichzeitig immer mehr ab. In der Ruhelage ist sie ganz verschwunden. Auch die potentielle Energie hat den Wert Null erreicht. Sie hat sich vollständig in kinetische Energie verwandelt, die jetzt ihren höchsten Wert besitzt. Er ist gleich dem Wert, den die potentielle Energie in der Ausgangslage hatte. Bis zur Ruhelage ist die rücktreibende Kraft immer schwächer geworden und schließlich ganz verschwunden. Dagegen ist die Geschwindigkeit des Pendels hier am größten. Schwingt das Pendel weiter, verringert sich die kinetische Energie wieder, bis sie sich in einer der ursprünglichen Ausgangslage entsprechenden Höhe ganz in potentielle Energie verwandelt hat. Jetzt wirkt erneut eine Kraft zur Ruhelage hin, die so groß ist wie die in der ersten Ausgangslage. Das Spiel beginnt von neuem, nur in umgekehrter Richtung.

Die Bewegung unseres Steins, der in den Erdschacht fällt, ist mit der des Pendels vergleichbar. Er hat in dem Augenblick, in dem er durch das Loch in der Erdoberfläche fällt, gegenüber dem Erdmittelpunkt eine bestimmte Lageenergie. Die Kraft, die den Stein zum Erdmittelpunkt zieht, ist am größten. Sie nimmt nach dem Gravitationsgesetz mit abnehmendem Abstand r von dem Erdmittelpunkt M ab. Die potentielle Energie verwandelt sich in kinetische Energie. Die Geschwindigkeit des Steins wächst bis zum Punkt M. Dort ist die potentielle Energie aufgezehrt, die kinetische Energie am größten. Der Stein muß weiterfliegen. Aber jetzt zieht die wieder zunehmende Gravitationskraft den Stein immer mehr nach M zurück. Er wird langsamer, aber er kommt bis zur Erdoberfläche bei den Antipoden. Ja, er fliegt sogar noch so weit darüber hinaus und so hoch, wie wir ihn vor dem Fallenlassen angehoben hatten.

Dann aber zieht ihn die Erde wieder zurück. Der Stein durchläuft alle Bewegungsphasen wie zuvor, nur in umgekehrter Richtung nach uns hin, und er kommt bei uns aus dem Erdschacht wieder heraus. Er erhebt sich darüber bis zu der Höhe, aus der wir ihn fallen ließen. Wir könnten ihn wirklich auffangen. Die Bewegung, die der Stein durch die Erde hin und zurück ausführen würde, entspräche völlig der eines Pendels. Es ist eine harmonische Schwingung.

Natürlich setzen wir bei diesen Überlegungen ideale Bedingungen voraus. Die Erde selbst müßte völlig einheitlich in ihrer Zusammensetzung sein, also keine Unterschiede in der Dichte aufweisen. Ferner ist die Darstellung mit der Gravitationskraft stark vereinfacht. Ein Einwand könnte dagegen erhoben werden: Hinter dem Stein liegt, je tiefer er in den Schacht eintaucht, eine immer größere Erdmasse mit eigenem Schwerpunkt. Sie könnte eine Kraft auf den Stein ausüben, die von M weggerichtet ist. Eine exakte Berechnung ergibt jedoch, daß unsere einfache Überlegung durchaus zu richtigen Ergebnissen geführt hat. Leider kann kein Mensch einen Schacht durch die ganze Erdkugel treiben, um in einem Experiment unser Ergebnis nachzuprüfen. Wir müssen uns mit dem Gedankenexperiment begnügen.

Wer ganz neugierig ist, möchte auch noch wissen, wie lange die Schwingung des Steins durch die Erde dauern würde. Es ist ja ein sehr langer Weg hin und zurück: 25480 km! Entsprechend lange müßten wir warten, bis der Stein, der unsere Hand verließ, wieder auftauchte, nämlich 1 Stunde 23 Minuten und 10 Sekunden. Die

Geschwindigkeit, mit der er den Erdmittelpunkt passierte, ist erstaunlich groß. Sie ist der Geschwindigkeit vergleichbar, mit der ein künstlicher Satellit die Erde in 100 km Höhe umkreist. Das sind rund 8000 m/s oder 28800 km/h. Wie bescheiden ist dagegen die Geschwindigkeit, die der Stein erreicht, wenn wir ihn nur bis zur Erdoberfläche fallen lassen!

Vielleicht kommt uns noch die Frage auf, ob sich nach dem erwähnten Newtonschen Gravitationsgesetz nicht auch zwei menschliche Körper gegenseitig anziehen müssen. Hier sind natürlich nicht die geheimnisvollen seelischen Kräfte gemeint, die zwei Menschen veranlassen, aufeinander zuzugehen. Es handelt sich selbstverständlich um reine mechanische Anziehung. Die wirkende Kraft läßt sich berechnen. Haben beide Partner ein Gewicht von 750 N, und stehen sie sich im Abstand von 1 m gegenüber, beträgt die Kraft nur etwa $30 \cdot 10^{-9}$ N = 30 nN oder 30 milliardstel Newton. Wenn sich die beiden Personen auf $^1/_2$ m näher kommen, steigt die gegenseitige Anziehung auf $120 \cdot 10^{-9}$ N oder 120 milliardstel Newton. Das sind so winzig kleine Kräfte, daß wir sie überhaupt nicht bemerken. Zudem werden sie völlig überschattet von der starken Anziehung der Erde auf unsere menschlichen Körper, weil die Erdmasse so überaus groß ist gegenüber der Masse eines Menschen.

Aus der Physik eines Regentropfens

Dunkle Wolken ziehen am Himmel auf. Wir wollen prüfen, ob es schon regnet, und halten eine Hand aus dem Fenster. Wirklich, Tropfen fallen auf die Hand. Sie wird zwar naß, den Aufprall der Tropfen spüren wir aber kaum. Das ist eigentlich verwunderlich. Nehmen wir an, ein einzelner Tropfen falle aus einer Wolke in 300 m Höhe. Dann braucht er für seinen Weg bis auf die Erde nach den Gesetzen des freien Falls rund 7,7 s und erreicht dabei eine Geschwindigkeit von 77 m/s (gerechnet mit $g \approx 10 \frac{\mathrm{m}}{\mathrm{s}^2}$). Das sind umgerechnet immerhin 277 km/h, fast $^1/_3$ der normalen Reisegeschwindigkeit eines Düsenflugzeugs (885 km/h).

So ein Regentropfen hat einen Durchmesser bis zu 5 mm. Selbst wenn er nur die Masse von $^1/_2$ g besitzt, würde er beim Aufprall die Hand glatt durchschlagen. Ein Mensch, der in den Regen hinausginge, wäre im nächsten Augenblick von den auf ihn herunterprasselnden Tropfen erschlagen. Zum Glück geschieht das nicht. Wir erleben zwar gelegentlich, daß wir bei heftigem Regen die Tropfen unangenehm spüren und unter ein schützendes Dach flüchten. Im allgemeinen und besonders bei »sanftem« Regen merken wir das Auftreffen der Tropfen kaum.

Warum ist das so? Wir haben bei unserer Überlegung übersehen, daß die erwähnten Fallgesetze für den luftleeren Raum gelten. Auch in einem lufterfüllten Raum sind sie noch anwendbar, solange die Geschwindigkeit der bewegten Teilchen klein bleibt. Bei höherer Geschwindigkeit wirkt sich aus, daß die Luft den Tropfen infolge der auftretenden Reibung an den Luftteilchen einen Widerstand bietet. Er nimmt mit zunehmender Fallgeschwindigkeit immer mehr zu, bis sich ein bestimmtes langsames Absinken der Tropfen einstellt. Dann sind sie für uns ungefährlich.

Die Wasserteilchen in einem Regentropfen werden durch Kohäsionskräfte zusammengehalten. Die Oberflächenspannung formt dann den Tropfen zu einer Kugel, weil diese gegenüber anderen Körperformen die kleinste Oberfläche besitzt. Regnet es gegen eine Fensterscheibe, sehen wir, wie sich beim Ablaufen nach unten kleinere Tropfen zu einem großen vereinigen. Auch hier sucht die Natur eine möglichst kleine Oberfläche zu erreichen. Ein (frei fallender) Tropfen mit dem Radius $r_1 = 0{,}2$ cm hat als Kugel die Oberfläche $O_1 = 4\,\pi\,0{,}2^2\ \mathrm{cm}^2 = 0{,}5\ \mathrm{cm}^2$, zwei gleiche Tropfen haben also die Oberfläche $2 \cdot O_1 = 1\ \mathrm{cm}^2$. Ein solcher kleiner Tropfen nimmt das Volumen $V_1 = \frac{4}{3}\,\pi \cdot 0{,}2^3\ \mathrm{cm}^3 = 0{,}033\ \mathrm{cm}^3$ ein. Für beide Tropfen zusammen ergibt sich $V_2 = 2 \cdot V_1 = 0{,}066\ \mathrm{cm}^3$. Vereinigen sich die Tropfen zu einem einzigen, so können wir aus $\frac{4}{3}\,\pi\,r_2^3 = 0{,}066\ \mathrm{cm}^3$ den neuen Radius der Kugel berechnen:

$$r_2 = \sqrt[3]{\frac{0{,}066\ \mathrm{cm}^3 \cdot 3}{4\pi}} \approx \sqrt[3]{0{,}016\ \mathrm{cm}^3} \approx 0{,}25\ \mathrm{cm}.$$

Zwar ist r_2 größer als r_1, trotzdem ist die neue Oberfläche $O_2 = 4\,\pi \cdot 0{,}25^2\ \mathrm{cm}^2 = 0{,}79\ \mathrm{cm}^2$ doch kleiner als die Summe der beiden kleinen Tropfenoberflächen $2 \cdot O_1 = 1\ \mathrm{cm}^2$. Im übrigen hat ein Regentropfen nie exakte Kugelform.

Ebensowenig können die auf eine Fensterscheibe auftreffenden Regentropfen Kugelform annehmen, denn die Adhäsionskraft zwischen Glasscheibe und Wasser wirkt dem entgegen. Fließen mehrere Tropfen zu einem großen zusammen, läuft dieser infolge der größeren Gewichtskraft schneller nach unten als die kleineren Einzeltropfen.

Fahren wir bei Regenwetter in einem Eisenbahnzug, beobachten wir, wie sich die an die Scheibe des Abteils fallenden Regentropfen ebenfalls zu großen Tropfen vereinigen. Sie laufen dann aber nicht senkrecht an der Scheibe nach unten, sondern fließen schräg ab, und zwar gegen die Fahrtrichtung. Die Tropfen haben natürlich das Bestreben, senkrecht nach unten zu laufen, und das verhältnismäßig langsam. Die Scheibe aber bewegt sich unter ihnen in Richtung der Fahrt. Die langsameren Tropfen bleiben gegen die Scheibe zurück. Jeder Tropfen bewegt sich mit einer Geschwindigkeit auf der Diagonalen eines Rechtecks, das aus der vertikalen Geschwindigkeit des Tropfens und der (negativ zu rechnenden, d. h. nach hinten gerichteten) waagerechten Geschwindigkeit des Zuges zusammengesetzt zu denken ist.

Bei genauerem Hinsehen entdecken wir, daß die Regentropfen an der Scheibe in ihren unteren Teilen heller erscheinen als in den oberen. Dies rührt daher, daß ein Tropfen wie eine Sammellinse wirkt. Sie bildet ihre Umgebung ab und kehrt dabei das Bild um. Weil nun der Himmel heller aussieht als der dunklere Erdboden, ist das Bild des Himmels unten und wird durch den Tropfen dort hell abgebildet. Liegt im Winter Schnee und ziehen am Himmel dunkle Wolken, dann kann der Tropfen unten dunkel und oben hell aussehen. Sogar farbig können Regentropfen erscheinen, z. B. grün, wenn wir durch das mit Regentropfen beschlagene Fenster gegen eine grüne Rasenfläche schauen.

Ein besonders schönes farbiges Bild bieten Regentropfen, wenn helle Sonne darauf scheint. Dann funkeln sie in allen Farben des Regenbogens. Auch Tautropfen auf Gräsern und Blättern bieten dann dieses farbige Bild. Und letztlich entsteht auch der Regenbogen selbst in den unzählig vielen Wassertropfen einer von der Sonne beschienenen Regenwand. Wie kommen die farbigen Lichter zustande? Wir wissen, daß das weiße Sonnenlicht beim Durchgang durch ein Prisma in die Farben des Regenbogens zerlegt und dabei aus seiner Richtung abgelenkt wird. Das beobachten wir, wenn die

Sonne auf ein Glas mit eingeschliffener Verzierung scheint. Dann entstehen auf der Tischdecke oder an der Wand die Farben. Auch beim Eintritt von Sonnenstrahlen in einen Wassertropfen werden sie gebrochen und farbig zerlegt. Auf ihrem weiteren Weg in dem Tropfen werden die bereits farbigen Lichtstrahlen mehrfach an der Tropfenfläche innen reflektiert und schließlich beim Austritt aus dem Tropfen nochmals gebrochen. Dabei und auf dem Weg in unser Auge fächern sich die Farben noch weiter auseinander. Jeder einzelne Tropfen glänzt dann so farbenbunt wie ein geschliffener Edelstein im Sonnenlicht. Die Millionen von Tropfen in einer Regenwand, von denen unter einem bestimmten Winkel die Lichtstrahlen in unser Auge fallen, ordnen sich zu einem Kreisbogen am Himmel an. Die von ihnen kommenden farbigen Lichter bilden den Hauptregenbogen. Ein blauer innerer Farbring ist nach außen hin umgeben von den Farben Grün, Gelb, Rot. Über diesem Bogen erscheint oft etwas schwächer unter einem größeren Sehwinkel ein Nebenregenbogen mit umgekehrter Farbfolge, also Rot innen, Blau außen. Bei dieser Naturerscheinung muß die Sonne immer im Rücken des Beobachters stehen.

Der falsche Kurs

Wir stehen am Ufer eines Flusses. Genau gegenüber von uns fährt vom anderen Ufer von M aus ein Segelboot ab. Es kommt geradewegs in der Pfeilrichtung $\vec{b}$ auf uns zu (Abb. 6). Von links kommt in Pfeilrichtung $\vec{a}$ parallel zum Ufer ein Ruderboot angefahren, es wird den Kurs des Seglers rechtwinklig kreuzen. Ob die Ruderer im Boot auch annehmen, daß der Segler ihr Boot rechtwinklig kreuzen wird? Nein, sie unterliegen einer Täuschung.

Wenn wir im fahrenden Eisenbahnzug aus dem Fenster schauen, glauben wir oft, wir selbst seien in Ruhe und die Landschaft draußen ziehe an uns vorüber. So denken auch die Ruderer, sie seien mit ihrem Boot in Ruhe und die Uferlandschaft bewege sich an ihnen vorbei, und zwar mit der Geschwindigkeit, die ihrer eigenen entspricht, nur in umgekehrter Richtung. Auch das Segelboot scheint ihnen entgegenzukommen.

Die Pfeile in den Abbildungen geben nicht nur die Richtung, sondern mit ihrer Länge auch die Größe der Geschwindigkeiten an.

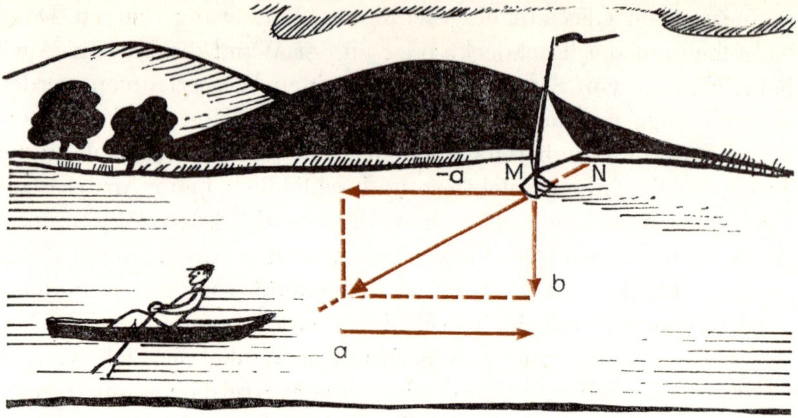

Abb. 6 Der falsche Kurs

Es sind Vektoren. An dem Segelboot greift also für die Ruderer außer der Eigengeschwindigkeit des Segelbootes mit dem Vektor $\vec{b}$ noch scheinbar die Geschwindigkeit an, die durch den Vektor $-\vec{a}$ angedeutet ist. (Das Minuszeichen gibt die entgegengesetzte Richtung zum Vektor $\vec{a}$ des Ruderbootes an.) Die beiden Vektoren bilden ein Rechteck. Nach dem Parallelogrammsatz der Geschwindigkeiten bewegt sich daher das Segelboot scheinbar in der durch die Resultierende angegebenen Richtung. Das ist in diesem Fall die Diagonale des Rechtecks.

Die Insassen des Ruderbootes glauben infolgedessen, daß der Segler vom Ufer her in einer Richtung auf sie zukomme, die weit von M voraus von einem Punkt N ausgeht. Dieser Kurs schneidet den Kurs des Ruderbootes nicht rechtwinklig.

Ein Rad zerreißt nicht

Es erscheint uns selbstverständlich, daß sich alle Teile eines Rades bei Umdrehungen um seine Achse gleich schnell bewegen. Andernfalls müßte das Rad auseinandergerissen werden. Jedoch bei allem, was uns so selbstverständlich, so natürlich erscheint, sollten wir mißtrauisch sein. Prüfen wir die Behauptung, daß alle Teile eines Rades bei einer Drehung die gleiche Geschwindigkeit haben, durch einen Versuch nach.

Wir benutzen dazu ein Rad von einem Fahrrad. Es wird mit Hilfe von zwei in den Boden gesteckten Stäben I und II senkrecht aufgestellt (Abb. 7a). Der Stab I steht hinter der Achse, der Stab II hinter dem Reifenteil rechts außen. Den höchsten und den tiefsten Punkt auf dem Reifen machen wir mit weißen Kreidestrichen kenntlich. Möglichst genau hinter diesen Stellen ziehen wir auch Kreidestriche oben und unten auf dem Stab I.

Jetzt rollen wir das Rad so weit nach rechts, daß der Stab I hinter

Abb. 7 Ein Rad zerreißt nicht

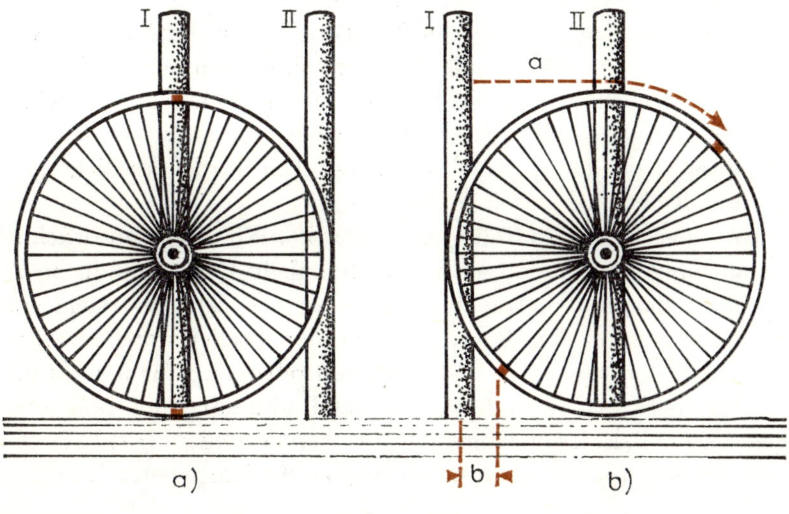

dem linken Reifenteil, der Stab II hinter die Achse zu stehen kommt, etwa $^1/_8$ Drehung (Abb. 7b). Wo stehen jetzt die weißen Markierungen auf dem Reifen? Sie sind beim Rollen ein Stück auf dem Kreisbogen weitergekommen, und zwar beide um dasselbe Bogenstück. Durch Abzählen der Speichen können wir das nachprüfen.

Aber die Punkte auf dem Reifen haben sich auch von ihrer ursprünglichen Lage entfernt, die wir jetzt an den weißen Markierungen auf der Stange I feststellen können. Und nun kommt die Überraschung: Der Abstand a nach rechts der weißen Stelle auf Stab I und dem weißen Punkt auf dem Reifen im oberen Teil des Rades ist deutlich größer als der Abstand b ebenfalls nach rechts im unteren Teil! Wie ist das zu erklären?

Der zurückgelegte Weg s hängt von der Geschwindigkeit v der Bewegung und der benötigten Zeit t ab: $s = v \cdot t$. Die Bewegung der beiden Punkte auf dem Rad erfolgt in derselben Zeit t. Um bei gleichen Zeiten die größere Strecke a zurückzulegen, muß die Geschwindigkeit v_1 größer sein als die Geschwindigkeit v_2 für die kleinere Strecke b. Wie aber kommen auf ein und demselben Rad verschiedene Geschwindigkeiten zustande?

In der oberen Hälfte des Rads verlaufen die fortschreitende Bewegung des Rads nach rechts und seine Drehbewegung in dieselbe Richtung. Daher müssen die Geschwindigkeiten der fortschreitenden und der Drehbewegung addiert werden. In der unteren Hälfte sind die beiden Bewegungen entgegengesetzt gerichtet. Die Geschwindigkeit der Drehbewegung ist hier von der der fortschreitenden Bewegung zu subtrahieren. Ein Beobachter, der selbst in Ruhe von der Seite her das rollende Rad betrachtet, sieht, daß sich dessen obere Hälfte schneller dreht als die untere. Bei einem sehr schnell vorbeifahrenden Rad (Radrennen) sieht ein aufmerksamer Beobachter sogar die Speichen im oberen Teil des Rades dichter, im unteren Teil weiter auseinanderstehend.

Und doch reißt das Rad nicht in Stücke. Wir haben ausdrücklich darauf hingewiesen, daß wir von außen als in Ruhe befindliche Beobachter das Rad betrachten. Ganz anders sieht die Sache aus, wenn wir uns mit dem Rad drehen würden. Stellen wir uns vor, wir säßen auf der Achse des Rades. Dann drehen sich für uns als mitbewegtem Beobachter alle Punkte des Radumfangs um uns herum gleich schnell. Es kann daher nicht auseinanderreißen. Hier kommt es auf den Standpunkt an, von dem aus wir die Dinge betrachten.

Der rückwärtslaufende Spurkranz

Versuch

Ein Eisenbahnzug fährt von einer Stadt zur anderen. Bewegen sich wirklich alle Punkte auf diesem Zug in dieselbe Richtung? Es ist zwar kaum zu glauben, aber tatsächlich gibt es zu jeder Zeit und an jedem Rad Punkte, die sich in entgegengesetzte Richtung bewegen.

Es handelt sich um Punkte auf den vorspringenden Kränzen der Räder an den Eisenbahnwagen, den sogenannten Spurkränzen. Sie greifen auf der Innenseite der Gleise über die Laufflächen der Räder hinaus und verhindern so das Abgleiten der Räder von den Schienen. Die Räder bleiben »in der Spur«, daher der Name Spurkranz (Abb. 8a).

Ein Versuch erläutert den Bewegungsvorgang bei einem Rad mit Spurkranz. Dazu kleben wir auf einen runden Bierdeckel aus Pappe ein Streichholz radial auf. Es muß über den Umfang des Deckels hinausragen (Abb. 8b). Nun stellen wir den Deckel auf die Tischkante und rollen ihn ein wenig von links nach rechts, wie es die Abbildung andeutet. Das überstehende Stück des Streichholzes mit dem Punkt D bewegt sich rückwärts von rechts nach links. Je weiter ein Punkt vom Deckelrand entfernt ist, desto auffälliger wird die Rückwärtsbewegung. Der Punkt D z. B. gelangt nach D′.

Die Punkte des über das Eisenbahnrad hinausragenden Spurkranzes verhalten sich wie der Punkt D unseres Versuchs. Bei dem in voller Fahrt befindlichen Eisenbahnzug gibt es also wirklich Punkte, die sich nicht vorwärts, sondern rückwärts bewegen, obwohl das unserer Vorstellung von einem dahinrasenden Zug widerspricht.

Wir lassen jetzt den Bierdeckel nicht nur ein kleines Stück rollen, sondern mehrere Umdrehungen ausführen. Dabei verfolgen wir den äußersten Punkt D auf dem Streichholz. Er beschreibt eine verschlungene Bahnkurve. In der Mathematik wird sie Zykloide genannt (Abb. 8c links). Der Punkt C auf dem Umfang des Deckels läuft auf einer Bahn mit Spitzen (Abb. 8c rechts). Wir können auch einen Punkt auf der Kreisfläche des Bierdeckels markieren und beim Abrollen beobachten. Er beschreibt eine wellenförmige Kurve ohne Spitzen.

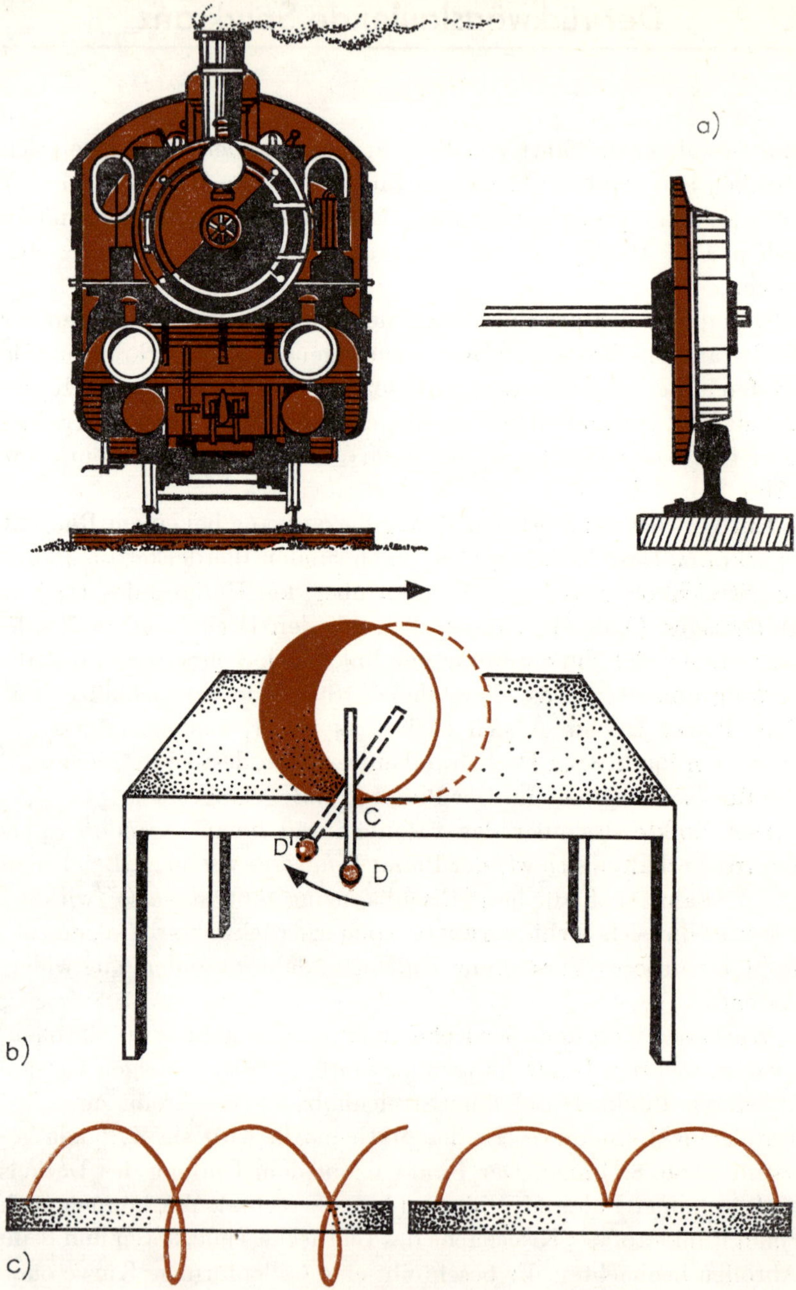

Abb. 8 Der rückwärtslaufende Spurkranz

Teeblätter drehen sich immer richtig

Versuch

Wenn wir mit dem Teelöffel in einer Teetasse rühren, in der sich noch Teeblätter befinden, beobachten wir, daß sich die Blätter bei der Rotation auf dem Boden der Tasse nach der Mitte hin drehen. Vielleicht ist uns diese Erscheinung so geläufig, daß uns dabei nichts Besonderes auffällt. Dem Physiker dagegen kommen Bedenken. Die Teeblätter haben nämlich eine größere Dichte (früher sagte man spezifisches Gewicht) als das Teewasser, und bei Drehbewegungen müßten sich nach einem physikalischen Gesetz die spezifisch schwereren Teilchen weiter nach außen bewegen als die spezifisch leichteren. Es wäre demnach zu erwarten, daß sich die Teeblätter an der Wandung der Tasse sammeln, nicht aber zur Mitte hin drehen.

Daß an einem in einer Kreisbewegung befindlichen Körper eine Kraft angreift, die ihn nach außen zieht, merken wir nicht nur, wenn das Auto eine Kurve durchfährt. Wir wissen z. B. von der Trockenschleuder im Haushalt, daß die Wäschestücke an die Wand der rotierenden Trommel gepreßt werden. Das in ihnen vorhandene Wasser durchdringt die Stücke und wird aus der Siebwand der Trommel herausgeschleudert.

Die Bauern trennten ursprünglich den Rahm, d. h. die fett- und ölhaltigen Bestandteile der Milch, von der Molke, indem sie die Milch einfach eine Zeitlang stehenließen. Dann sammelte sich der leichtere Rahm als Schicht oben auf der darunterbleibenden Magermilch. Sehr viel besser und schneller konnten die Bauern diese Trennung später mit der Zentrifuge erreichen. Auf jedem Hof gab es früher ein solches Gerät. Aus der in ihm rotierenden Milch trennte sich das leichtere Fett, der Rahm, von der Molke. Letztere wurde als der schwerere Bestandteil nach außen geschleudert, der Rahm als der leichtere Bestandteil sammelte sich innen. So konnten Rahm und Magermilch getrennt abgelassen werden. Heute darf nur noch in den Molkereien mit Zentrifugen gearbeitet werden.

In der Medizin werden kleine Zentrifugen verwendet, um aus dem Blut die unterschiedlich schweren Bestandteile abzutrennen.

Alle diese Beispiele zeigen, daß bei der Rotation eine Kraft auf die verschiedenen Körper wirkt, die sie nach außen zieht. Diese Kraft wird Zentrifugalkraft genannt. Sie ist um so stärker, je größer die

Dichte der Körper und je größer die Drehgeschwindigkeit ist. Unsere Teeblätter scheinen aber dieser Kraft nicht zu gehorchen, dem physikalischen Gesetz nicht zu unterliegen. Sollte es daran liegen, daß wir mit einem Löffel in der Tasse rühren?

Wir versuchen, den Tee auch ohne Löffel in Rotation zu versetzen. Dazu drehen wir die Tasse zwischen unseren Händen. Wenn sich das Teewasser schnell genug dreht, kommen auch die Teeblätter mit in Bewegung. Und siehe da! Jetzt wandern sie nach außen zur Tassenwand hin. Also gerade entgegengesetzt zur Bewegungsrichtung beim Rühren mit dem Löffel. Sollte er wirklich an dem »falschen« Verhalten der Teeblätter schuld sein?

Um die Frage zu klären, experimentieren wir weiter. Statt der Tasse verwenden wir einen Suppenteller, statt der Teeblätter irgendwelche andere leichte Teilchen. Sie müssen aber zu Boden sinken. Das kann z. B. Sägemehl sein. Wir füllen den Teller teilweise mit Wasser und streuen das Sägemehl darauf. Nach kurzer Zeit saugt sich das Sägemehl mit Wasser voll und sinkt auf den Boden des Tellers. Rühren wir jetzt mit einem Löffel das Wasser um, sammelt sich das Sägemehl in der Mitte des Tellers an. Drehen wir dagegen den Teller rasch, wandern die Teilchen nach außen. Wir erleben die gleichen Erscheinungen wie bei den Teeblättern. Eine schnelle und gleichmäßige Rotation erhalten wir, wenn wir den Teller auf den Drehschemel eines Klavierstuhls oder den Teller eines Grammophons stellen und diese Geräte in Drehung bringen. Bevor das Wasser aus dem Teller herausschwappt, halten wir ihn plötzlich an. Zu unserer Überraschung fangen die Mehlteilchen auf einmal an, sich nach der Mitte des Tellers hin zu bewegen.

Die Erklärung dieser merkwürdigen Verhaltensweisen hängt damit zusammen, daß wir an die Reibung der Teeblätter bzw. Teilchen am Boden der Gefäße denken müssen. Rühren wir mit dem Löffel in der Tasse, kommt das Wasser schneller in Bewegung und erhält eine größere Geschwindigkeit als die Blätter auf dem Boden. Die Flüssigkeit erfährt eine größere Zentrifugalkraft und wird daher stärker nach außen getrieben als die Teeblätter. Sie bleiben infolgedessen in der Mitte der Tasse, obwohl sie die größere Dichte aufweisen. Drehen wir die Tasse oder den Teller, erhalten die festen Teilchen durch die Reibung am Boden schneller die höhere Geschwindigkeit als das Wasser. Jetzt greift an ihnen die stärkere Zentrifugalkraft an und treibt sie nach außen. Bei dem plötzlichen

Stop des Tellers bewirkt die Reibung zwischen Teller und Teilchen ein schnelleres Abbremsen der Teilchen. Das Wasser hat dann die höhere Geschwindigkeit und drängt nach außen, während die Teilchen nach innen gezogen werden.

Die Teeblätter befolgen also durchaus die Gesetze der Physik, wenn sie sich das eine Mal nach innen, das andere Mal nach außen bewegen. Wir müssen nur wirklich alle Umstände oder Bedingungen bei den Experimenten herausfinden.

Die Erde dreht sich wirklich

Versuch

»Und sie bewegt sich doch!« soll der Legende nach Galileo Galilei gesagt haben, nachdem ihn 1633 die Inquisition gezwungen hatte, der Lehre von der Bewegung der Erde abzuschwören. Die Menschen seiner Zeit konnten sich nicht vorstellen, daß sie sich mit der Erde drehen sollten. Auch heute noch kommt uns dies zumindest gar nicht zum Bewußtsein, obwohl bereits im Altertum Herakleides von Pontus (etwa 389—315 v. u. Z.), ein Schüler von Platon, und andere griechische Philosophen dieser Zeit die Wanderung der Sonne und der Fixsterne am Himmel mit der Erdrotation erklärten. Zu stark waren jedoch die Gegenargumente. So wies z. B. Claudius Ptolemäus (85—165 u. Z.) darauf hin, daß doch fürchterliche Stürme herrschen müßten, wenn sich die Erde unter der Lufthülle drehe. Man konnte sich nicht vorstellen, daß sich die Atmosphäre mitdreht.

Einer Drehung der Erde schienen aber auch unsere täglichen Beobachtungen zu widersprechen. Wir sehen die Sonne am frühen Morgen am östlichen Himmel über dem Horizont erscheinen, eine Bahn am Himmel gen Süden durchlaufen und abends am westlichen Horizont wieder verschwinden. Wir sagen, die Sonne geht auf, sie geht unter, und schreiben ihr damit eine Bewegung zu, die wir von der ruhend gedachten Erde aus beobachten. Und so haben seit Jahrtausenden die Menschen gesagt und gedacht. Erst Nikolaus Kopernikus griff um 1500 die Idee der griechischen Philosophen wieder auf und erhob die Rotation der Erde um ihre Achse zu einer der theoretischen Grundlagen der Bewegung der Himmelskörper, denn damit vereinfachte sich die Beschreibung und Erklärung der Vorgänge am Himmel außerordentlich.

Wir versuchen, mit einem Experiment die beiden Bewegungstheorien zu verstehen. Zuerst bitten wir einen Freund, in einem Bogen um uns herumzugehen, während wir selbst ruhig stehenbleiben. Dann bleibt der Freund still stehen, und wir drehen uns um uns selbst. In beiden Fällen haben wir den Eindruck, daß sich der Freund um uns herum bewegt. Es kommt offenbar auf den Standpunkt an, von dem aus wir eine Bewegung beobachten. Im ersten Fall des Experiments deuten wir die Bewegung von uns als dem ruhenden Beobachter aus gesehen. Das bedeutet für die ältere Beschreibung der Sonnenbewegung, daß sie von der ruhend gedachten Erde aus gesehen wird. Im zweiten Fall des Experiments deuten wir den Vorgang von unserer Eigenbewegung her. In der kopernikanischen Darstellung des Verhältnisses von Sonne und Erde wird die Sonne von der sich drehenden Erde aus beobachtet. Die Sonne läuft dann nur scheinbar auf einer Bahn um die Erde. Wir unterliegen daher einer Täuschung, wenn wir meinen, die Sonne gehe auf, bewege sich am Himmel weiter und gehe unter.

Aber dreht sich die Erde nun wirklich? Gibt es einen Beweis dafür? Dazu stellen wir noch einmal einen Versuch an. Auf einer starken Pappe oder einem Brettchen bauen wir einen Drahtbügel auf, an den wir ein Fadenpendel anknüpfen. Wir stoßen es an. Es schwingt in einer bestimmten Ebene hin und her. Drehen wir jetzt langsam die Pappe samt dem Drahtbügel, schwingt das Pendel immer in derselben Ebene im Raum weiter, selbst wenn seine Unterlage eine volle Umdrehung um 360° ausgeführt hat.

Das physikalische Gesetz, daß ein Pendel seine Schwingungsebene stets beibehält, kann zum Nachweis der Erddrehung ausgenutzt werden. Denken wir uns ein Fadenpendel über einem Pol der Erde aufgehängt und in Schwingung versetzt (Abb. 9). Dreht sich die Erde unter dieser Aufhängung an einem Tag einmal um ihre Achse, muß ein dort stehender und an der Erdrotation teilhabender Beobachter sehen, wie sich in diesen 24 Stunden die Schwingungsebene des Pendels um 360° dreht. Nun ist ein solches Experiment am Pol schwer auszuführen. Es genügt aber, es an irgendeinem anderen Platz der Erde auszuführen. Der französische Physiker Léon Foucault führte 1850 das Experiment im Keller seines Hauses in der Rue d'Assas in Paris mit einem 2 m langen Pendel aus. Er wiederholte den Versuch 1851 im Meridiansaal der Pariser Sternwarte mit einem 11 m langen Pendel und bald danach

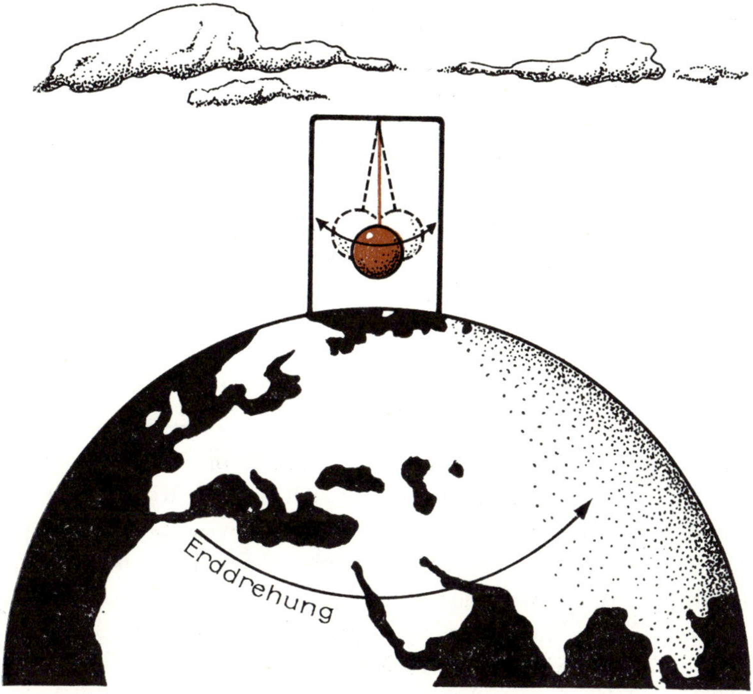

Abb. 9 Die Erde dreht sich wirklich

im Pantheon in Paris. Hier verwendete er ein 62 m langes Pendel, an dem eine Kugel mit 20 kg Masse hing. Das Erstaunen der Fachwelt über das Gelingen des Versuchs war so groß, daß er im gleichen Jahr noch vielfach wiederholt wurde, so in Köln, New York, Rio de Janeiro. Von historischem Interesse ist die Vorführung des Pendelversuchs durch den Jesuitenpater Seccchio in der Kirche St. Ignaz und im Pantheon in Rom, weil sein Experiment in den Schriften der päpstlichen Akademie veröffentlicht wurde. Daraufhin wurde die Lehre von der Drehung der Erde vom Vatikan anerkannt, 200 Jahre nach Galilei.

Die Drehung der Schwingungsebene nimmt vom Pol nach dem Äquator hin ab. Am Pol mit der geographischen Breite $\varphi = 90°$ beträgt die Drehung 15° in der Stunde, in Berlin mit $\varphi = 52°$ werden 12° Ablenkung gemessen, in Ulm mit $\varphi = 48°$ nur noch 11°. Über dem Äquator erleidet ein senkrecht zum Meridian schwingendes Pendel überhaupt keine Ablenkung mehr. In einem Turm des

Deutschen Museums in München hängt ein 60 m langes Foucaultsches Pendel mit einer Pendelmasse von 30 kg. Die Drehung der Schwingungsebene kann schon nach einigen Minuten deutlich wahrgenommen werden. Sie beträgt hier bei $\varphi = 48°$ in der Stunde 11°. Auf der Nordhalbkugel erfolgt die Ablenkung eines von Süden nach Norden schwingenden Pendels nach Osten, auf dem Rückweg der Schwingung nach Westen. Auf der Südhalbkugel ist es umgekehrt.

Damit ist ein Beweis für die Rotation der Erde erbracht. Galilei und Kopernikus hatten recht.

Das ewige Karussell

Kinder und auch manche Erwachsene fahren im Vergnügungspark gern Karussell. Gemächlich dreht es sich, in der Minute vielleicht zweimal, bis es nach einigen Umdrehungen wieder stillsteht. Daneben drehen sich das Riesenrad und vielerlei andere rotierende Belustigungen. Wir Zuschauer stehen davor, sehen dem fröhlichen Treiben zu und befinden uns in beschaulicher Ruhe.

Aber sind wir wirklich in Ruhe? Es fällt uns ein, daß sich die Erde dreht. Wir, die wir darauf stehen, müssen uns mit ihr drehen. Sie ist ein riesig großes Karussell, das sich im Laufe eines Tages rasend schnell einmal um seine Achse dreht. Die Geschwindigkeit, mit der wir herumgeschleudert werden, ist enorm. Sie hängt davon ab, wo wir uns auf dem Erdball aufhalten. In München beträgt sie 1112,4 km/h. Wir legen dort in jeder Sekunde 309 m zurück! Je näher wir zum Äquator hin leben, desto schneller ist die Rotation. In Rom ist die Geschwindigkeit schon 1242 km/h, in Athen 1314 km/h, auf der Insel St. Helena 1609 km/h, und bis zum Äquator wächst sie noch weiter an. Liegt unser Wohnort mehr nach dem Pol zu, ist die Geschwindigkeit geringer, in Hammerfest z. B. nur noch 551 km/h.

Bei derartig hohen Geschwindigkeiten ist es verwunderlich, daß wir von der Drehung der Erde überhaupt nichts merken. Wir haben den Eindruck, uns auf einer absolut ruhenden Erde zu befinden. Dieser Eindruck wird noch verstärkt durch unsere täglichen Beobachtungen am Himmel. Wir sagen so, wie wir es sehen: »Die Sonne geht in östlicher Richtung auf, sie wandert über den Himmel und geht in westlicher Richtung unter.« Entsprechend verhalten sich der Mond und alle Fixsterne. Es sieht so aus, als ob sich das

Himmelsgewölbe über uns drehe, während wir darunter ruhigstehen. Aus ebensolchen Beobachtungen gestalteten die Astronomen vor Jahrtausenden ihr Weltbild. Die Assyrer, Babylonier, Ägypter und Griechen, aber auch die Azteken und Inkas glaubten die Erde in Ruhe. Sie bildete zunächst als Scheibe, auf dem Weltmeer schwimmend, später als frei im Raum schwebende Kugel den Mittelpunkt der Welt.

Es ist in der Tat eine erhabene, gewaltige, schöne Idee, sich vorzustellen, wie sich die mit Tausenden von Sternen besetzte Himmelskugel mit immer gleichbleibender Geschwindigkeit um die Weltachse dreht. Dieser Gedanke war die Grundlage der antiken Weltanschauung. Die Drehung war nicht nur die einfachste, großartigste und vollkommenste Bewegung, sie wurde auch zum Sinnbild des ewig gleichförmig fließenden Zeitenstroms. Dieses geozentrische Weltbild der Antike war bis ins Mittelalter gültig.

Obwohl es dem gesunden Menschenverstand zuwiderlaufend erschien, gab es aber bereits im klassischen Altertum Naturphilosophen, die die tägliche Umdrehung der Fixsterne als einen Scheineffekt deuteten, hervorgerufen durch die Drehung der Erde selbst um ihre Achse unter einer in Wirklichkeit ruhenden Fixsternsphäre. Dies lehrte ein Schüler Platons, nämlich Herakleides von Pontus (etwa 389—315 v. u. Z.). Später änderte Aristarch von Samos (etwa 320—250 v. u. Z.) diese Lehre durch die Annahme ab, die Sonne stehe im Mittelpunkt der Welt, während sie die rotierende Erde im Laufe eines Jahres umkreise. Der in Alexandria lebende Claudius Ptolemäus (etwa 85—165 u. Z.) faßte um 150 u. Z. die astronomischen Erkenntnisse der Alten Welt zusammen. In seinem Werk »Mathematices syntaxeos biblia XIII« lehnt er aber die Idee von der Rotation der Erde ab. Denn – so argumentierte er – dann müßte ja alles, was nicht fest mit der Erde verbunden ist, immer die gleiche, der Erddrehung entgegengesetzte Bewegung ausführen. Es könnte z. B. nie so aussehen, als ob sich eine Wolke nach Osten bewege. Die Erde müßte nämlich allem Beweglichen nach Osten vorauseilen. Die Wolke würde demnach nach Westen zurückbleiben. Sollte sich etwa die Luft gleichzeitig mit der Erde drehen, dann müßten alle frei beweglichen Körper hinter dieser Bewegung zurückbleiben – es sei denn, sie wären mit der Luft fest verbunden, gleichsam verwachsen. Aber dann könnte es überhaupt keine Bewegung nach vorn und zurück mehr geben.

Und doch, die Erde dreht sich. Warum wir von ihrer Bewegung nichts merken, hat Nikolaus Cusanus (1401—1464) mit der Bewegung eines Schiffes auf hoher See verglichen. Auch davon merkt ein Seemann, der sich auf dem Schiff befindet, nichts. Es blieb Nikolaus Kopernikus (1473—1543) vorbehalten, ein neues Gedankengebäude aufzubauen, das heliozentrische System. Danach steht die Sonne im Mittelpunkt der Welt, umkreist von allen Planeten, darunter der Erde. Die Planeten drehen sich um ihre eigenen Achsen. Mit dem neuen Weltbild konnten die Bewegungen der Planeten, wie wir sie von der Erde aus sehen, vor allem die Planetenschleifen, sehr viel einfacher erklärt werden als zuvor im geozentrischen System. Die Fixsterne blieben aber noch auf ihrer Kugelsphäre »angeheftet«.

Das Karussell, auf dem wir leben, war so noch größer geworden. Johannes Kepler (1571—1630) gelang es schließlich, es noch besser zu festigen. Er konnte die Bahnen der Planeten und ihre Abstände voneinander berechnen. 1609 schrieb er seine »Astronomia nova«, die Neue Astronomie, 1615 die »Harmonices mundi«, die Harmonie des Weltalls. Darin veröffentlichte er die Gesetze der Planetenbewegungen. Sie bewegen sich auf Ellipsen um die Sonne. Ihre Geschwindigkeiten sind in Sonnennähe größer als in Sonnenferne. Wir Menschen legen auf unserer Karussellfahrt um die Sonne in jeder Sekunde 29,47 km zurück (im Durchschnitt). Das entspricht einer Geschwindigkeit von 106092 km/h. Die Bewegung, die wir in diesem ganzen System ausführen, ist vergleichbar mit der Bewegung eines Karussellfahrers in einem der modernen Karussells. Eine einfache Rotation genügt heute nicht mehr, vielmehr sitzen die Fahrer gern in Gondeln, die sich um sich selbst drehen und dabei noch auf einem Kreis um die Mittelachse des Karussells herumgezogen werden.

Nach Kepler dauerte es noch lange, bis die Astronomen feststellten, daß sich die Fixsterne in der unendlichen Weite des Weltalls verteilen.

Das kopernikanische, heliozentrische System setzte sich freilich nur langsam durch. Es verlangte immerhin eine außerordentliche Umstellung des Denkens. Das uns so vertraute Geschehen am Himmel mußte übertragen werden in eine abstrakte Mechanik des Himmels. Hinzu kam als Wesentliches, daß der Mensch, der sich bisher als wichtigster Mittelpunkt der Welt ansehen konnte, plötzlich nichts anderes mehr sein sollte als ein minimales Stäubchen im großen Weltgeschehen.

Warum aber werden wir mit unserer Erde, warum werden die Planeten auf ihren Bahnen so herumgeschleudert? Warum fliegen wir nicht geradlinig in den Weltraum hinaus? Die Frage besteht also, ob die von Kepler gefundenen Gesetze wirklich richtig sind. Die Antwort gab der große englische Physiker Isaac Newton (1643–1727). Er fand die Kräfte, die die Planeten auf ihre Bahnen zwingen, und berechnete sie. Auf jeden Planeten wirkt die Gravitationskraft. Es ist die gleiche Kraft, die auf der Erde alle Körper zur Erde hinzieht. Sie wirkt noch weit in den Raum hinaus und hält den Mond auf seiner Bahn um die Erde fest. Von der Sonne geht eine riesige Gravitationskraft aus und wirkt auf die Planeten ein. Damit war die Mechanik des Himmels restlos erklärt.

Bei all den Bewegungen, die wir scheinbar in Ruhe lebenden Menschen tatsächlich dauernd im Sonnensystem ausführen, könnte es uns schon schwindlig werden. Jedoch, damit ist es immer noch nicht genug. Unsere Sonne und mit ihr alle Planeten gehören der Anhäufung von Sternen an, die wir die Milchstraße nennen. Darin bewegt sich die Sonne, und somit bewegen auch wir uns mit der Geschwindigkeit von 19,5 km/s (das sind 70200 km/h) auf das Sternbild Herkules zu. Können wir jetzt unsere Vorfahren verstehen, die sich gefühlsmäßig dagegen wehrten, aus der Beschaulichkeit ihrer (scheinbaren) Ruhe herausgerissen zu werden?

Die widerspenstige Garnrolle

Versuch

Eine Garnrolle ist auf den Fußboden gefallen und ein Stück weggerollt. Ein Faden des Garns hat sich von unserem Fuß bis zur Rolle hin abgewickelt und ist auf dem Boden liegengeblieben. Wir wollen die Rolle wieder zu uns heranziehen, bücken uns und ziehen am Faden. Die Rolle kommt brav auf uns zugerollt. Jedoch – sie fällt uns noch einmal aus der Hand, bleibt aber diesmal nahe vor unseren Füßen liegen. Den Faden haben wir festgehalten. Wieder ziehen wir daran. Aber, was ist denn das? Statt auf uns zuzurollen, bewegt sich die Rolle zu unserer Überraschung von uns fort!

Wir überlegen, woran es wohl liegen mag, daß die Rolle das eine Mal auf uns zu-, das zweite Mal von uns wegrollt. Im ersten Falle mußten wir uns tief bücken, um den Faden zu fassen, und zogen

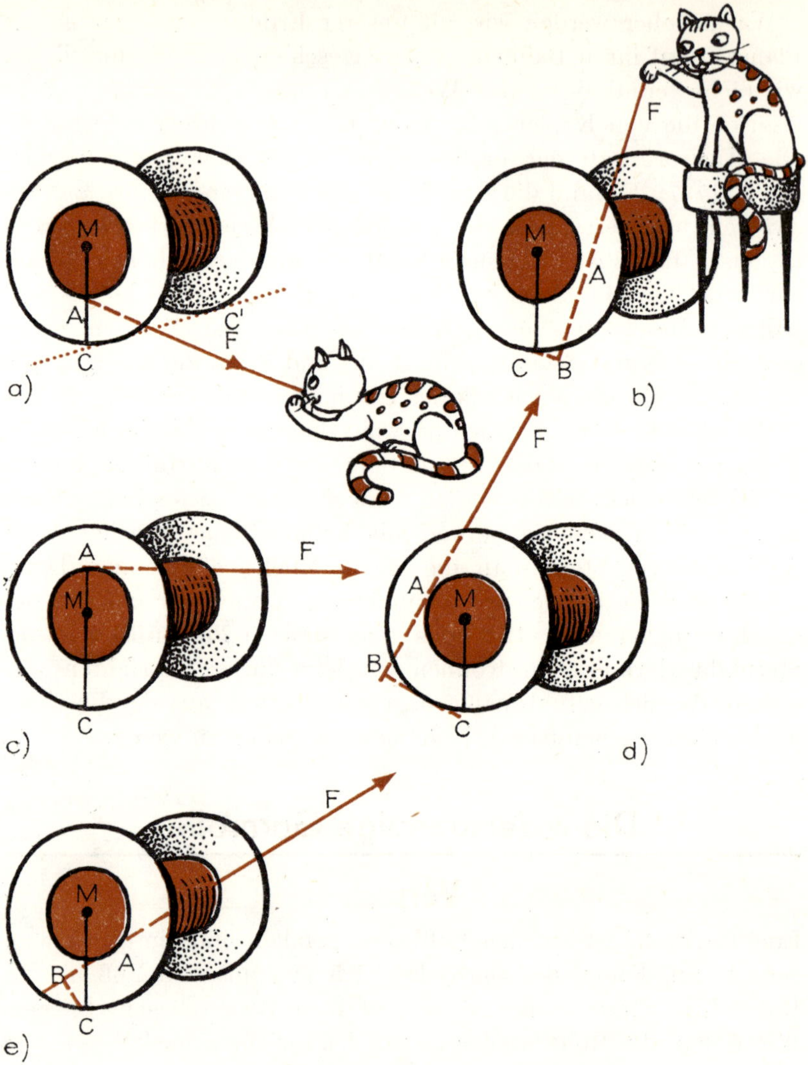

Abb. 10 Die widerspenstige Garnrolle

ihn fast waagerecht auf uns zu. Im zweiten Falle hielten wir den Faden noch in der Hand in Kniehöhe. Er zeigte beim Ziehen steil von der Rolle zur Hand nach oben. Tatsächlich bedingt diese Zugrichtung das Verhalten der Rolle. Sie führt beim Rollen eine Drehbewegung aus, die durch ein Drehmoment hervorgerufen wird. Die Abb. 10a zeigt eine Garnrolle mit der Achse M, den Auflagepunkten C und C′ am Boden und den Angriffspunkt A der Kraft, die in Richtung des Fadens F zieht. Wir sind leicht geneigt, die Achse M als die Drehachse der Rolle anzusehen. Das ist aber nicht so. Vielmehr dreht sich die Rolle um eine Achse, die auf dem Fußboden durch die Punkte C und C′ zu denken ist. Die Kraft, mit der wir ziehen, greift in A an dem Hebelarm AC an. Es entsteht ein Drehmoment nach rechts, so daß sich die Rolle nach rechts in Richtung zum Faden hin dreht.

Die Abb. 10b stellt den Fall dar, daß der Faden schräg aufwärts gerichtet ist. (Es wurde nur die Vorderseite der Rolle gezeichnet.) Die über A hinaus nach rückwärts verlängerte Kraftrichtung schneidet die Auflagefläche rechts von dem Auflagepunkt C. Als Hebelarm ist jetzt das Lot von C auf die Kraftrichtung anzusehen (CB). Das entstehende Drehmoment dreht jetzt die Rolle nach links. Sie rollt von uns fort.

In den beiden Abb. 10a und b wurde angenommen, daß sich der Faden unterhalb der Rolle abwickelt. Ändert sich an unseren Überlegungen etwas, wenn sich der Faden oberhalb der Rolle wegziehen läßt? Wir sehen in der Abb. 10c sofort, daß sich auch in diesem Falle bei horizontalem Zug am Faden nichts ändert gegenüber der Abb. 10a. Das Drehmoment hat nur einen längeren Hebelarm (AC).

Wickelt sich der Faden oberhalb der Rolle schräg nach oben ab, dann kommt diese beim Ziehen am Faden auch wieder auf uns zugerollt. In diesem Falle entsteht ebenso ein rechtsdrehendes Drehmoment, wie Abb. 10d zeigt.

Wie sich die Rolle bewegt, hängt aber auch von der Steilheit des Fadens ab. Die Abb. 10e erläutert, daß bei dem eingezeichneten Winkel, unter dem der Faden gegen den Fußboden geneigt ist, die nach rückwärts verlängerte Kraftrichtung die Auflagefläche links vom Auflagepunkt C schneidet. Der Hebelarm BC bewirkt ein Drehmoment nach rechts, d. h., die Rolle läuft beim Ziehen am Faden auf uns zu.

In den Abbildungen ist der Faden immer in der Stirnfläche der Garnrolle gezeichnet. Es ändert sich aber an den Ergebnissen unserer Betrachtungen nichts, wenn der Faden an irgendeiner anderen Stelle der Rolle angreift. Führen wir die Versuche wirklich aus, empfiehlt es sich, den Zugfaden etwa in der Mitte der Rollenachse angreifen zu lassen, damit sich die Endflächen der Rolle nicht seitlich anheben.

Das schwimmende Metall

Versuch

Eisen hat die Dichte 7,86 g/cm³, Wasser 1 g/cm³. Also muß Eisen, wenn es auf Wasser gebracht wird, untergehen. Dieses physikalische Gesetz gilt für alle Metalle. Jedoch scheint das manchmal nicht zu stimmen. Wir können z. B. eine Nähnadel auf Wasser schwimmen lassen.

Wir füllen ein Glas mit Wasser und lassen eine völlig trockene Nähnadel vorsichtig aus geringer Höhe auf die Wasserfläche fallen. Nur müssen wir beachten, daß keinesfalls eine Spitze die Wasserfläche durchsticht, dann geht nämlich die Nadel mit Sicherheit unter. Es kommt also darauf an, die Nadel parallel zur Wasserfläche fallen zu lassen. Wenn das nicht gleich gelingt, helfen wir mit einem kleinen Trick nach. Wir legen ein Blättchen dünnes Seidenpapier auf das Wasser und die Nadel vorsichtig auf das Papier. Nach kurzer Zeit hat sich das Papier voll Wasser gesogen und sinkt nach unten, und die Nadel bleibt auf dem Wasser liegen. Sollte das Papier nicht von selbst untertauchen, müssen wir etwas nachhelfen. Mit einer zweiten Nadel drücken wir erst eine Ecke des Papiers unter Wasser und nähern uns dann immer mehr der Mitte, bis das Blättchen zu sinken beginnt.

Anstelle einer Nähnadel können wir auch eine Stecknadel verwenden. Ihr Durchmesser sollte aber nicht größer als 2 mm sein, ferner sollte sie einen leichten Kopf haben.

Der scheinbare Widerspruch zu dem Gesetz der Physik löst sich auf, wenn wir bedenken, daß die Nadel durch das Anfassen mit den Fingern mit einer leichten Fettschicht überzogen wurde, die das Benetzen mit Wasser verhindert. So sinkt die Nadel nur ein wenig in die Oberfläche des Wassers ein. Das Schwimmen einer Nadel läßt sich daher am einfachsten erreichen, wenn wir sie vorher einfetten. Eine so präparierte Nadel können wir ohne große Umstände auf das Wasser legen.

Die Oberflächenspannung des Wassers ist so groß, daß die Fläche trotz der Vertiefung fest zusammenhält, so daß die Nadel schwimmen kann. Außerdem ist die Fläche bestrebt, sich zu glätten. Die Oberflächenspannung übt daher eine Kraft von unten nach oben auf die Nadel aus und trägt sie so. Schließlich wirkt auch noch der

Auftrieb mit. Nach dem Prinzip des Archimedes erfährt die Nadel eine Kraft nach oben, die der Gewichtskraft des von ihr verdrängten Wassers entspricht.

Wenn wir mit dem Nadelversuch einige Übung erlangt haben, versuchen wir, ein größeres Metallstück, z. B. eine Münze, auf Wasser schwimmen zu lassen. Wir wählen dazu ein möglichst leichtes Geldstück aus – später können wir es auch mit einem größeren und schwereren einmal versuchen. Zunächst legen wir wieder ein Papierblättchen auf die Wasserfläche, darauf vorsichtig die Münze und warten, bis das Papier absinkt. Die Münze bleibt auf dem Wasser liegen.

Die große Seifenblase

Versuch

Eine Seifenblase zu erhalten scheint eine leichte Sache. Seifenwasser und ein Strohhalm – das ist alles, was dazu notwendig ist. Aber meistens sind die Seifenblasen dann recht klein und zerplatzen schnell wieder. Große, schöne und dazu noch stabile Seifenblasen herzustellen ist eine Kunst, für die einige Voraussetzungen erfüllt sein müssen.

Für die Seifenlösung nehmen wir Toilettenseifen, besser noch Kernseife. Zum Auflösen der Seife verwenden wir Wasser, das wir aufgekocht und danach wieder abgekühlt haben. Reines Regenwasser oder aufgetauter Schnee wären ein ideales Lösungsmittel. Wir lösen so lange Seife auf, bis wir eine ziemlich dichte Lösung erhalten, der wir ein Drittel ihrer Menge an Glyzerin hinzufügen. Dann halten die Seifenblasen später länger. An der Oberfläche der Lösung bilden sich Bläschen und Schaum, den wir mit einem Löffel abschöpfen. Nun ist unsere Seifenlösung fertig.

Schöne Blasen entstehen an einem Strohhalm, dessen eines Ende wir kreuzweise aufschneiden und spreizen. Auch dünne Tonpfeifen eignen sich gut als Blasinstrument, wenn ihre Öffnung gut mit Seife bestrichen wird.

Nach diesen Vorbereitungen tauchen wir das gespreizte Ende des Strohhalms in die Seifenlösung und ziehen den Halm wieder heraus. An der Spreizung haftet ein kleiner Tropfen der Lösung. Wenn wir jetzt in das andere Ende des Strohhalms leicht hineinblasen, bläht sich der Tropfen zu einer großen Blase auf. Sie löst sich vom Halm ab und steigt langsam empor. Gelingt es uns, eine Seifenblase von 10 cm Durchmesser und mehr aufzublasen, ist die Lösung gut. Andernfalls müssen wir der Lösung noch Seife hinzufügen, bis sich Blasen der angegebenen Größe herstellen lassen.

Unsere Seifenblasen müssen noch einen weiteren Test bestehen. Nachdem wir eine große Blase aufgepustet haben, versuchen wir einen mit der Seifenlösung gut angefeuchteten Finger in die Blase hineinzustecken. Wenn die Blase das nicht aushält, sondern platzt, muß nochmals Seife in die Lösung gebracht werden.

Warum steigen die Seifenblasen eigentlich hoch, wenn sie sich vom Strohhalm gelöst haben? Ihr Gewicht müßte sie doch nach unten ziehen. Wir dürfen nicht vergessen, daß wir sie mit der Luft unserer Lunge aufblasen, die wärmer als die umgebende Zimmerluft ist. Damit ist die Luftfüllung leichter als die Luft der Umgebung und trägt die Blase hoch.

Bringen wir eine Seifenblase aus einem warmen in einen kalten Raum, so beobachten wir, daß sich ihr Rauminhalt auffallend verringert. Er dehnt sich aber deutlich wieder aus, wenn wir sie in den warmen Raum zurückbringen. Die Ursache dafür ist das Verhalten der in der Seifenblase eingeschlossenen Luft. Gase dehnen sich beim Erwärmen um 1 K um $^1/_{273}$ ihres Volumens bei 0 °C = 273 K aus. Beträgt z. B. der Luftinhalt einer Blase 1000 cm^3, so dehnt sie sich

bei einer Erwärmung um 10 K um $1000 \cdot 10 \cdot \frac{1}{273}\ cm^3 = 36{,}6\ cm^3$

aus. Entsprechend groß ist die Verkleinerung des Volumens beim Abkühlen um 10 K. Eine solche Veränderung läßt sich leicht wahrnehmen.

Unsere Seifenblasen haben nur eine begrenzte Lebensdauer. Sie können aber recht lange halten, wenn wir sie entsprechend behandeln. Der englische Physiker James Dewar, den wir von seinen Arbeiten über die Verflüssigung der Luft und den nach ihm benannten Dewarschen Gefäßen kennen, bewahrte Seifenblasen in Flaschen auf. Dort, wo sie vor Staub, Austrocknen und Luftstößen geschützt waren, hielten sie sich monatelang. In Amerika gelang es dem Physiker und Nobelpreisträger Ernest Orlando Lawrence, Seifenblasen sogar unter einer Glasglocke jahrelang aufzubewahren.

Der englische Physiker Lord Kelvin, zu dessen Ehren heute die

Wärmemessung in Kelvin statt in Celsiusgraden erfolgt, schrieb: »Pustet eine Seifenblase auf und schaut sie euch an; ihr könnt sie euer Leben lang studieren und immer wieder neue physikalische Belehrungen daraus erhalten.« Wir wollen seinem Rat folgen und einige Experimente mit Seifenblasen anstellen.

Die Blume in der Seifenblase

Versuch

Wir gießen etwas von unserer Seifenlösung in einen flachen Teller, bis sich eine 2 bis 3 mm hohe Schicht gebildet hat. In die Mitte des Tellers legen wir eine Blume und stülpen einen Glastrichter darüber. Nun blasen wir langsam in den Trichter und heben ihn dabei vorsichtig an. Es bildet sich über der Blume eine Blase. Wenn sie groß genug geworden ist, neigen wir den Trichter zur Seite, damit die Seifenblase unter ihm zum Vorschein kommt. Die Blume liegt jetzt unter einer durchsichtigen halbkugelförmigen Seifenblase.

Wenn keine Blume zur Hand ist, können wir auch eine kleine Vase oder eine kleine Figur benutzen.

Wer besonders geschickt ist, kann sogar noch eine kleine Seifenblase auf die Blume bzw. die Figur zaubern. Dazu tropfen wir vor

Abb. 11 Die Blume in der Seifenblase

dem Experiment ein Tröpfchen Seifenlösung auf die Blume oder den Kopf der Figur. Nachdem die große Seifenblase aufgeblasen ist, durchstoßen wir sie mit einem Strohhalm und blasen damit den kleinen Tropfen zu einer kleinen Blase auf.

Die Seifenblase in der Seifenblase

Versuch

Mit dem im vorigen Versuch angegebenen Trichter blasen wir eine möglichst große Seifenblase auf. Einen Strohhalm saugen wir fast ganz voll mit Seifenlösung, stechen ihn durch die Blase bis zu ihrer Mitte ein und ziehen ihn wieder bis zum Rand zurück. Blasen wir jetzt in den Strohhalm, bildet sich in der ersten großen Blase eine zweite. Ja, es gelingt sogar, noch eine dritte und vierte Blase in der Blase entstehen zu lassen.

Der Zylinder in der Seifenhaut

Versuch

Wir biegen uns zwei Drahtringe mit je einem Drahtstück als Stiel daran. Eine gewöhnliche runde große Seifenblase, die wir aufgepustet haben, fangen wir mit dem einen Ring auf. Den anderen Ring feuchten wir mit Seifenlösung an und legen ihn vorsichtig auf die Blase. Dann ziehen wir die Ringe langsam auseinander. Es entsteht ein Zylinder aus Seifenhaut. Interessant wird es, wenn es gelingt, den oberen Ring höher zu ziehen, als es seinem Durchmesser entspricht. Dann schnürt sich der Zylinder ein, bis er schließlich in zwei Blasen auseinanderreißt.

Die Spannkraft einer Seifenblase

Versuch

Um unsere Atemluft beim Aufblasen in die Seifenblase hinein zu bekommen und das Seifenhäutchen zu dehnen, müssen wir Kraft aufwenden. Kein Wunder, daß die Blase, in der jetzt Druck herrscht, ihrerseits wieder Kraft auf ihre Haut ausübt. Davon können wir uns überzeugen, wenn wir mit dem Aufpusten aufhören und das Mundstück des Strohhalms freigeben. Die Seifenblase zieht sich zusammen und wird immer kleiner. Daß die Geschwindigkeit und die Kraft der ausströmenden Luft nicht gering sind, können wir feststellen, wenn wir die Öffnung des Strohhalms gegen eine Kerzenflamme halten. Die aus der Seifenblase entweichende Luft bläst die Flamme merklich zur Seite.

Die Dicke einer Seifenhaut

Es ist im Grunde erstaunlich, daß wir eine Seifenblase überhaupt sehen können, denn ihr Häutchen zählt zu den dünnsten Gebilden, die noch mit bloßem Auge wahrzunehmen sind. Wir sagen »dünn wie ein Haar« oder »fein wie Seidenpapier«, und doch sind solche Dickenangaben grob gegen die Stärke eines Seifenblasenhäutchens. Seine Dicke beträgt nur etwa ein Fünftausendstel der Dicke eines Haares. In zweihundertfacher Vergrößerung erscheint ein Menschenhaar 1 cm stark. Der Querschnitt eines Seifenhäutchens kann bei dieser Vergrößerung noch gar nicht wahrgenommen werden. Erst wenn die Vergrößerung nochmals um das Zweihundertfache gesteigert wird (also 40000mal), wird es sichtbar. Abb. 12 soll diesen Zusammenhang verdeutlichen.

Wie aber ist es möglich, derart geringe Dicken überhaupt zu messen? Da helfen die schönen bunten Farben, in denen eine Seifenblase schillert. Das wechselnde Farbenspiel sagt dem Physiker, daß die Dicke wechselt. Wir können dies besser beobachten an einer ebenen Seifenhaut. Wir tauchen einen geraden Draht in unsere Seifenlösung und ziehen mit ihm vorsichtig eine Seifenhaut hoch. Sie bleibt nicht überall gleich dick. Infolge ihres Gewichts sinkt die Seifenlösung von oben nach unten ab. Wir merken das an den nach unten absinkenden Farben. Der Physiker stellt diese Beobachtung im einfarbigen Licht mit der Wellenlänge von z. B. 650 nm an. Das sind 650 millionstel Millimeter. Dann treten statt Farben helle und dunkle Streifen auf, die abwärts wandern. Kurz bevor die Seifenhaut am Draht abreißt, erscheint dort das Häutchen im reflektierten Licht mit einem hellen Streifen. Seine Dicke beträgt jetzt $^1/_4$ der Wellenlänge, also 650 nm : 4 $\approx$ 160 nm $\approx$ 0,000160 mm. Eine sehr groß aufgeblasene Seifenblase wird kurz vor dem Platzen

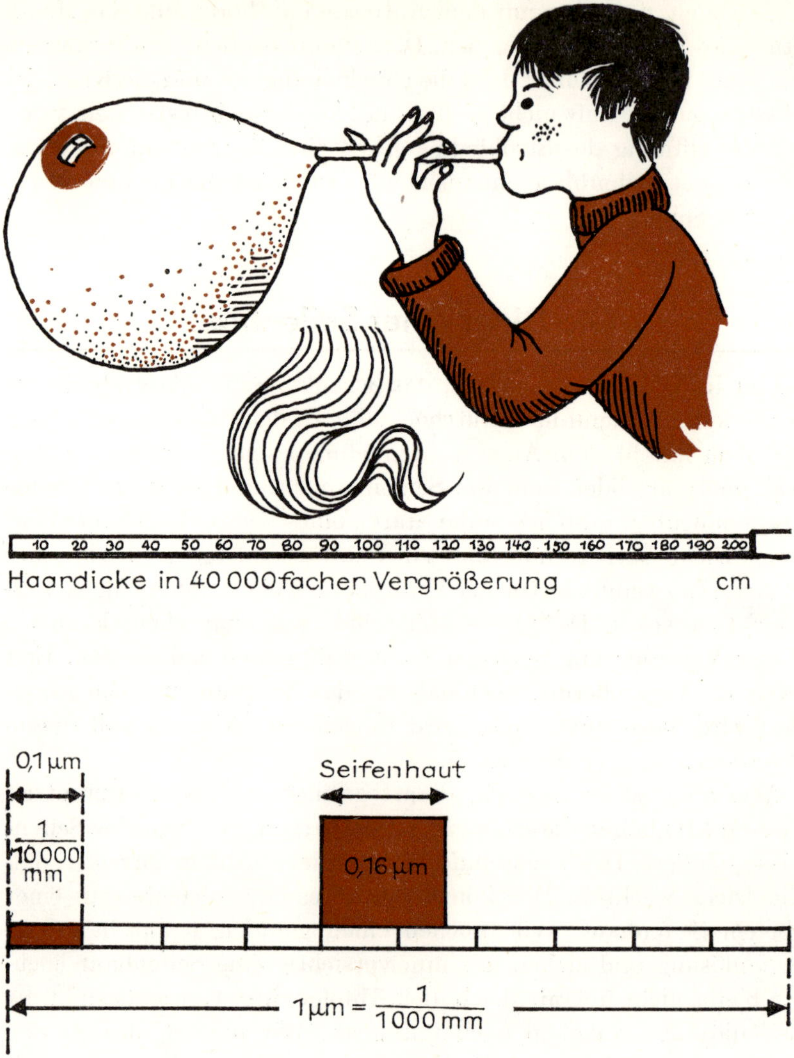

Abb. 12 Die Dicke einer Seifenhaut

eine Dicke von dieser Größenordnung besitzen. In 40 000facher Vergrößerung wären dies 160 nm · 40 000 = 6 400 000 nm = 6,40 mm. Im Vergleich dazu erschiene ein Haar bei dieser Vergrößerung über 2 m dick!

Gefüllt und doch nicht voll

Versuch

Wir gießen Wasser in ein Trinkglas, bis es randvoll gefüllt ist. Jetzt dürfte in das Glas nichts weiter hineinzubringen sein, denn wo ein Körper ist, kann sich nicht gleichzeitig ein zweiter aufhalten. Das bedeutet: Legen wir noch einen Gegenstand in das Glas, dann müßte das Wasser überlaufen. Obwohl das einleuchtend klingt, versuchen wir trotzdem, eine Stecknadel in das Wasser zu legen. Wir fassen eine Nadel am Kopf, tauchen sie vorsichtig mit der Spitze in das Wasser und lassen sie auf den Boden des Glases sinken. Kein Tropfen Wasser läuft über. Aber – eine Stecknadel hat so wenig Volumen, daß sich das nicht bemerkbar macht. Wir lassen 2, 3, 4 Nadeln in das Wasser gleiten, und noch immer fließt kein Tropfen über.

Jetzt besorgen wir uns einen großen Vorrat (einige hundert) Nadeln. Wir wollen doch einmal sehen, wie viele Nadeln erforderlich sind, um das Wasser zum Überlaufen zu bringen. Mehr und mehr türmen sie sich kreuz und quer liegend im Glas auf. Nach 50 eingelegten Nadeln scheint sich der Wasserspiegel überhaupt noch nicht zu heben. Schließlich ist das Glas ganz mit Nadeln ausgefüllt. Die letzten Nadeln ragen sogar teilweise noch über den Wasserspiegel hinaus. Dieser hat sich zwar jetzt ein wenig hochgewölbt, aber ausgeflossen ist immer noch nichts. Wie viele Nadeln so untergebracht werden können, hängt freilich von der Höhe und dem Durchmesser des Glases ab. Es können bei einem kleinen Glas 300, bei einem größeren bis zu 700 sein. Natürlich ist das Wasser jetzt über den Rand gestiegen, ohne aber überzulaufen.

Ist das Glas jetzt wirklich restlos mit Nadeln gefüllt? Dann könnte doch gar kein Wasser mehr im Glas sein? Die Frage kann nur durch eine zahlenmäßige Untersuchung beantwortet werden. Eine Stecknadel sei z. B. 25 mm lang und 0,5 mm dick. Als Walze angesehen, ist ihr Raumbedarf dann $V = r^2 \cdot \pi \cdot h = 0{,}25^2\ mm^2 \cdot 3{,}14 \cdot 25\ mm \approx 5\ mm^3$. 300 Nadeln ergeben einen Raumbedarf von $300 \cdot 5\ mm^3 = 1\,500\ mm^3$ und die 700 Nadeln $700 \cdot 5\ mm^3 = 3\,500\ mm^3$. Ein Weinglas habe am oberen Rand 66 mm Durchmesser. Das Wasser hat dort die Fläche $A = r^2 \cdot \pi = 33^2\ mm^2 \cdot 3{,}14 = 3\,400\ mm^2$. Beim Anheben dieser Fläche um 1 mm entsteht ein zusätzliches Volumen von 3400 mm³. (Das Wasser steigt allerdings in der Mitte höher als am Rand, doch dürfte ein Anstieg um 1 mm als Mittelwert zulässig sein.) Das entspricht in großer Näherung etwa den 700 Nadeln mit ihrem 3500 mm³ Volumen. Das Wasser kann sogar ohne weiteres um 1 mm über den Rand steigen; die Kohäsionskraft, die zwischen den Molekülen wirkt, hält die Wasserfläche fest zusammen.

Der Augenschein, der uns das Glas völlig mit Nadeln gefüllt erscheinen läßt, trügt. Es sind nicht gleichzeitig zwei Körper im selben Raum. Zwischen den Nadeln bleibt so viel Platz für das Wasser, daß es in seinem Raumbedarf fast überhaupt nicht beeinträchtigt wird.

Nach unseren Berechnungen müßte es möglich sein, mit Stücken, die zwar klein sind, aber größeres Volumen als Stecknadeln haben, das Wasser im Glas doch schnell zum Überlaufen zu bringen. Wir nehmen dazu Zehnpfennigstücke. Als Gefäß, das wir mit Wasser füllen, eignet sich jetzt besser eine flache Glasschale, z. B. eine Sektschale. Wir lassen das erste Geldstück schräg mit dem Rand voraus hineingleiten. Ob wir auf diese Weise zehn oder noch mehr Münzen in das Glas legen können, ohne daß das Wasser überläuft? Ihre Anzahl hängt natürlich wieder von der Größe und der Form des Glases ab. Eine verblüffend große Anzahl kommt bestimmt zustande (Abb. 13).

Prüfen wir wieder durch Rechnung, wie weit sich die Oberfläche hochwölbt. Die Glasschale habe am oberen Rand den Durchmesser 115 mm. Dann hat die Wasserfläche die Größe $A = r^2 \cdot \pi = 57{,}5^2 \text{ mm}^2 \cdot 3{,}14 = 10\,400 \text{ mm}^2$. Beim Hochwölben um 1 mm entsteht ein Wasservolumen von 10400 mm³. Ein Zehnpfennigstück besitzt den Durchmesser 20 mm und ist etwa 1 mm dick. Als Zylinder ist sein Volumen $V = r^2 \cdot \pi \cdot h = 10^2 \text{ mm}^2 \cdot 3{,}14 \cdot 1 \text{ mm} = 314 \text{ mm}^3$. Um die Wasserfläche um 1 mm anzuheben, sind also $10\,400 \text{ mm}^3 : 314 \text{ mm}^3 = 33$ Stück erforderlich. Es lohnt sich also, einen entsprechend großen Vorrat an Münzen bereitzuhalten.

Wenn wir das Eintauchen einer Münze in Wasser genauer beobachten, fällt auf, daß das senkrecht eingeworfene Geldstück sogleich seitlich ausschwenkt und mehr zur Glaswand hin flach auf dem Boden des Glases landet. Das können wir zu einem Spiel ausnutzen. Wir nehmen ein möglichst großes und weites Glas, z. B. ein 2-l-Einmachglas. Auf seinen Boden stellen wir genau in die Mitte ein

Abb. 13 Gefüllt und doch nicht voll

kleines Likörgläschen. Dann füllen wir Wasser ein bis zum Rand des großen Glases. Es erscheint leicht, ein Zehnpfennigstück von oben in das Likörgläschen fallen zu lassen. Weit gefehlt, es gelingt nur selten, nämlich dann, wenn wir die Münze nicht genau über dem Gläschen einwerfen, sondern seitlich davon.

Dieser Versuch kann leicht für ein kleines Glücksspiel verwendet werden. Ein Kreis von Freunden wirft reihum Geldstücke in das Glas. Wer in das kleine Gläschen trifft, darf die danebengefallenen Geldstücke behalten.

Das gefährliche Moor

Leichten Fußes schreiten wir auf einer guten Straße dahin. Da fällt es uns ein, die glatte Straße zu verlassen und querfeldein über eine Wiese zu gehen. Bald merken wir, das Gehen ist nicht mehr so leicht wie auf der Straße. Nach einer Weile fällt es uns immer schwerer, den Fuß zu heben. Es ist, als ob irgend etwas an unseren Stiefeln nach unten zieht. Wir sind an eine sumpfige Stelle geraten. Trotzdem gehen wir weiter. Bald spritzt bei jedem Schritt neben den Schuhen Wasser hoch. Es macht uns viel Mühe, die Stiefel vom Boden hoch zu bekommen. Wir haben den Eindruck, es saugt etwas an den Schuhsohlen. Jetzt wird es höchste Zeit umzukehren. Wir laufen nämlich Gefahr, daß schon beim nächsten Schritt der Schuh beim Anheben des Beins steckenbleibt und der Fuß herausrutscht. Wir sind richtig in ein Moor geraten.

Aber wie kommt es eigentlich, daß der Schuh steckenbleibt? Er sinkt beim Auftreten ein Stück in den Schlamm ein und wird von ihm völlig dicht umschlossen. Wird der Schuh angehoben, bildet sich zwischen der Sohle und dem Sumpfboden ein luftleerer Raum. Die Abdichtung durch den Morast ist so gut, daß keine Luft unter die Sohle gelangen kann. Der Schuh wird von dem äußeren Luftdruck festgehalten wie der Deckel eines Einweckglases, den wir ja auch nicht mit der Hand abheben können, solange keine Luft daruntergelangt.

So wird es verständlich, daß sich ein Mensch schließlich nicht mehr selbst aus einem Moor befreien kann. Er sinkt durch sein Eigengewicht immer tiefer in den Sumpf ein, bis ihn das Moor ganz verschlingt. Helfer, die einem so in Not geratenen Menschen zu Hilfe eilen, müssen ihm von festem Boden aus ein Seil zuwerfen oder eine Stange zureichen, um ihn daran herauszuziehen. Wenn das nicht möglich ist, sollten sie versuchen, mit flach auf den Boden gelegten Brettern näher an den Versinkenden heranzukommen.

Warum bleiben aber unsere Stiefel nicht stecken, wenn wir durch das Wasser einer tiefen Pfütze gehen? Wasser umgibt den Schuh doch ebenfalls völlig dicht. Hier müssen wir bedenken, daß die Wasserteilchen im Gegensatz zu den Schlammteilchen sehr viel leichter beweglich sind. Das Wasser gibt daher leicht nach, wenn wir den Schuh hochziehen. Waten wir aber mit Gummistiefeln in einem Bach, fällt das Gehen dort schwerer als auf glatter Straße.

Wasser im umgestülpten Glas

Versuch

Wir füllen ein Trinkglas mit Wasser und kehren das Glas um. Natürlich fließt das Wasser in eine zur Sicherheit untergestellte Wanne aus. Wir füllen das Glas noch einmal randvoll mit Wasser, drücken aber jetzt ein Stück Papier mit der Hand auf die Öffnung des Glases und kehren es samt seinem Inhalt mit der anderen Hand schnell um. Dabei achten wir darauf, daß das Papier nach dem Umdrehen schön waagerecht liegt. Wir dürfen unbesorgt das Papier in dieser Stellung loslassen. Es fällt nicht ab, das Wasser fließt nicht aus dem Glas aus.

Der Versuch läßt sich noch viel eindrucksvoller gestalten, wenn wir statt eines Trinkglases ein großes Einmachglas verwenden. Aber es kommt noch besser!

Wir legen über das bis zum Rand gefüllte Glas ein Stück Tüll oder Mullbinde. Der Stoff muß an allen Seiten einige Zentimeter über den Glasrand hinausragen. Nun drücken wir wieder ein Stück Papier über das mit dem Tüll bedeckte Glas und kehren es schnell um. Das waagerecht liegende Papier haftet wieder am Glas. Wir ziehen es langsam seitlich weg, halten gleichzeitig das Tüllstück am Glas fest, damit es nicht wegrutscht. Läuft das Wasser jetzt durch den porösen Stoff hindurch aus? Keine Spur, es bleibt brav im Glas! Lediglich eine flache Ausbeulung des Tülls ist zu sehen. Dabei kann der Stoff eine Maschenweite bis zu 2 mm haben. Erst wenn wir das Glas seitlich kippen, beginnt das Wasser auszulaufen.

Bisher sollte das Glas immer ganz gefüllt sein. Ob der Versuch auch gelingt, wenn das Glas nicht ganz voll Wasser ist? Tatsächlich, der Versuch gelingt genauso wie bei dem völlig gefüllten Glas.

Warum fließt das Wasser aus dem umgekehrten Glas nicht aus, welche Rolle spielt das Papier oder der dünne poröse Tüllstoff? Um eine Antwort zu finden, erinnern wir uns an den Stechheber, mit dem wir eine kleine Flüssigkeitsmenge einem größeren Vorrat entnehmen. Im einfachsten Falle kann eine beiderseits offene Röhre als Heber dienen. Wir tauchen sie in die Flüssigkeit ein, schließen sie oben mit dem Daumen ab und heben sie hoch. Die Flüssigkeit, die sich dann im Rohr befindet, fließt nicht aus, solange wir nur die Röhre oben zuhalten. Wenn wir sie schräg zur Seite neigen, wölbt sich am tieferen Ende ein Tropfen vor. Er kann bei weiten Röhren auch abfallen, so daß nach und nach die Flüssigkeit austropft.

Bei diesem Versuch ist am offenen Ende der Röhre kein Papier oder Stoff nötig, um die Flüssigkeit am Auslaufen zu hindern. Was aber verhindert das Auslaufen dann? Sobald wir den Daumen von der oberen Öffnung der Röhre wegnehmen, beginnt die Flüssigkeit auszufließen. Der Luftdruck äußert sich an jeder Stelle des Raumes durch nach allen Seiten gleiche Kräfte. Es liegen die gleichen Verhältnisse vor wie im Innern einer Flüssigkeit, z. B. im Wasser. Ein Gegenstand, der ganz untergetaucht ist, erfährt von allen Seiten gleiche Kräfte F, die senkrecht auf die begrenzenden Seitenflächen A wirken. Bei einem Druck p unter Wasser ist die Kraft $F = p \cdot A$. Sie ist also auch von der Größe der Fläche abhängig. Im Luftraum herrschen ähnliche Verhältnisse. Auch auf die Bodenöffnung unserer Stechheberröhre wirkt eine Kraft F senkrecht nach oben gegen die Bodenfläche A.

Der normale Luftdruck wird mit 10^6 Pa = 1 MPa (entsprechend 10 N/cm² oder 1 000 mbar) angegeben. Die entsprechende Gewichtskraft wirkt innerhalb eines Raumes nicht nur senkrecht von oben nach unten, sondern auch von unten nach oben. Sonst müßten z. B. alle Luftteilchen sofort nach unten absinken.

Wenn nun die Öffnung unseres Trinkglases beispielsweise einen Durchmesser von 5 cm hat, so ist die Fläche rund 20 cm² groß. Auf das Papier, das sie bedeckt, wirkt demnach die Kraft

$$F = p \cdot A$$

$$F = 10\ \mathrm{N/cm^2} \cdot 20\ \mathrm{cm^2} = 200\ \mathrm{N}$$

senkrecht nach oben ein. Im Innern des Glases, das 10 cm hoch sein mag, befinden sich 200 cm³ Wasser. Seine Gewichtskraft nach unten beträgt nur 2 N, also weit weniger als die Gegenkraft nach oben. Das gilt erst recht, wenn das Glas nur teilweise mit Wasser gefüllt ist. Kein Wunder, daß das Papier nicht herunterfallen kann!

Alles gut und schön, aber warum bedarf es dann überhaupt noch der Abdeckung des Wassers mit Papier oder Tüll? Warum bleibt das Wasser nicht auch dann im Glas, wenn kein Papier darübergedeckt ist? Erinnern wir uns nochmals an den Heber! Aus seiner kleinen Öffnung läuft ja tatsächlich nichts aus, obwohl hier die Flüssigkeitsoberfläche freiliegt. Jedoch handelt es sich hier wirklich nur um eine sehr kleine, freie Oberfläche, vielleicht weniger als

$1\ cm^2$ groß. Die Tropfenform oder vielleicht sogar abfallende Tropfen beim schräg gehaltenen Heberrohr lassen uns erkennen, daß der Zusammenhalt der Oberfläche reißen kann, d. h., die Kräfte, die sie zunächst zusammenhalten, die sogenannte Oberflächenspannung, werden überwunden. Bei einer freien Oberfläche von $20\ cm^2$ reicht die Oberflächenspannung bei unserem Versuch nicht mehr aus. Die Gewichtskraft des darüberliegenden Wassers reißt die Fläche auf. Das Wasser stürzt nach unten. Das aufgelegte Papier sorgt lediglich dafür, daß die Oberfläche erhalten bleibt. Sogar der poröse Tüll genügt schon für diesen Zweck.

Wir schließen gleich noch einen Versuch an. Selbstverständlich ist es unmöglich, ein mit Wasser gefülltes Glas mit einem Faden hochzuziehen, der von oben in das Wasser eingetaucht ist. Die Oberfläche reißt sofort, wenn der Faden hochgezogen wird. Wir müssen auch bei diesem Versuch dafür sorgen, daß die Oberfläche zusammenhält. Und das gelingt wieder mit einem Stück Papier. Wir ziehen mit Hilfe einer Nähnadel einen feinen Faden durch die Mitte eines festen Papierstücks und machen einen dicken Knoten unter das kleine Loch, damit der Faden nicht herausrutschen kann. Das Loch selbst dichten wir mit Kleber, Plastilin oder ähnlichem Material ab. Dann decken wir das Papier auf das ganz mit Wasser gefüllte Glas. Wir können es am Faden hochheben und sogar in kleine Pendelschwingungen versetzen. Vorsichtshalber führen wir das Experiment über einer weichen Unterlage aus, damit im Notfall das Glas nicht in Scherben geht, sollte es doch abfallen. Es kann nämlich passieren, daß das Papier nicht sicher am Glasrand haftet und abreißt. Wenn wir den Rand ganz wenig einfetten, können wir dem von vornherein abhelfen. Offensichtlich treten also auch noch Adhäsionskräfte zwischen Papier und Glas auf.

Der gewölbte Bodensee

Vom Gipfel eines Berges aus können wir weit in die Lande hinausschauen. Ja, wie weit reicht eigentlich bei guten Sichtverhältnissen unser Blick?

Nehmen wir an, wir stehen auf einem $h = 200$ m hohen Berg. Um unsere Sichtweite herauszufinden, müssen wir die Krümmung der Erdkugel berücksichtigen. Der Blick vom Auge aus verläuft

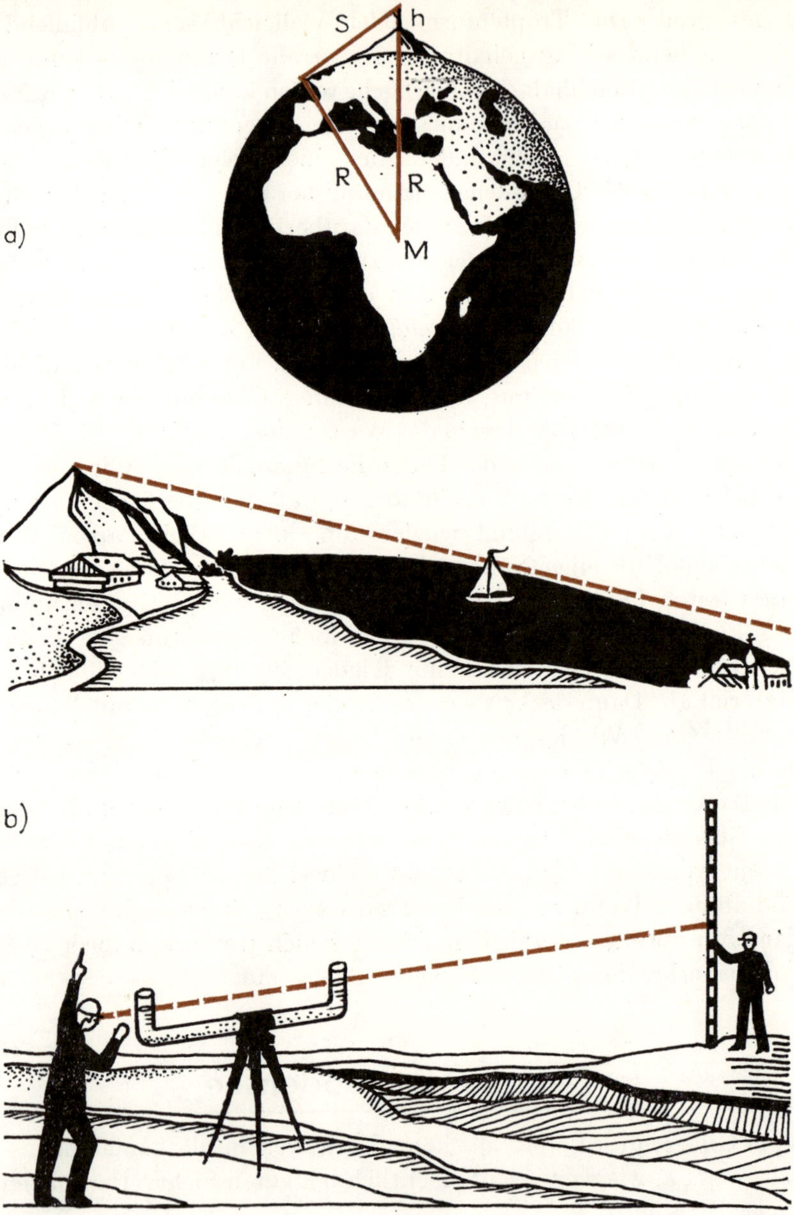

Abb. 14 Der gewölbte Bodensee

in Richtung einer Tangente S an die Kugel, wie Abb. 14a zeigt. Dann ist nach dem Satz des Pythagoras

$$R^2 + S^2 = (R + h)^2$$
$$R^2 + S^2 = R^2 + 2\,R\,h + h^2$$
$$S = \sqrt{2\,R\,h + h^2}.$$

Der Erdradius beträgt R = 6370 km, die Höhe unseres Standpunktes h = 200 m = 0,2 km. Dann wird

$$S = \sqrt{2 \cdot 6370\ \text{km} \cdot 0{,}2\ \text{km} + 0{,}2^2\ \text{km}^2}$$
$$S = \sqrt{2548\ \text{km}^2 + 0{,}04\ \text{km}^2}.$$

Der zweite Summand unter der Quadratwurzel ist gegen den ersten so klein, daß wir ihn vernachlässigen dürfen. Die Sichtweite beträgt dann

$$S = 50{,}5\ \text{km}.$$

Meist denken wir nicht daran, daß sich die Oberfläche des Wassers auch der Krümmung der Erdoberfläche anpaßt. Bei der kleinen Fläche in einer Kaffeetasse merken wir davon nichts. Auch über einige Meter hinweg spielt die Wölbung noch keine Rolle. Sonst könnte z. B. der Feldmesser nicht mit der Kanalwaage nivellieren (Abb. 14b). Wohl aber ist die Krümmung bei Entfernungen über mehrere Kilometer deutlich merkbar. Als Beispiel kann das schwäbische Meer, der Bodensee, dienen. Er ist von Bregenz bis Konstanz etwa 50 km lang. Der eine dieser Orte ist vom anderen aus nicht zu sehen.

Steigt man von Bregenz aus auf dem Pfänder 200 m in die Höhe (der Pfänder ist 285 m hoch), dann wird bei günstigen Witterungsverhältnissen Konstanz sichtbar. Umgekehrt kann ein Beobachter in Konstanz vom Ufer des Bodensees aus Bregenz nicht sehen. Vom Pfänder sieht er den Fuß des Berges bis auf 200 m Höhe ebenfalls nicht. Nur der Gipfel des Berges erscheint über der Wasserfläche. Es ist bekannt, daß wegen der Aufwölbung des Meeresspiegels von einem Schiff, das am Horizont auftaucht, zuerst nur die Mastspitzen, dann die Aufbauten und zuletzt erst der Schiffsbug zu beobachten sind.

Der widerspenstige Fettfleck

Versuch

Das Unglück ist geschehen – auf dem Anzug prangt ein Fettfleck! Natürlich möchten wir ihn entfernen. Im Chemieunterricht haben wir gelernt, daß sich Fett in Benzin löst. Also her mit der Benzinflasche! Ein Tropfen Benzin fällt auf den Fettfleck, noch einer und noch einer. Die Flüssigkeit saugt sich in den Stoff ein und breitet sich aus. Jetzt tupfen und reiben wir mit einem Tuchstück über den Fleck, um das Benzin samt dem darin gelösten Fett vom Anzug wegzunehmen. Die Stelle wird zwar bald trocken, der Fleck ist beseitigt – aber! Die Mitte der Stelle ist an den Grenzen, bis zu denen sich das Benzin ausbreitete, von einem häßlichen Rand umgeben. Das Unglück ist nicht geringer als vorher.

In den Vorschriften zur Fleckenbeseitigung wird daher ein anderes Verfahren angegeben. Dort lesen wir: »Man tropfe (reines) Benzin zunächst rings um den Fettfleck, ohne ihn selbst anzufeuchten, dann erst auf den Fleck selbst.« Aber läuft dann nicht das innen befindliche fetthaltige Benzin auch wieder in das äußere reine hinein, was wieder zu einem Rand nach dem Trocknen führen würde? Wenn wir den Versuch aber wirklich auf einem Stück Tuch ausführen, stellen wir zu unserem Erstaunen fest, daß sich das fetthaltige Benzin beim weiteren Auftropfen von Benzin immer mehr nach der Mitte des Flecks zusammenzieht. Dort kann es mit einem reinen Tuchstück (möglichst vom selben Stoff) nach und nach abgetupft werden. Nach dem Trocknen ist der Fleck verschwunden, ohne einen Rand zu hinterlassen.

Der Physiker erklärt diese Merkwürdigkeit mit den verschiedenen Oberflächenspannungen von Flüssigkeiten. Wasser hat z. B. eine größere Oberflächenspannung als Benzin oder Spiritus (Ethanol). Wir können dies feststellen, wenn wir eine sehr flache Schale, am besten ein sogenanntes Uhrglas, mit Wasser ausschwenken, das überschüssige Wasser ausgießen, so daß die Schale gerade nur benetzt ist, und dann einige Tropfen Spiritus in die Mitte fallen lassen. Das Wasser weicht von der Mitte nach den Seiten hin aus, zieht einen Teil des Spiritus mit, und nach kurzer Zeit ist die Mitte der Schale trocken.

Für den Fall unseres Fettflecks hat das fetthaltige Benzin eine größere Oberflächenspannung als fettfreies. Daher zieht sich das fetthaltige von dem reinen zurück. Das Fett wandert nach außen mit, wenn wir in die Mitte der fetthaltigen Lösung reines Benzin

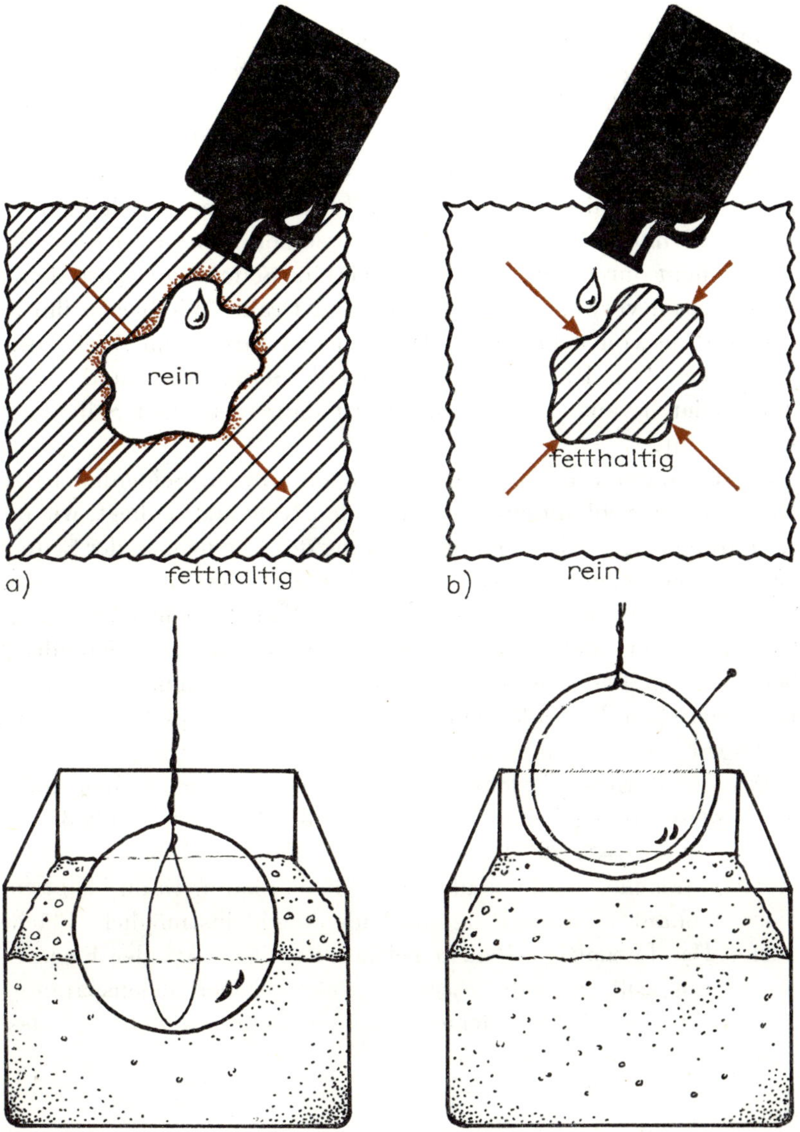

Abb. 15 Der widerspenstige Fettfleck

tropfen. Dann entsteht der häßliche Rand. Wenn sich aber außen schon fettfreies Benzin befindet, dann zieht sich die Fettlösung von ihm zurück nach innen, wie es die Vorschrift für die Reinigung besagt.

Zur Erläuterung dient die Abb. 15. Hier ist das fetthaltige Benzin schraffiert angedeutet, das reine ohne Schraffur. Die Pfeile geben die Richtung des Zuges infolge der Oberflächenspannung an. Bei Abb. 15a entsteht der Fettrand, bei Abb. 15b nicht.

Der Vorgang zeigt übrigens, daß die Oberflächenspannung das Bestreben hat, die Oberfläche einer Flüssigkeit möglichst klein zu machen. Um den Vorgang besser zu verstehen, führen wir folgendes Experiment durch. Dazu brauchen wir eine Seifenlösung, wie sie für Seifenblasen verwendet wird, und einen Draht. Wir biegen ihn zu einem Ring von 6 bis 10 cm Durchmesser mit einem Stiel daran (Abb. 15c). Den Ring tauchen wir in die Seifenlösung und ziehen ihn wieder heraus. Die Kreisfläche ist dann von einer Seifenhaut überspannt.

Jetzt binden wir einen dünnen Faden (Zwirn, Seidenfaden) zu einer kleinen Schlaufe und diesen an den Ring an. Sie liegt, wie die Abbildung zeigt, bei einer Wiederholung des Versuchs in der Seifenhaut. Nach einigem Probieren gelingt es uns, den Ring so aus der Seifenlösung zu heben, daß die Teile des Fadens nicht aneinanderkleben, sondern daß sich zwischen ihnen ebenfalls eine Seifenhaut befindet. Der Faden ist nicht gespannt. Durchstechen wir aber die Haut zwischen der Fadenschlinge mit einer Nadel, platzt die Haut, und der Faden spannt sich zu einem Kreis.

Wie die Mathematik lehrt, ist die Linie, die bei einer (hier durch den Faden) vorgegebenen Länge die größte Fläche umschließt, die Kreislinie. Die Kreisfläche innerhalb des Fadens ist also die größtmögliche Fläche, die der Faden einschließen kann. Dann bleibt für die Seifenhaut zwischen Ring und Faden die kleinstmögliche Fläche übrig. Das fetthaltige Benzin bei der richtigen Art der Fleckenbeseitigung will also infolge seiner größeren Oberflächenspannung diese möglichst kleine Fläche entstehen lassen und zieht sich deswegen nach innen zusammen.

Wasser bleibt im Sieb

Versuch

Wer gern zeltet, weiß, daß es im Zelt auch bei einem Regenguß trocken bleibt. Nur muß er sich hüten, mit dem Finger von innen an die Leinwand des Zeltes zu kommen. Sobald der Finger die Wand berührt, läuft Regenwasser an dem Finger herunter. Auch bei einem Regenschirm können wir die entsprechende Beobachtung machen. Wie kommt es, daß der Regenschutz auf diese Weise verlorengeht?

Das Geheimnis können wir durch einen Versuch lüften. Wir suchen in der Küche ein trockenes, engmaschiges Drahtsieb (auch Haarsieb genannt). In das Sieb geben wir etwas Öl und verteilen es durch Schwenken gleichmäßig über die Innenfläche. Vorsichtshalber experimentieren wir dabei über dem Ausguß oder einer Schüssel. Den überschüssigen Rest des Öls gießen wir aus. Die feinen Löcher im Drahtsieb sollen jetzt freiliegen. Nun lassen wir vorsichtig vom Rande des Siebs her Wasser einlaufen. Es fließt nicht durch das Sieb aus. Wir können es sogar im Sieb herumtragen.

Ist das Sieb etwa zur Hälfte mit Wasser gefüllt, sehen wir von unten, daß das Wasser in kleinen Tröpfchen durch die feinen Sieböffnungen durchhängt, aber nicht abtropfen kann. Daran hindert es die Oberflächenspannung des Wassers. Dabei wird noch jedes Tröpfchen durch das umgebende Öl zusammengedrückt. Berühren wir das Sieb von außen mit dem Finger, fließt sogleich Wasser aus, denn dadurch werden die kleinen Oberflächen der Tröpfchen zerstört, und die darin vorher vorhandene Spannung kann nicht mehr wirksam bleiben.

Die Rakete in der Badewanne

Versuch

Eine richtige Rakete mit explosiven Treibstoffen zu bauen ist für uns zu gefährlich. Das Prinzip, wie eine Rakete funktioniert, können wir aber schon mit einfachen, harmlosen Versuchen einsehen.

Wir schneiden aus Papier oder leichter Pappe die Form einer Rakete nach Abb. 16a aus. Dabei achten wir darauf, die Spitze schön schlank zu formen. Vom Schwanzende her schneiden wir einen

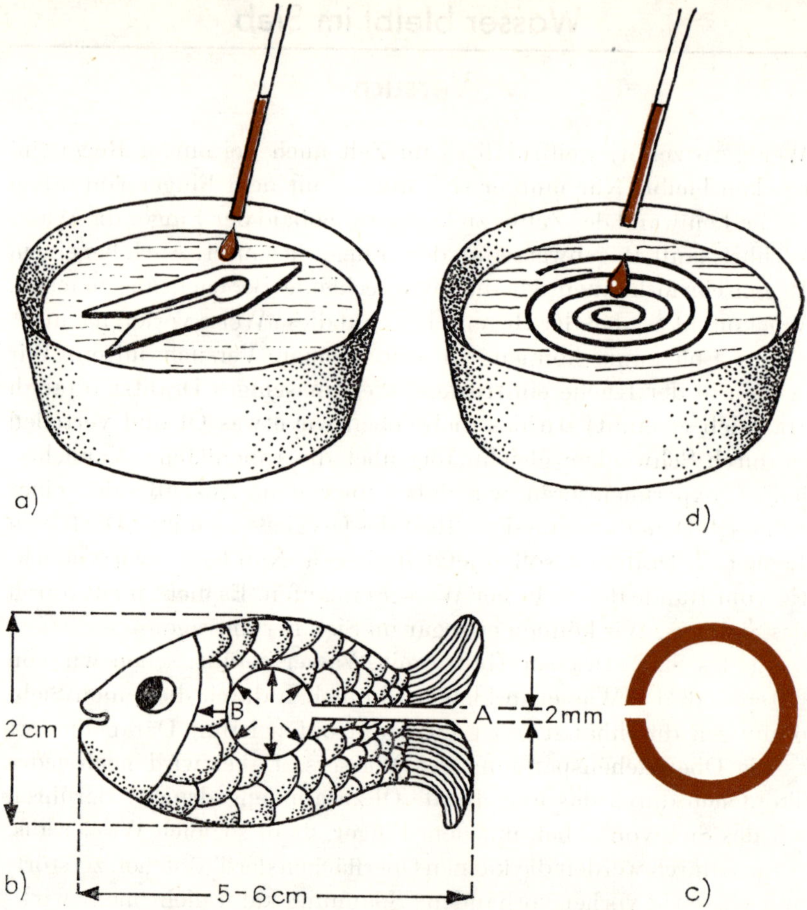

Abb. 16 Die Rakete in der Badewanne

Schlitz von nur 2 bis 3 mm Breite ein, der sich im vorderen Teil unseres Raketenmodells zu einem kreisförmigen Loch erweitert. Dieses Modell legen wir auf das Wasser in einer Badewanne oder auch in einem Waschbecken oder einer größeren Schüssel. Nun saugen wir etwas Öl in einen Strohhalm auf und lassen daraus einen oder auch mehrere Tröpfchen in den Kreis in der Rakete fallen. Wenn kein Strohhalm zur Hand ist, tauchen wir ein dünnes Stäbchen in das Öl und lassen davon das Öl abtropfen. Es breitet sich schnell auf dem Wasser aus, erfüllt den ganzen Kreis und fließt durch den Schlitz wie durch einen Kanal zum Schwanzende der

Rakete. Sobald es dort nach hinten ausströmt, setzt sich die Rakete ruckartig nach vorn in Bewegung und gleitet auf der Wasserfläche dahin. Immer neue Tröpfchen Öl in den Kreis getropft, sorgen dafür, daß unsere Rakete über die ganze Länge der Badewanne schwimmt.

Statt der Raketenform kann jede andere längliche Form verwendet werden. Recht hübsch ist ein Fisch nach Abb. 16b. Auge und Maul werden aufgemalt. Selbst ein einfacher Papierring nach Abb. 16c mit einem etwa 2 mm breiten Schlitz genügt für den Versuch völlig.

Wir können auch eine Drehbewegung zustande bringen. Dazu biegen wir aus sehr dünnem Draht eine Spirale (Schneckenlinie) und legen sie aufs Wasser. Geben wir einen Tropfen Öl in die Mitte der Spirale, so breitet sich das Öl durch alle Windungen der Spirale aus. Erreicht es die Öffnung der Schnecke, strömt es aus, und die Spirale fängt an, sich zu drehen (Abb. 16d).

Erfolgt die Bewegung der Rakete oder der Spirale nur langsam, ist das Öl zu dickflüssig. Gut geeignet für die Versuche ist Maschinenöl. Andere Ölsorten lassen sich unter Umständen mit Benzin verdünnen.

Wir können ein wenig Raketenforschung treiben. Dabei arbeiten wir immer mit Raketenmodellen der gleichen Größe und ändern nur die Größe des kreisrunden Loches, die Breite des Schlitzes oder die Form des Schwanzendes. Auch können wir andere Flüssigkeiten in den Kreis tropfen, z. B. Seifenlösung, Spiritus oder Benzin. Vorsicht bei den feuergefährlichen Flüssigkeiten, wir arbeiten stets fern von offenem Feuer!

Warum kommt unser Raketenmodell auf dem Wasser in Bewegung? Die in die kreisförmige Öffnung getropfte Flüssigkeit versucht sich nach allen Seiten auszubreiten und übt dabei Kräfte nach allen Seiten aus. Solange sie von Papier umgeben ist, sind die Kräfte nach allen Seiten gleich. Sie sind in Abb. 16b durch kleine Pfeile angedeutet. In entgegengesetzte Richtungen wirkende Kräfte heben sich gegenseitig auf. Kommt aber die Flüssigkeit am offenen Ende des Schlitzes an, fehlt dort die begrenzende Papierwand (Stelle A in der Abbildung). An der dem Schlitz gegenüberliegenden Stelle B des runden Ausschnitts ist sie dagegen noch vorhanden. In B wirkt noch die Kraft auf das Papiermodell, bei A fehlt die entsprechende entgegengesetzt gerichtete Kraft. Also muß infolge der in B wirkenden Kraft das Modell in Bewegung kommen, und zwar in die Richtung der dort herrschenden Kraft. Weil das Modell sich in der entgegengesetzten Richtung wie die ausströmende Flüssigkeit bewegt, sagt man, es erfährt einen Rückstoß.

Es kommt hinzu, daß das ausströmende Öl die Oberflächenspannung erheblich herabsetzt. Das ist der Grund dafür, daß sich Öl auf Wasser schnell und weit ausbreitet. Das zurückweichende Wasser nimmt auch das Papiermodell mit.

Charakteristisch für den Rückstoß ist, daß der Körper, der sich unter der Einwirkung dieser Kraft bewegt, nicht von außen gezogen, geschoben oder gestoßen wird; er führt das, was die Kraft ausübt, in seinem Inneren mit.

Die Feuerwerksrakete oder die Weltraumrakete besteht aus einer Hülle, die mit brennbaren Stoffen gefüllt ist. Nach dem Zünden entwickeln sich Verbrennungsgase, die durch Düsen nach hinten ausströmen. Sie erzeugen den Rückstoß, der diese Raketen in der Luft gerade so in Bewegung setzt, wie das ausströmende Öl unser Raketenmodell auf dem Wasser vorantreibt. Es ist sogar möglich, die Rakete im leeren Weltraum fliegen zu lassen, weil sie ja ihre Antriebskraft in sich trägt. Sie hört allerdings auf zu fliegen, sobald der Treibstoff in der Rakete verbraucht ist. Muß aber viel Treibstoff mitgeführt werden, bedeutet das eine kleine Nutzlast der Rakete. So wird verständlich, warum die Weltraumraketen so große Ausmaße haben und doch nur eine verhältnismäßig kleine Kapsel zur Aufnahme von Instrumenten oder Menschen besitzen.

Zauberei auf dem Wasser

Versuch

Wir legen einige Streichhölzchen, von denen wir die Zündköpfe abgeschnitten haben, in einer größeren Schale sternförmig auf Wasser. Ihre Enden bilden einen Kreis von wenigen Zentimetern Durchmesser. Unseren Freunden erzählen wir, daß die Hölzchen unserer Zauberkraft unterliegen und unsere Befehle gehorsam ausführen. Wir murmeln über dem Wasser ein paar kräftige Zaubersprüche. Dann tauchen wir das Ende unseres schwarzen Zauberstabes zwischen die inneren Enden der Hölzchen in das Wasser und kommandieren: »Auseinander!«, und schon bewegen sich die Streichhölzer brav nach außen. Wir halten jetzt eine kurze Rede,

z. B. loben wir den Gehorsam der Stäbchen. Nach erneuten Zaubersprüchen befehlen wir den Hölzchen: »Sammelt euch!« Zugleich tauchen wir den Zauberstab wieder mitten zwischen die Streichhölzer. Tatsächlich, sie befolgen unsere Anordnung, kommen zurück und nehmen ungefähr ihre Ausgangslage ein.

Unsere Freunde wollen das Geheimnis des Zaubertricks kennenlernen. Es liegt im Zauberstab. Er ist kein gewöhnlicher Stab, vielmehr ein Glasrohr, das wir mit schwarzem Fahrradlack lackiert haben. In das eine Ende haben wir ein Stück Seife eingedrückt, in das andere Ende Zucker.

Sollen sich die Hölzchen auseinanderbewegen, müssen wir das Stabende mit der Seife eintauchen, sollen sie zurückkommen, das Ende mit dem Zucker. Die kleine Rede, die wir zwischen den Kommandos halten, dient nur dazu, die Aufmerksamkeit der Zuschauer abzulenken. In dieser Zeit müssen wir den Stab umdrehen. Das muß unauffällig geschehen, damit der Trick nicht zu schnell verraten wird.

Wenn die Freunde den Zauberstab untersuchen, werden sie das Geheimnis der Zauberei bald herausgefunden haben. Taucht das Stabende mit der Seife in das Wasser, bildet sich darauf eine Seifenlösung. Sie setzt die Oberflächenspannung herab, die Seifenlösung breitet sich aus, das Wasser zieht sich zurück. Die Hölzchen schwimmen mit dem Wasser nach außen auseinander. Umgekehrt zieht die Zuckerlösung, die beim Eintauchen des anderen Stabendes entsteht, das Wasser zurück und mit ihm die Hölzchen nach innen.

Eine sonderbare Feinwaage

Versuch

Wir möchten eine sehr kleine Menge einer Substanz, vielleicht ein wenig Salz oder Pulver, abwiegen, haben aber keine Waage zur Hand, die so geringe Gewichtsangaben ermöglicht. Da hilft uns der alte griechische Mathematiker und Naturphilosoph Archimedes. Er stellte um 250 v. u. Z. bei seinen Untersuchungen fest, daß jeder Körper, der, auf einer Flüssigkeit schwimmend, eintaucht, einen Auftrieb erfährt, der das Gewicht des Körpers scheinbar aufhebt. Auftrieb und Gewicht des Körpers sind gleich groß. Der Auftrieb seinerseits ist gleich der Gewichtskraft der von dem Körper verdrängten Flüssigkeit. Wir brauchen also nur die Masse der verdrängten Flüssigkeit zu bestimmen, um den Auftrieb und damit auch die gesuchte Masse des Körpers zu erhalten.

Das klingt im ersten Augenblick so, als ob unser Problem nur noch schwieriger werden sollte. Jedoch trifft das nicht zu, wenn wir als Flüssigkeit Wasser verwenden. Bei ihm wissen wir, daß 1 cm³ gerade 1 g wiegt. Die Menge des verdrängten Wassers, in Kubikzentimetern gemessen, gibt uns die Masse dieses Wassers an. Damit ist uns auch sofort die Größe des Auftriebs und die Masse des eingetauchten Körpers bekannt.

Demnach müßten wir die Substanz, deren Masse wir bestimmen wollen, in Wasser werfen? Bei Salzen und Pulvern ist das nicht gut

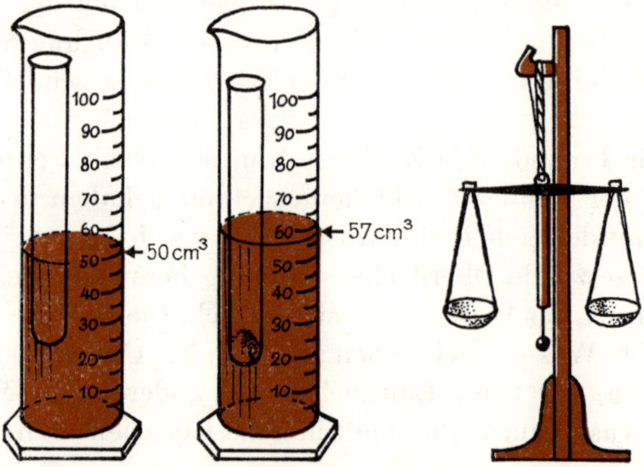

Abb. 17 Eine sonderbare Feinwaage

möglich, weil sie sich eventuell darin auflösen und für uns verlorengehen. Wir helfen uns mit einem Reagenzglas und einem Meßglas (Abb. 17).

Wir füllen das Meßglas so weit mit Wasser, daß das Reagenzglas darin schwimmen kann. Es ist dann scheinbar gewichtslos. Wir lesen den Wasserstand ab; er liege beispielsweise bei 50 cm³. Jetzt geben wir unsere Substanz in das Reagenzglas. Es sinkt tiefer ein und verdrängt mehr Wasser. Der Wasserspiegel liege nun bei 57 cm³. Es sind 7 cm³ Wasser verdrängt worden mit dem Gewicht 7 g. Das ist auch die Masse der Substanz, die wir in das Reagenzglas füllten.

Diese Art Wägung ist natürlich um so genauer, je feiner die Einteilung auf dem Meßglas ist. Wünschenswert wäre eine Teilung in $^1/_2$ cm^3. Bei grober Teilung müssen wir Bruchteile schätzen.

Eine irreführende Erklärung für den Heber

Um ein Faß zu entleeren, benutzen wir einen Heber, z. B. einen Schlauch. Er wird durch Ansaugen mit der im Faß enthaltenen Flüssigkeit gefüllt, die dann im Heber über den Faßrand hochsteigt und in ein untergestelltes Gefäß abfließt. Wir wollen ergründen, warum der Heber so funktioniert. Dazu betrachten wir die vereinfachte Abb. 18.

Hier fließt Wasser aus einem Vorratsgefäß im linken Schenkel eines U-förmig gebogenen Glasrohrs nach oben und im rechten Schenkel abwärts. Links herrscht der Luftdruck b, den wir in Zentimetern Wassersäule angeben. Er bewirkt eine Kraft nach oben. Das Gewicht der Wassersäule im Rohr übt eine Kraft in entgegengesetzte Richtung, also nach unten, aus. Sie entspricht der Länge der Wassersäule h_1. Auf dem Niveau der Wasserfläche in A herrscht dann am Rohr der Druck $b - h_1$.

Am Ende des rechten Schenkels liegen bezüglich des Luftdrucks die gleichen Verhältnisse vor. Jedoch ist das Gewicht der Wassersäule von C bis B hier größer als im linken Schenkel. Die von ihr ausgeübte Kraft entspricht der Länge h_2. In B herrscht daher der Druck $b - h_2$. Er ist kleiner als der Druck $b - h_1$ am linken Schenkel, solange $h_2 > h_1$ ist. Der höhere Druck links sorgt dafür, daß Wasser von A nach C hochsteigt und nach rechts zu B hin abfließt.

Nach dieser Erklärung scheint der Luftdruck die entscheidende Rolle für den Betrieb eines Hebers zu spielen. Wenn eine Begründung so verlockend einfach ist, sind wir leicht geneigt, sie ohne weiteres als richtig anzunehmen. Aber ein richtiger Physiker ist trotzdem mißtrauisch. Er überlegt, daß unter diesen Umständen der Heber nicht funktionieren kann, wenn der Luftdruck wegfällt, also im Vakuum. Was tut unser Physiker? Er stellt das in der Abbildung gezeigte Gerät unter eine große Glasglocke, einen Rezipienten, und pumpt die Luft aus. Tatsächlich, der Heber hört auf zu fließen. Die Erklärung mit dem Luftdruck stimmt also?

Der Physiker bemerkt jedoch bei genauer Beobachtung, daß sich

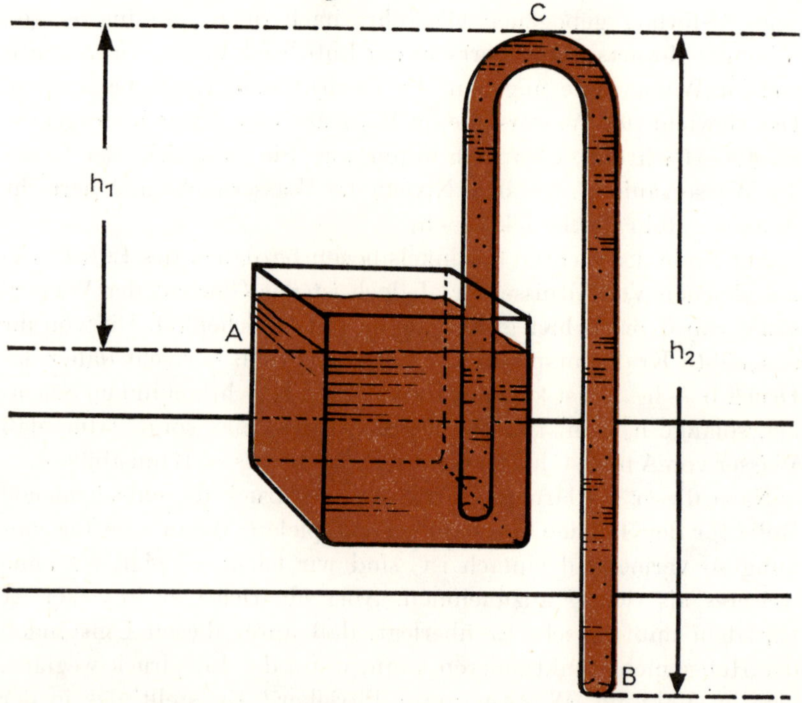

Abb. 18 Heber zum Entleeren von Gefäßen

bei diesem Versuch im Wasser Luftblasen gebildet haben. Sie sammeln sich in der Biegung des Rohrs bei C. Die Wassersäule reißt hier ab. Das Wasser kann nicht weiterfließen. Das Entstehen von Luftblasen ist leicht verständlich. In jedem Wasser ist Luft vorhanden. Nur sehen wir sie nicht, weil sie sich im Wasser löst und unsichtbar wird. Genauso ist in Mineralwasser das Gas Kohlendioxid gelöst. Wir wissen, daß dieses Gas, in Blasen sprudelnd, sichtbar wird, wenn wir die Sprudelflasche öffnen und der Überdruck wegfällt. Wird bei normalem Wasser der Druck vermindert, tritt die gelöste Luft gleichfalls in Blasen hervor.

Unser Physiker sorgt jetzt dafür, daß keine Luftblasen entstehen können. Er verwendet ausgekochtes, reines Wasser und wiederholt den Versuch. Zu seiner Verblüffung läuft nun der Heber im Vakuum lustig weiter, genau wie vorher im lufterfüllten Raum. Also stimmt es nicht, daß der Luftdruck zum Funktionieren des Hebers erforderlich wäre. Was aber dann? Offenbar ist entscheidend, daß die Wassersäule nicht abreißen kann. Sie muß zusammenhalten, muß reißfest sein. Und allein dafür ist der Luftdruck verantwortlich. Das Gewicht der längeren Wassersäule im rechten Schenkel des Hebers zieht dann einfach das Wasser im linken Schenkel hoch.

Hinterher scheint uns das fast selbstverständlich. Wir brauchen nämlich nur an das Verhalten einer Kette zu denken, die über eine möglichst reibungsfrei laufende Rolle gelegt ist. Hängt auf einer Seite der Rolle das Kettenteil länger herunter und hat somit größeres Gewicht als das Teil auf der anderen Seite, sinkt die Kette unweigerlich nach dem längeren Ende hin nach unten. Genauso verhält sich das Wasser im Heber.

Die brennende Kreide

Versuch

Wir spitzen ein Stück Tafelkreide oben an und stellen es senkrecht in eine kleine Schale. Das kann eine Blechschachtel, ein Porzellanschälchen oder eine alte, nicht mehr gebrauchte Tasse sein. Die Kreide muß fest stehen. In die Schale gießen wir etwas Petroleum oder leichtes Heizöl (Abb. 19).

Nach einigen Minuten können wir an der Kreidespitze eine Flamme anzünden. Ihre Höhe beträgt ein bis zwei Zentimeter. Das

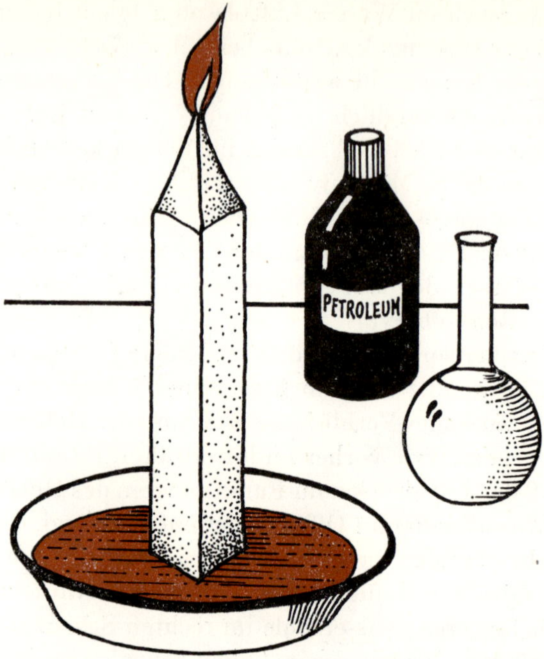

Abb. 19 Die brennende Kreide

Kreidelicht kann lange weiterbrennen, wenn wir von Zeit zu Zeit Petroleum nachfüllen.

Um die Flamme auszulöschen, könnten wir sie ausblasen. Aber dann besteht die Gefahr, daß die brennende Kreide umfällt und vielleicht die Ursache für einen größeren Brand gibt. Das Auslöschen lassen wir durch Wasser erfolgen, das wir in die Schale gießen. Nach kurzer Zeit wird die Flamme kleiner und kleiner und verlöscht schließlich.

Der Versuch ist ein Beispiel für die Kapillarität, eine Erscheinung, die auf die Wirkung molekularer Kräfte an den Grenzflächen zwischen festen und flüssigen Körpern zurückzuführen ist. Die Kreide ist sehr porös. So können sehr viele Moleküle der Kreide auf die Moleküle des Petroleums bzw. des Wassers anziehend wirken. Die auftretenden Kräfte sind größer als das durch die Schwerkraft entstehende Gewicht der Flüssigkeitssäule in der Kreide. Daher steigt die Flüssigkeit hoch. Wenn das aufsteigende Wasser am Schluß das Petroleum ersetzt hat, kann die Flamme nicht weiterbrennen.

Der nicht schwimmende Korken

Versuch

Werfen wir einen Korken auf Wasser, schwimmt er darauf. Drücken wir ihn unter Wasser und lassen ihn los, schießt er sofort hoch. Ja, er hüpft vielleicht noch ein Stück über die Wasserfläche hinaus, um dann auf dem Wasser liegenzubleiben. Nur kaum merklich sinkt er ein wenig ein.

Und doch können wir den unter Wasser getauchten Korken zwingen, unter Wasser zu bleiben. Um das zu erreichen, brauchen wir für das Wasser ein Gefäß mit möglichst ebenem Boden. Das kann z. B. ein Becher- oder einfach ein Wasserglas sein. (Nicht jedes Glas ist geeignet!) Auf den Boden des Glases lassen wir von einer brennenden Kerze Wachs auftropfen, bis eine dünne Schicht zustande gekommen ist, und drücken einen Korken in das noch weiche Wachs. Nach kurzer Zeit ist das Wachs erstarrt und hart geworden. Jetzt gießen wir Wasser in das Glas. Der Korken bleibt unten auf dem Boden – er steigt nicht zur Oberfläche des Wassers hoch (Abb. 20).

Woran liegt das scheinbar widersprüchliche Verhalten des Korkens? Vielleicht klebt er mit dem Wachs am Boden des Gefäßes fest? Das ist nicht der Fall, denn wenn wir den Korken samt dem

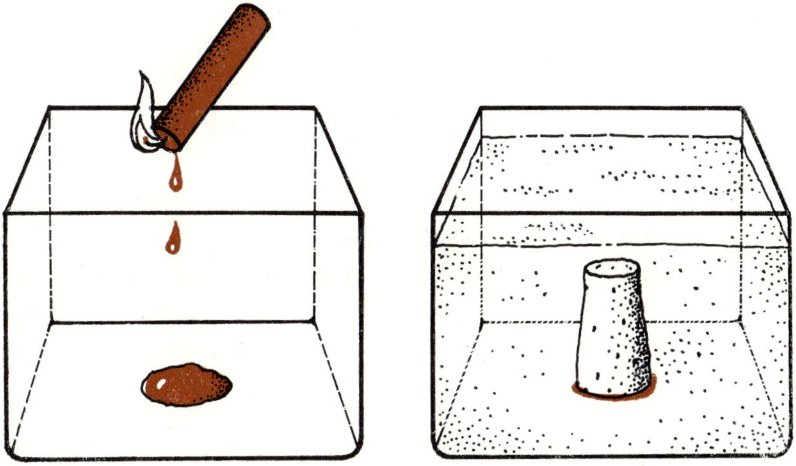

Abb. 20 Der nicht schwimmende Korken

Wachs aus dem Glas herausheben und das Ganze wieder auf den Boden eines leeren und gut getrockneten Gefäßes drücken, steigt auch jetzt beim Wassereingießen der Korken nicht hoch.

Nun heben wir das Wachs mit einem Drahthaken ein klein wenig an, so daß Wasser darunterfließen kann. Im selben Augenblick schießt der Korken nach oben.

Es muß also Wasser unter dem Korken vorhanden sein, wenn er steigen und schwimmen soll. Das aber bedeutet, daß wir bei der Ausführung des Versuchs darauf achten müssen, zwischen den Boden des Glases und das Wachs wirklich kein Wasser eindringen zu lassen, soll der Korken nicht schwimmen.

Wir wissen, das Schwimmen eines Körpers wird durch den Auftrieb hervorgerufen. Die Auftriebskraft kann nur dann am Korken angreifen, wenn Wasser unter ihm ist. Es mag im ersten Augenblick verwunderlich erscheinen, daß die äußerst dünne Wasserschicht unter dem Korken genügt, um eine beachtliche Auftriebskraft zu erzeugen. Sie hängt aber überhaupt nicht von der Dicke dieser Schicht ab. Der Auftrieb ist vielmehr eine Folge des hydrostatischen Drucks im Wasser, der mit zunehmender Tiefe anwächst. Die Differenz dieser Drücke an der Ober- und Unterseite des Korkens (mit dem Wachs) bedingt die Größe der Auftriebskraft. Sie hängt ferner mit dem Volumen des Körpers zusammen. Es ist demnach völlig gleichgültig, ob sich der Körper, hier also der Korken, oben dicht unter der Wasseroberfläche oder tief unten im Wasser befindet. Die Auftriebskraft, die an ihn angreift, ist immer dieselbe.

Die kalte Luft im heißen Trinkglas

Versuch

Der große Pädagoge Georg Kerschensteiner beschrieb in seinem vor dem ersten Weltkrieg erschienenen Buch »Wesen und Wert des naturwissenschaftlichen Unterrichts« eine Beobachtung, die wir leicht in einem Versuch nachvollziehen können. Wir spülen einen Glasbecher (Trinkglas) in heißem Seifenwasser, bis er selbst heiß geworden ist. Er muß an seiner Öffnung einen glatten Rand haben. Wir nehmen ihn aus dem Spülbad heraus, schwenken ihn in der Luft und stülpen ihn auf eine Glasscheibe, die ebenfalls mit Seifenlösung bedeckt ist. Sehr bald bemerken wir, wie Gasbläschen unter dem

Rand des Glases nach außen kriechen, aber sie entweichen nicht in die Luft, vielmehr kriechen sie wieder unter dem Rand des Glases hindurch in den Becher zurück.

Was aus dem Glas nach außen strebt, kann nur Luft sein, denn der Becher enthält ja nichts anderes. Die Luft, die wir nach dem Herausheben des Bechers aus der Seifenlösung in ihm eingefangen haben, ist verhältnismäßig kalt, der Becher selbst jedoch heiß. Nach dem Umstülpen auf die Glasplatte wird die eingefangene Luft vom Glas her erwärmt. Sie dehnt sich aus und will in Bläschen unter dem Rand hinaus entfliehen. Es will also Luft aus dem Becher nach außen.

Aber warum ziehen sich die Luftbläschen wieder in den Becher zurück? Zunächst verhindert die Oberflächenspannung der Seifenlösung, daß die Luftblasen sofort platzen und verschwinden. Nun müssen wir daran denken, daß sich das heiße Glas in der umgebenden kälteren Luft abkühlt. Infolgedessen sinkt auch die Temperatur der inzwischen ausgedehnten Luft im Inneren des Glases, und der Druck nimmt dort ab. Der äußere Luftdruck ist also größer und drückt daher die ausgetretenen Bläschen wieder unter den Rand in den Becher zurück.

Dieses Beispiel zeigt, wie schön einfache Vorgänge aus dem alltäglichen Leben zu physikalischen Überlegungen anregen können. Ein anderer leichter Versuch scheint aber im ersten Augenblick der Feststellung, daß sich Luft beim Erwärmen ausdehnt, zu widersprechen. Wir füllen einen Suppenteller mit Wasser. Darauf legen wir eine dünne, flache Korkscheibe, und auf diese wiederum einen gut mit Spiritus angefeuchteten Wattebausch. Den Wattebausch zünden wir an und stülpen schnell einen Glasbecher darüber. Die Flamme erlischt bald. Der Wasserspiegel im Glas steigt oft bis zur Hälfte des Glases empor.

Das Erlöschen der Flamme ist leicht verständlich. Wenn der Sauerstoff, der die Verbrennung unterhält, verbraucht ist, erstickt die Flamme. Nur erstaunt es uns, daß der Wasserspiegel nicht durch die erhitzte Luft nach unten gedrückt wurde, zumal die heiße Spiritusflamme die Luft doch viel stärker erwärmt, als das beim Spülen des Glases der Fall war. Wir müssen jedoch gleich zu Beginn des Experiments genauer hinschauen: Das Wasser sinkt kurzzeitig etwas, dann erst steigt es kräftig an. Das Absinken ist auf die Ausdehnung der Luft zurückzuführen.

Oft wird argumentiert, daß der Verbrauch des Sauerstoffs zu einer Abnahme der Luftmenge führe. Dem steht entgegen, daß der Sauerstoffanteil nur etwa $^1/_5$ der Luft beträgt, das Wasser aber um mehr als $^1/_5$ des Gasinhalts im Glas ansteigt. Außerdem bilden sich bei der Verbrennung neue Gase, nämlich Wasserdampf und Kohlendioxid. Letzteres löst sich im Wasser. Die Gasmenge nimmt also wirklich ab. Trotzdem bewirkt der äußere Luftdruck den Anstieg des Wassers nach der Erwärmung der Luft. Dies fand schon Philo von Byzanz um 100 v. u. Z. heraus.

Statt des mit Spiritus getränkten Wattebausches können wir auch ein leicht zusammengeknülltes Stück Papier anzünden und unter das Glas bringen. Es besteht kaum Gefahr, daß das Glas platzen könnte, weil die Flamme in sehr kurzer Zeit ausgeht und damit die Hitzewirkung auf das Glas nur gering ist.

Unsere Erfahrungen bei diesen Versuchen können wir für ein kleines Gesellschaftsspiel ausnutzen. Wir legen eine Münze in einen Teller und füllen so viel Wasser ein, daß die Münze eben gerade bedeckt ist. Unsere Freunde sollen nun die Münze aus dem Teller heben, ohne sich die Finger naß zu machen. Sie werden das nicht fertigbringen. Wir aber holen ein Glas, legen die Korkscheibe mit dem brennenden Wattestück auf das Wasser und stülpen das Glas darüber. Bald wird das Wasser unter das Glas gesaugt. Die Münze liegt nach kurzer Zeit frei und ist bald so weit abgetrocknet, daß wir sie aufheben können, ohne uns die Finger zu benetzen.

Der durstige Suffi

In Schaufenstern ist gelegentlich eine Vogelfigur zu sehen, deren Körper sich um eine waagerechte Achse drehen läßt. Der Vogel wird Suffi genannt. Er beugt sich nach vorn, bis sein Schnabel in einen untergestellten Becher mit Wasser eintaucht. Suffi scheint zu trinken. Darauf richtet er sich wieder auf, wartet eine Weile und wiederholt das Spiel. Ein Antrieb für die Bewegung ist nirgends festzustellen. So ist das Erstaunen der Betrachter stets sehr groß. Viele glauben sogar an ein Perpetuum mobile, weil sie vergeblich versuchen, das Geheimnis des »unersättlichen Vögelchens« zu ergründen (Abb. 21).

Wie funktioniert dieses Spielzeug, das uns aus dem erfindungs-

Abb. 21 Der durstige Suffi

reichen alten China überliefert worden sein soll? Bei näherem Anschauen finden wir, daß die Gestalt des Suffi aus Glas besteht. Oben befindet sich als Kopf eine hohle Kugel, an die ein Schnabel angeformt ist. An den Kopf schließt sich nach unten eine Röhre an. Sie ragt wieder in eine Glaskugel hinein. Das Ganze ist luftdicht verschlossen (Abb. 22a). Die untere Kugel ist teilweise mit einer Flüssigkeit gefüllt. Es handelt sich um Ether, der die Eigenschaft besitzt, schon bei Zimmertemperatur leicht und schnell zu verdunsten, und zwar so lange, bis der Raum über der Flüssigkeit mit Etherdampf gesättigt ist. Dann herrscht dort der Sättigungsdruck. Wichtig ist, daß er sich bereits bei geringfügigen Temperaturschwankungen erheblich verändert.

Zunächst steht der Suffi aufrecht. Die untere Kugel mit dem Ether ist schwerer als der Kopf. Um den Vorgang des Verneigens in Gang zu setzen, feuchten wir den Kopf gut mit Wasser an. Bald beobachten wir, daß die Flüssigkeit in dem Rohr nach oben zu

Abb. 22 Funktionsschema zum durstigen Suffi

steigen beginnt. Sie steigt immer höher und erreicht schließlich fast das Ende des Rohres. Der Vogel neigt sich vor – zu dem Gefäß hin.

Sobald der Vogel in die horizontale Lage gekommen ist, wird das untere Ende des Rohres frei (Abb. 22b). Es liegt jetzt höher als der Spiegel des noch flüssigen Ethers. Aus dem Rohr fließt Flüssigkeit in die Kugel zurück. Dadurch wird der untere Teil des Suffi schwerer, und er richtet sich auf. Der Vorgang des Aufsteigens und Zurückfließens des flüssigen Ethers verlagert den Schwerpunkt des Vogels so, daß sich der Kopf des Vogels beim Drehen um die Achse nach unten und wieder zurück nach oben bewegt.

Warum wird der Ether veranlaßt, in dem Rohr aufzusteigen? In dem Körper des Suffi gibt es zwei getrennte Räume, die sich mit Etherdampf füllen. Der eine liegt über der Flüssigkeit in der unteren Kugel, der andere in der Röhre und der oberen Kugel. Wird der Kopf mit Wasser benetzt, sinkt darin wegen der Verdunstungskälte die Temperatur etwas unter die der Umgebung. Um diesen Vorgang zu beschleunigen, wird der Kopf mit einem Material belegt, das viel Flüssigkeit aufsaugt und schnell verdunsten läßt, z. B. mit Watte. Die Temperatur im Kopf sinkt unter die im ganzen übrigen Teil des Vogels. Infolgedessen nimmt der Sättigungsdruck in dem Kopfteil ab, während er im unteren Teil unverändert bleibt. Der stärkere Druck dort treibt den flüssigen Ether in dem Rohr hoch. Der Schwerpunkt steigt ebenfalls hoch, und der Vogel neigt sich nach vorn in die waagerechte Lage. Der Suffi »hat Durst«.

In dieser Stellung taucht der Schnabel in das Wasser, Suffi

»trinkt«. Der Überzug des Kopfes feuchtet sich von selbst an. Gleichzeitig kann sich der gesättigte Etherdampf aus der unteren Kugel mit dem in der oberen Kugel mischen. Es erfolgt ein Druckausgleich. Durch ihr eigenes Gewicht fließt die Flüssigkeit aus dem Rohr in die untere Kugel zurück (Abb. 22c). Der Schwerpunkt verlagert sich nach unten, und der Vogel richtet sich auf. Das Spiel des »trinkenden« Suffi kann von neuem beginnen. Suffi hat immer wieder Durst.

Das Spielzeug ist jedoch keineswegs ein Perpetuum mobile. Die für seinen Betrieb notwendige Energie wird der Wärme der umgebenden Luft entnommen. Sie bewirkt die Verdunstung des Wassers und damit das Herabsetzen der Temperatur im Kopfteil. Die Bewegung kann aber auch versagen, nämlich dann, wenn die Luftfeuchtigkeit in der Umgebung zu groß ist. In diesem Falle kann nicht genug Wasser aus der Hülle des Kopfes verdunsten, und die Bewegung hört auf.

Luft ist schwer

Versuch

Die atmosphärische Luft lastet auf jedem Quadratzentimeter mit der Kraft von 10 N. Es herrscht ein Druck von 10 N/cm². Ein Mensch hat eine Gesamtoberfläche von etwa 1,5 m². Darauf wirken $15000 \cdot 10\,N = 150000\,N = 150\,kN$. Unter dieser enormen Kraft müßte der Mensch doch eigentlich platt zusammengedrückt werden. Und doch stehen wir unter dieser Last, ohne etwas zu merken.

Wir wollen den Sachverhalt durch Versuche klären. Wir legen vier kleine Klötzchen oder Korkstückchen im Viereck nahe an den Rand eines Tisches und ein 3 bis 4 mm dickes Brettchen (Deckel einer Zigarrenkiste) so darauf, daß es etwa zu $^1/_4$ oder $^1/_3$ über die Tischkante hinausragt (Abb. 23a). Tippen wir mit dem Finger auf den überstehenden Teil, brauchen wir keine große Kraft aufzuwenden, das Brettchen kippt nach vorn und fällt herunter. Auch wenn wir die untergelegten Klötzchen wegnehmen, gelingt das Experiment ohne Anstrengung. Das scheint uns gar nicht verwunderlich, obwohl doch auf ein Brett von z. B. $10 \cdot 20\,cm^2$ Größe der Luftdruck mit $2000\,N = 2\,kN$ lastet! Ist das Ergebnis des Experiments also wirklich so »natürlich«?

a)

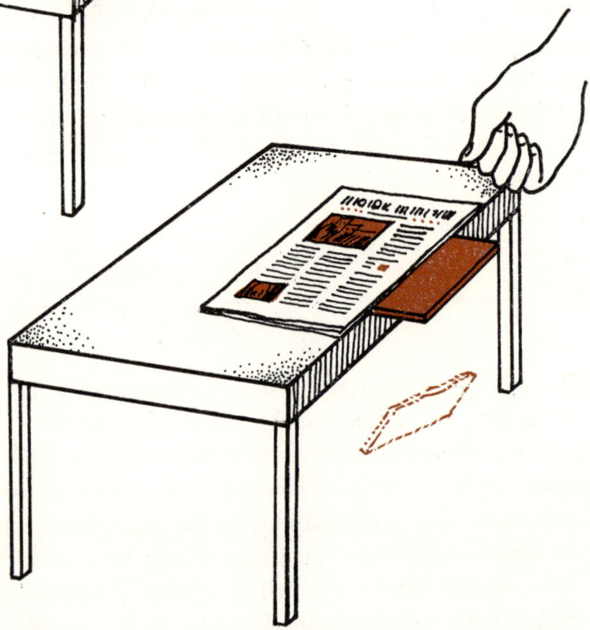

b)

Abb. 23 Demonstrationsversuche zu »Luft ist schwer«

Wir ändern den Versuch ab. Das Brettchen nimmt wieder seine überstehende Lage an der Tischkante ein (ohne untergelegte Klötzchen). Diesmal legen wir vier bis fünf Lagen Seidenpapier oder auch Zeitungen ausgebreitet darauf und streichen sie mit der Hand fest und glatt auf Tisch und Brettchen (Abb. 23b). Probieren wir jetzt wieder, das Brettchen mit dem Finger über die Kante zu kippen, gelingt das nicht. Wir schlagen mit der Faust darauf, das Brettchen bleibt liegen. Es rührt sich auch nicht, wenn wir mit einem Hammer zuerst leicht, dann immer stärker auf das Brettchen schlagen. Bei einem heftigen Schlag bricht das überstehende Stück sogar ab, der Teil unter dem Papier bleibt liegen.

Ob das Gewicht des Papiers die Ursache für den unerwarteten Ausgang des Versuchs ist? Wir pressen es fest zusammen und legen es zusammengeknüllt auf das Brettchen. Dann kippt das Brettchen wieder bei leichtem Fingerdruck über die Tischkante ab. Das Gewicht des Papiers kann also nicht die Ursache sein, vielmehr verhindert das dicht anschließende Papier das Eindringen von Luft unter das Brettchen. (Beim Ausführen des Versuchs müssen wir nur darauf achten, daß das Papier wirklich fest genug auf dem Tisch liegt und das Brettchen gut abdichtet.) Der in Gasen herrschende Druck übt nach allen Richtungen gleiche Kräfte aus. Solange das Brettchen frei liegt, z. B. auf den Klötzchen, wirkt auf jeden Quadratzentimeter die Luft von oben nach unten mit 10 N ein, aber auch gleichzeitig von unten nach oben mit der gleichen Kraft. Beide Kräfte heben sich gegenseitig auf. Der Finger, mit dem wir auf das Brettchen drücken, braucht also nur das Gewicht des Brettchens zu heben. Das gilt auch dann noch, wenn die untergelegten Klötzchen wegfallen. Allerdings muß die Luft ungehindert unter das Brettchen gelangen können – und wenn es nur durch einen winzigen Schlitz beim unmittelbaren Aufliegen auf dem Tisch ist.

Das dicht aufgelegte Papier verhindert dagegen dieses Eindringen der Luft unter das Brettchen. Jetzt kommt der Luftdruck von oben voll zur Geltung. In dem Beispiel, in dem das Holzstück die Fläche von 200 cm^2 hat, wäre die Kraft von 2000 N zu überwinden, soll das Brett gehoben werden. Das ist mit einem Finger nicht möglich. Mit einem Hammer kann man auch nur eine Kraft von 200 bis 300 N erreichen. Sie genügt dann, um das Brettchen abbrechen zu lassen, aber immer noch nicht, um es insgesamt zu heben.

Jetzt wird verständlich, warum der Mensch nicht unter dem Luftdruck zusammenbricht. Die gleiche Kraft, die von außen auf ihm liegt, wirkt als Folge der eingeatmeten Luft auch aus dem Innern des Körpers nach außen. Daß das wirklich so ist, merken wir bei folgendem Versuch am eigenen Körper: Wir atmen aus, halten die Nase zu und schließen den Mund. Nun versuchen wir, den Brustkorb zu heben, wie es beim Einatmen der Fall wäre. Das ist auch bei größter Anstrengung nicht möglich. Es fehlt eben in der Brust die Luft mit ihrer Gegenkraft.

Versuch

Wir suchen zwei Reagenzgläser aus, von denen das eine leicht beweglich in das andere hineinpaßt. Das größere füllen wir zur Hälfte mit Wasser. Dann drücken wir das etwas schmalere in das größere Reagenzglas hinein, bis Wasser ausläuft, und drehen die jetzt ineinandersteckenden Gläser um (Abb. 24). Mit den Fingern halten wir

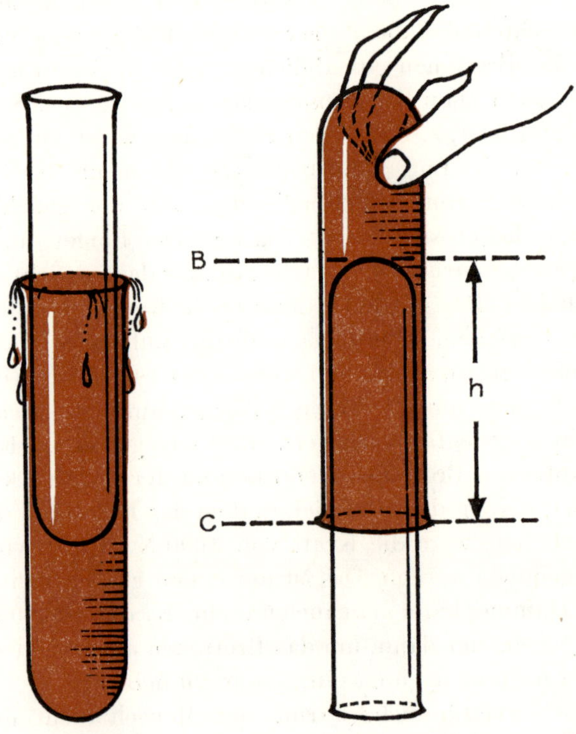

Abb. 24 Die Luft ist nicht schuld

nur das äußere Glas fest. Die Öffnungen zeigen jetzt nach unten. Keine Angst, das innere Reagenzglas fällt nicht heraus. Ganz im Gegenteil! Es steigt im äußeren Glas empor und verdrängt das Wasser, das nach unten abfließt.

Warum schiebt sich das innere Glas nach oben? Es ist keine Kraft sichtbar, die das Aufsteigen bewirkt, und daher liegt der Gedanke nahe, daß hier der Luftdruck die nötige Kraft ausübt. Ob diese Vermutung einer rechnerischen Nachprüfung standhält?

Die Bodenfläche des inneren Reagenzglases sei mit A, die Dichte der Luft mit γ_1, die des Wassers mit γ_2 und der Luftdruck mit p bezeichnet. Es ist $\gamma_2 > \gamma_1$.

Wir überlegen, welche Kraft F auf die Fläche A an der Stelle B einwirkt. Dort herrscht zunächst, nach oben gerichtet, der äußere Luftdruck p. Er übt die Kraft $A \cdot p$ aus, die aber um das Gewicht der Luftsäule zwischen B und C vermindert wird. Es verbleibt die Kraft $F_1 = A \cdot p - A \cdot \gamma_1 \cdot h$. Von oben steht die Fläche A unter dem Wasserdruck. Er ist gleich dem Luftdruck an der unteren Öffnung des Reagenzglases unter der Annahme, daß bei gefülltem, umgekehrtem Glas kein Wasser ausfließt. Der Wasserdruck wird herabgesetzt durch den Druck der Wassersäule mit der Länge h, die vom inneren Glas verdrängt wird. Es entsteht also von oben die Kraft $F_2 = A \cdot p - A \cdot \gamma_2 \cdot h$. Die Differenz der beiden Kräfte ist

$$F_1 - F_2 = F = A \cdot p - A \cdot \gamma_1 \cdot h - (A \cdot p - A \cdot \gamma_2 \cdot h)$$

$$F = A \cdot h \cdot (\gamma_2 - \gamma_1).$$

Der Luftdruck p ist in der Rechnung völlig weggefallen. Er hat demnach nichts mit dem Aufsteigen des inneren Reagenzglases zu tun. Vielmehr beruht die wirkende Kraft auf der Differenz der Dichten von Wasser und Luft. Die Kraft ist ferner von h abhängig, d. h. davon, wie weit das innere Glas in das äußere hineinragt. Ist h zu klein, mißlingt der Versuch.

Wir bauen ein Raketenauto

Versuch

Kleine Raketen dienen zum Abschuß von Signal- und Leuchtkugeln. Auch die Seefahrt benutzt Raketen, z. B. zum Schießen von Wurfleinen von Schiff zu Schiff im Seenotrettungsdienst.

Wie funktioniert eine Rakete? Bei einer Feuerwerksrakete besitzt die eigentliche Rakete als Treibsatz ein kleines Papprohr, das an einem Stab befestigt ist. Dieser wird fest aufgestellt, z. B. in die Erde oder eine leere Flasche gesteckt. Dann wird eine unten aus dem Rohr heraushängende Zündschnur angebrannt. Nach kurzer Zeit zündet die Rakete, ein Feuerstrahl kommt aus dem Ende des Rohrs, und der Feuerwerkskörper steigt hoch.

Im Prinzip genügt als eigentliche Rakete ein Rohr, das an einem Ende verschlossen, am anderen Ende offen ist. Es enthält alles, was zum Erzeugen der Antriebskraft erforderlich ist. Das können feste, pulverartige Stoffe sein oder (evtl. verflüssigte) Gase als Treibstoffe, die auch den zum Verbrennen nötigen Sauerstoff enthalten. Somit ist eine Rakete nicht auf den Sauerstoff der umgebenden Luft angewiesen. Aus diesem Grunde ist sie als Antriebsprinzip für die Weltraumfahrt geeignet. Hier sei vor dem Selbstbasteln von Treibsätzen ausdrücklich gewarnt. Bei Versuchen mit ihnen besteht Lebensgefahr!

Die Rakete wird durch Rückstoß angetrieben. Er beruht auf dem von dem englischen Physiker und Mathematiker Isaac Newton gefundenen Gesetz von actio und reactio (Kraft und Gegenkraft). Die Auswirkung dieses Gesetzes wollen wir in einem Versuch erleben. Wir blasen einen Kinderluftballon prall auf und halten den Ansatzstutzen, durch den wir geblasen haben, dicht vor dem Mund mit dem Finger zu. Halten wir den Ballon so frei in der Luft und lassen ihn plötzlich los, fliegt er ein Stück weit davon. Die eingeblasene Luft strömt dabei aus. Die Flugrichtung ist der Richtung der ausströmenden Luft entgegengesetzt gerichtet.

Im Innern des Ballons steht die Luft nach dem Einblasen unter

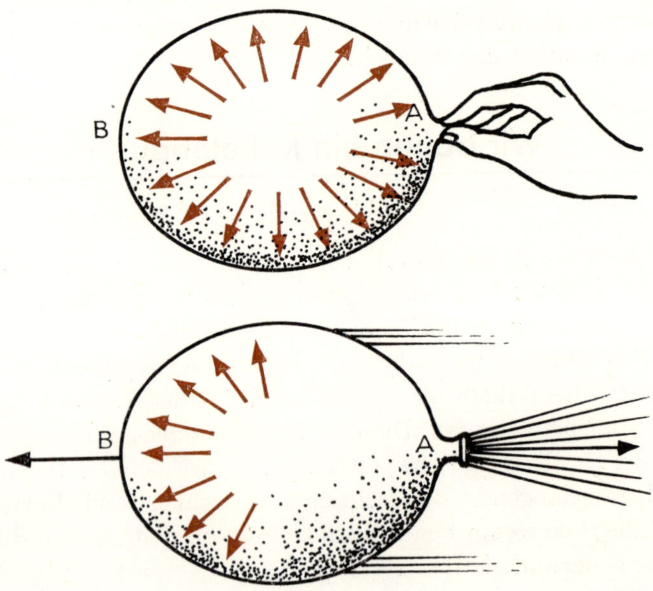

a)

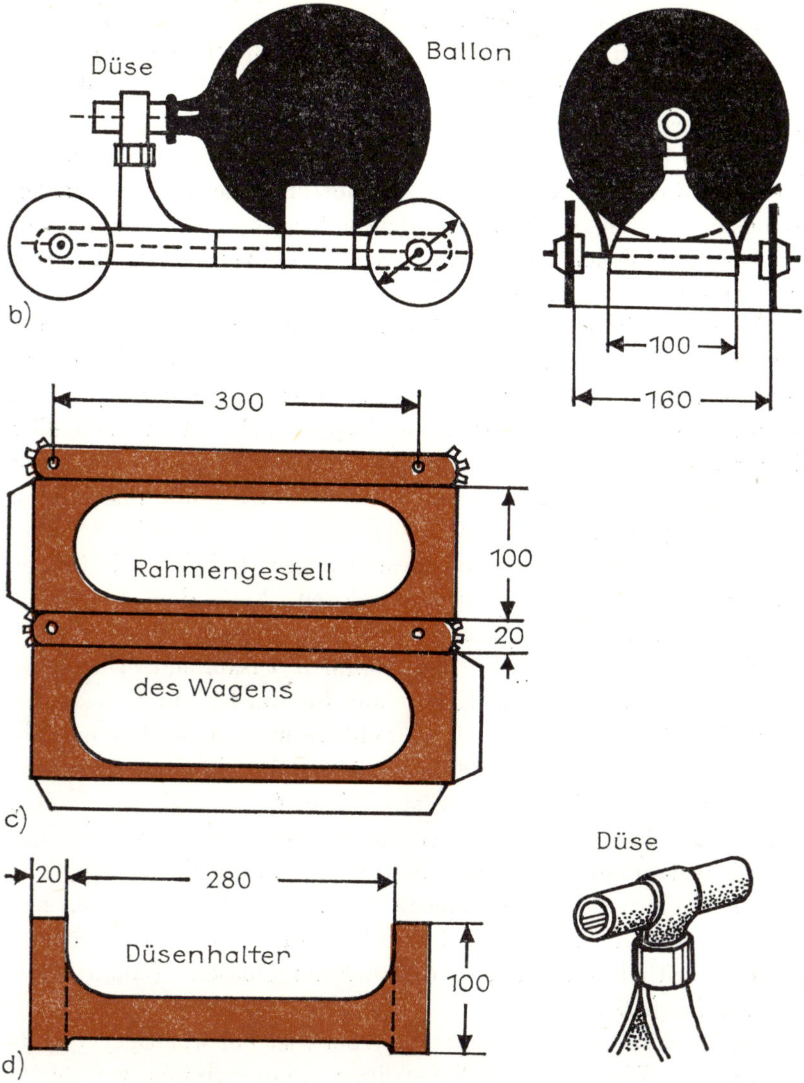

Abb. 25 a – d Wir bauen ein Raketenauto

Überdruck gegen die umgebende Außenluft. Die Folge ist, daß auf jede Stelle der Ballonhülle von innen nach allen Richtungen gleiche Kräfte wirken. Die Abb. 25a veranschaulicht das durch Pfeile. Fehlt nun durch Öffnen des Ansaugstutzens an der Stelle A ein Stück der Wand, so entfällt hier auch die wirkende Kraft. An der genau gegenüberliegenden Stelle B aber ist die entgegengesetzt gerichtete Kraft noch vorhanden. Weil ihr die Gegenkraft fehlt, setzt sie den Ballon in Bewegung, und zwar in der der ausfließenden Luft entgegengesetzten Richtung. Dies ist der Rückstoß.

Bei den technischen Großraketen wird der Überdruck durch die Verbrennung bzw. Explosion des Treibstoffs erzeugt. Die Verbrennungsgase strömen durch besonders geformte Düsen aus. So wird die Geschwindigkeit des ausgestoßenen Gases vergrößert und damit die Schubkraft der Rakete verbessert.

Die Kraft, die unseren kleinen Ballon davonfliegen läßt, genügt, um ein kleines Fahrzeug in Bewegung zu setzen. Wir bauen das Modell eines Raketenautos. Es muß allerdings sehr leicht sein. Daher stellen wir unser Auto aus Pappe nach Art der Modellierbogen her. Die Abb. 25b zeigt Seiten- und Vorderansicht des Autos, Abb. 25c die auszuschneidenden Einzelteile. Die Maße sind in Millimetern angegeben.

Als erstes wird das Rahmengestell ausgeschnitten. Die inneren ovalen Flächen müssen entfernt werden. Nach dem Falten der 300 mm langen Kanten kleben wir unter Benutzung der schraffiert gezeichneten Ansatzstücke den Rahmen zusammen. Die Räder schneiden wir aus starkem Karton aus. Sie werden auf Stricknadeln gesteckt, die wir zuvor durch die Schmalseiten des Rahmengestells geführt haben. Damit die Räder nicht abgleiten können, kleben wir davor und dahinter kleine Korkstückchen. Auch die dünnen Seitenwände des Rahmengestells verstärken wir zweckmäßig vor dem Durchstecken der Nadeln auf diese Weise. Damit der Ballon sicher auf dem Fahrgestell ruht, kleben wir an dessen Längsseiten zwei Lappen L an (in der Abb. 25b ebenfalls aus Pappe) und biegen sie so weit seitlich auseinander, daß der aufgeblasene Ballon gerade dazwischenpaßt.

Die Düse, aus der die Luft ausströmt, ist ein wichtiger Teil des Fahrzeugs. Wir stellen sie aus einem Papierstreifen von 30 bis 40 mm Breite her, den wir in mehreren Lagen um einen etwa 10 mm starken runden Bleistift wickeln und dabei die einzelnen Lagen unter sich verkleben. Besser als ein walzenförmiger Stift ist ein konisch zulaufender Federhalter, weil sich von ihm die fertige Düse leichter abstreifen läßt. Es ist vorteilhaft, sie zum Schutz gegen die Feuchtigkeit der Lippen und des Atems zu lackieren.

Die fertige, trockene Düse kleben wir schließlich in den Düsen-

Abb. 25 e Modell eines selbstgebastelten Raketenautos

halter, den wir nach Abb. 25d aus Pappe ausschneiden und um die Düse herumbiegen. Dicht unter die Düse kleben wir noch ein Papierstück um den Halter, damit er an dieser Stelle nicht aufreißt, wenn wir die breiten Enden auseinanderbiegen und an den Seiten des Fahrgestells ankleben.

Wenn Düse und Halter am Wagen angebracht sind, kleben wir den Ansatzstutzen des Ballons auf die Düse und stellen durch Umwickeln mit dünnem Seil den luftdichten Anschluß her.

Damit ist unser Raketenauto startklar. Wir blasen mit dem Mund durch die Düse hindurch den Ballon auf und klemmen sofort mit den Fingern den Ansatzstutzen ab, damit die Luft nicht entweichen kann. Dann setzen wir den Wagen auf den Fußboden und lassen die Finger am Ballon los. Die Luft strömt aus ihm aus, und der Wagen rollt in die Gegenrichtung davon. Er fährt um so weiter, je glatter der Boden ist, auf dem er rollt.

Zu beachten ist, daß die ganze Konstruktion des Wagens so leicht wie möglich ausfällt. Am fertigen Wagen kann unter Umständen noch Pappe weggeschnitten werden, solange die Stabilität nicht darunter leidet. Je leichter unser Raketenauto ist, desto länger und weiter fährt es.

Es wurden tatsächlich Versuche unternommen, Autos mit Raketenantrieb zu versehen. Im Deutschen Museum in München steht in der Halle für das Verkehrswesen ein unscheinbares, kleines Einmannauto. Es ist nicht viel größer als die Wagen, mit denen Seifenkistenrennen gestartet werden. Dieses Auto fällt dadurch auf, daß es unmittelbar hinter dem Fahrersitz am Heck ein Bündel armdicker Rohre trägt. Es handelt sich um eines der ersten Raketenautos. Max Valier hat mit solchen Fahrzeugen seit 1927 in Verbindung mit der Firma Opel versucht, den Raketenantrieb zur Fortbewegung von Autos auszunutzen. Wenn er die Treibsätze in den Raketen des Autos hinter seinem Rücken zündete, schossen meterlange Flammen aus den Rohren, und unter donnerndem Getöse sauste der Wagen über die Bahn, bis die Raketen ausgebrannt waren. Er erreichte 1928 eine Geschwindigkeit von 200 km/h. Leider fand Valier 1930 bei einem Raketenautostart den Tod. Daraufhin wurden die lebensgefährlichen Versuche für erdgebundene Fahrzeuge nicht weitergeführt. Für Flugzeuge dagegen fand das von Valier genutzte Prinzip weiter Anwendung.

Kleine Raketenrechnungen

Für ein selbstgebautes Raketenauto mit Antrieb durch Ballonluft lassen sich einige Berechnungen durchführen. Mit Hilfe des in Abb. 26 dargestellten Autos wurden Meßwerte gewonnen, die natürlich bei jedem beliebigen anderen Auto davon abweichen und entsprechend neu zu bestimmen sind. Alle Messungen sind dabei mehrmals, mindestens fünfmal, auszuführen und aus den Ergebnissen die Mittelwerte zu bilden.

Um bei den Messungen immer wieder die gleichen Versuchsbedingungen zu erhalten, muß der benutzte Ballon stets mit der gleichen Menge Luft aufgeblasen werden. Das ist der Fall, wenn er das gleiche Volumen erreicht. Wir können dies leicht kontrollieren, indem wir einen aus Draht gebogenen kreisrunden Ring während des Blasens um die Mitte des Ballons legen. Der Ring muß den aufgeblasenen Ballon gerade umschließen. Bei einem Durchmesser des Rings von 23,5 cm wird ein Volumen von $\approx 7\ dm^3$ erreicht, wenn wir Kugelform des Ballons annehmen.

Beim Ausströmen der Luft entleert sich der Ballon nicht vollständig. Schätzungsweise verblieb in dem schlaff daliegenden Ballon noch ein Luftrest von 50 cm³. Als Füllung kann daher angenommen werden: 7000 cm³ — 50 cm³ = 6950 cm³.

Die Gewichtskraft des Wagens mit leerem Ballon betrug 0,40 N. Um die Gewichtskraft der Ballonfüllung brauchen wir uns nicht zu kümmern, sie wird durch den Auftrieb ausgeglichen.

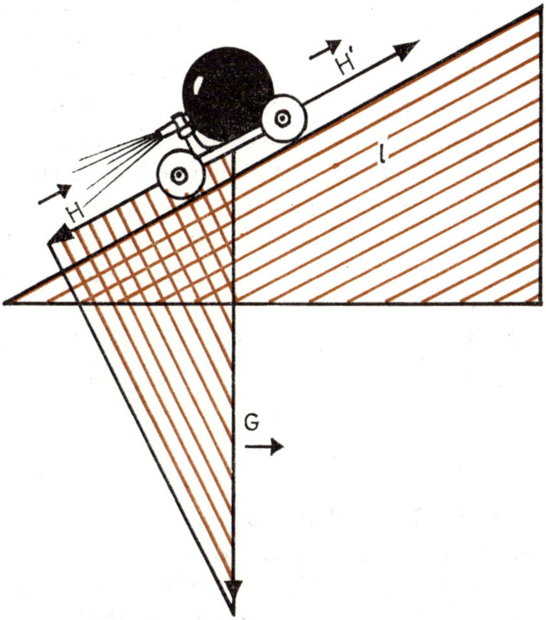

Abb. 26 Versuch zur Messung der Vortriebskraft des Rückstoßes

Als nächstes können wir die Geschwindigkeit der ausströmenden Luft feststellen. Dazu messen wir mit der Schieblehre den inneren Durchmesser unserer Düse. Er betrug 9,8 mm. Der Querschnitt der Düse war also 0,75 cm². Dann messen wir mit der Stoppuhr die Zeit, in der die Luft aus dem aufgeblasenen Ballon austritt, bis dieser schlaff zusammenfällt. Es waren 1,2 s. Beim Austritt aus der Düse steht die Luft unter dem gleichbleibenden äußeren Luftdruck. Wir dürfen daher annehmen, daß die Luft aus dem Ballon mit gleichförmiger Geschwindigkeit austritt. Die 6950 cm², die den Ballon verlassen, stellen wir uns als eine Säule mit 0,75 cm² Querschnitt vor. Sie muß dann ≈ 93 m Länge haben und schiebt sich in 1,2 s durch die Düsenöffnung. Ihre Geschwindigkeit war demnach

$$v = \frac{93\ \text{m}}{1{,}2\ \text{s}} = 77{,}5\ \text{m/s}\ .$$

Während der 1,2 s des Ausströmens wird der Wagen beschleunigt. Um die Größe der Beschleunigung zu messen, setzen wir das Auto mit aufgeblasenem und zugehaltenem Ballon so auf den Fußboden, daß die Vorderräder gerade hinter einem Kreidestrich stehen. Wir lassen los, damit die Luft ausströmt, der Wagen kommt in Bewegung. Wir beobachten die Stelle, an der sich die Vorderräder befinden, wenn der Ballon, eben entleert, zusammenfällt. An dieser Stelle ziehen wir nach mehreren Versuchen ebenfalls einen Kreidestrich. Am besten arbeiten wir dabei mit einem Gehilfen. Der Fußboden soll möglichst glatt sein, z. B. ausgelegt mit Kunststoffbelag ohne Fugen. Der Abstand der beiden Kreidestriche ist die Strecke, die der Wagen mit einer beschleunigten Bewegung zurücklegt. Sie betrug $s = 2{,}20$ m.

Nach den Gleichungen für die gleichförmig beschleunigte Bewegung ergibt sich zunächst für die Beschleunigung a

$$a = \frac{2s}{t^2} = \frac{2 \cdot 2{,}20\ \text{m}}{1{,}2^2\ \text{s}^2} = 3{,}05\ \text{m/s}^2$$

und für die erreichte Endgeschwindigkeit

$$v_1 = a \cdot t = 3{,}05\ \text{m/s}^2 \cdot 1{,}2\ \text{s} \approx 3{,}7\ \text{m/s}.$$

Wir können den berechneten Wert experimentell nachprüfen. Der Wagen muß sich (bei Vernachlässigung der Reibung) geradlinig gleichförmig weiterbewegen, wenn die Beschleunigung aufhört. Wir messen von dem zweiten Kreidestrich auf dem Fußboden aus eine Weglänge von 2 m ab und markieren ihr Ende wieder durch einen Kreidestrich. Der Wagen benötigte zum Zurücklegen dieses Weges 0,6 s. Seine Geschwindigkeit war daher

$$v_2 = \frac{2\ \text{m}}{0{,}6\ \text{s}} = 3{,}3\ \text{m/s}.$$

Die hier gefundene Geschwindigkeit ist etwas kleiner als die berechnete. Wir dürfen aber nicht übersehen, daß die Berechnung für den idealen, reibungsfreien Ablauf der Bewegung gilt. Das trifft bei unserem Auto nicht zu. Sicher wird das Auto gegen Ende der Versuchsstrecke langsamer. Es wäre besser, die Versuchsstrecke nur 1 m lang zu wählen. Dann ist aber die Zeitmessung schwieriger.

Wir können auch die Vortriebskraft des Rückstoßes messen. Dazu setzen wir unser Auto auf eine schiefe Ebene, die es hinauflaufen soll. Ein 1,5 m langes Brett legen wir mit einem Ende auf den Fußboden, das andere auf Klötze oder Bücher. Die Neigung des Brettes vergrößern wir so lange, bis der in Betrieb gesetzte Wagen weder bergauf noch rückwärts läuft. Er wird also von dem Rückstoß mit der nach abwärts ziehenden Kraft im Gleichgewicht gehalten.

Das war nach Abb. 26 bei einer Höhe von h = 0,55 m der Fall. Die Abbildung zeigt schraffierte ähnliche Dreiecke. Es verhält sich

$H : G = h : l.$

Daraus berechnen wir die Kraft H, die das Auto bergab zieht, bzw. die Kraft H′, die ihr das Gleichgewicht hält: $H' = G \cdot \frac{h}{l}$.

G ist dabei die Gewichtskraft des Wagens, nämlich 0,40 N, und H′ die gesuchte Vortriebskraft:

$$H' = \frac{0{,}4\ \mathrm{N} \cdot 0{,}55\ \mathrm{m}}{1{,}5\ \mathrm{m}} = 0{,}14\ \mathrm{N} = 14 \cdot 10^{-2}\ \mathrm{N}.$$

Nun können wir schließlich noch die Leistung unseres Rückstoßmotors angeben:

$$P = \frac{H' \cdot s}{t} = \frac{0{,}14\ \mathrm{N} \cdot 2{,}20\ \mathrm{m}}{1{,}2\ \mathrm{s}} = 0{,}25\ \mathrm{Nm/s} = 0{,}25\ \mathrm{J/s} = 0{,}25\ \mathrm{W}.$$

Der eigenwillige Trichter

Versuch

Wir besorgen uns einen etwas größeren Trichter aus Mutters Küche. Ein Glastrichter ist besonders geeignet. Wir finden sicher auch eine Filtertüte, die in den Trichter paßt. Sonst müssen wir uns eine Tüte aus Papier falten. Wir stecken sie lose in den Trichter (Abb. 27a) und blasen kräftig in das Ansatzrohr des Trichters. Ihr meint, die Tüte fliegt heraus ? Keineswegs ! Sie haftet noch besser am Trichter.

Wir zünden eine Kerze an und halten sie an den Rand des Trichters, wie es Abb. 27b zeigt. Blasen wir in das Rohr, wird die Kerzenflamme nicht nach außen geblasen, wie man vermuten sollte, sondern in den Trichter hineingezogen.

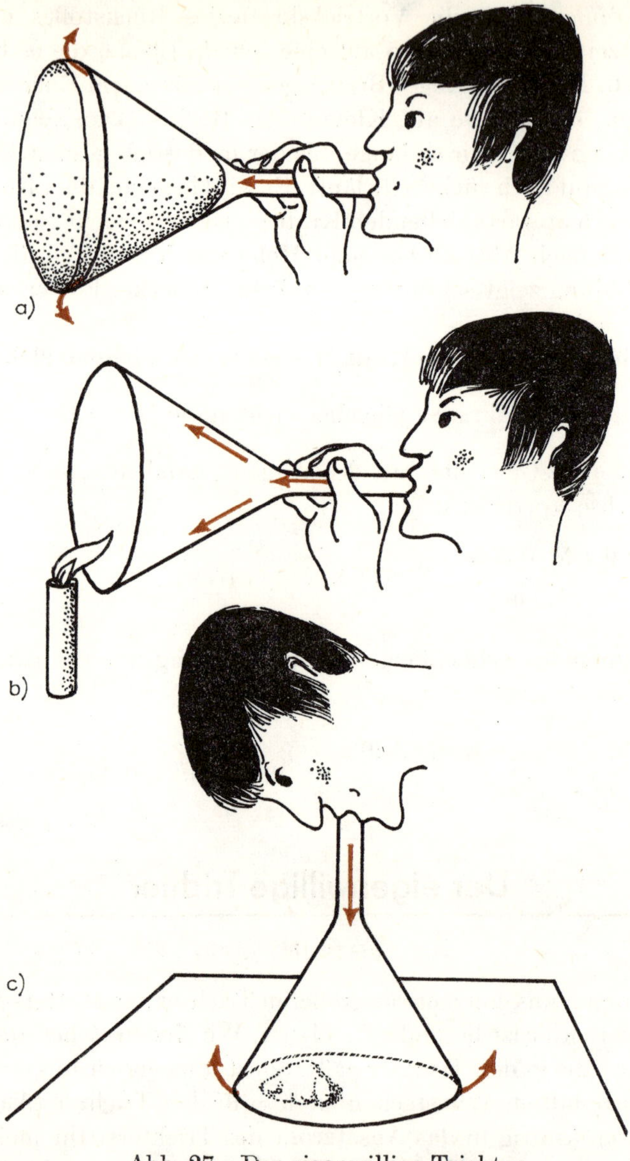

Abb. 27 Der eigenwillige Trichter

Jetzt legen wir ein Wattestückchen auf den Tisch und halten den Trichter darüber. Die Watte soll nahe am Rand des Trichters liegen. Wieder blasen wir in das Rohr. Wird die Watte an den Trichterrand geschoben? Nein! Sie bewegt sich nach der Mitte des Trichters hin (Abb. 27c).

Wie kommt dieses allen Erwartungen zuwiderlaufende Verhalten zustande? Bei Gasen ist die Geschwindigkeit, mit der sie in engen Röhren strömen, größer als in weiten, der Druck umgekehrt in engen Röhren geringer als in den weiten. Für den Trichter bedeutet das: In dem engen Raum zwischen Trichter und Tüte strömt die Luft mit großer Geschwindigkeit, der Druck ist niedrig im Vergleich zu dem in der Außenluft herrschenden Druck. Er preßt die Tüte an den Trichter an. Bei Kerzenflamme und Watte liegen ähnliche Verhältnisse vor.

Wir spüren diese als »aerodynamisches Paradoxon« bezeichnete Erscheinung am eigenen Leibe in einem Modellbeispiel: Wir verlassen nach einer Veranstaltung mit vielen Menschen einen Saal, dessen Ausgangstür in einen Gang mündet. Vor der Tür im Saal drängeln sich die Leute, wir kommen nur langsam voran und erleben einen spürbaren Druck (großer Raum, geringe Geschwindigkeit, hoher Druck). Sobald wir die Tür passiert haben, kommen wir in dem Gang schnell voran und spüren kaum noch Druck (enges Rohr, hohe Geschwindigkeit, niedriger Druck).

Im Sommer heiß – im Winter kalt

Versuch

Der Wechsel der Jahreszeiten ist uns vertraut. In jedem Jahr erwarten wir, daß die Temperatur im Sommer ansteigt, daß es heiß wird, und im darauffolgenden Winter erwarten wir sinkende Temperaturen. Weil im Sommer die Sonne länger scheint und höher am Himmel steht als im Winter, vermuten wir, die jahreszeitliche Änderung der Temperatur muß mit der Sonne zusammenhängen.

Wir wissen, daß sich die Erde im Laufe eines Jahres einmal um die Sonne herum bewegt. Die Bahn, die die Erde durchläuft, kann keine Kreisbahn sein. Das können wir schon am Kalender durch Abzählen feststellen. Der Frühling dauert vom 21. März bis zum 21. Juni (92 Tage), der Sommer bis zum 23. September (93 Tage), der Herbst bis zum 22. Dezember (89 Tage) und schließlich der Winter bis zum 21. März des nächsten Jahres (auch 89 Tage). (Die Astronomen geben die Unterschiede sogar auf Stunden genau an.)

Die für uns angenehmen, schönen Jahreszeiten, Frühling und Sommer, dauern zusammen 185 Tage, die oft weniger erfreulichen, Herbst und Winter, zusammen nur 178 Tage. Die Differenz von sieben Tagen läßt uns vermuten, daß die Erde im Herbst und Winter schneller, mit größerer Geschwindigkeit, auf ihrer Bahn läuft als im Frühling und Sommer. Dies ist aber auf einer Kreisbahn nicht möglich. Tatsächlich durchläuft die Erde eine elliptische Bahn. Die Sonne steht nicht in ihrem Mittelpunkt, sondern in einem der Brennpunkte der Ellipse.

Die Abb. 28a zeigt diese Bahn in perspektivischer Darstellung. Die vier eingetragenen Stellungen der Erde entsprechen den Anfängen der vier Jahreszeiten für einen Ort auf der Nordhalbkugel der Erde. Sein Breitenkreis ist angedeutet. Die exzentrische Stellung der Sonne und die Abweichung der Ellipse von der Kreisform sind allerdings so gering, daß sie in einer maßstabsgerechten Zeichnung vom Auge nicht zu erkennen wären. Die Abbildungen a und b sind daher übertrieben gezeichnet.

In der Abb. 28b ist die Erdbahn in Draufsicht zu sehen. Die Achse der Erde ist aus der Zeichnung herausragend zu denken. Nähert sich die Erde auf ihrer Bahn der Sonne, wird sie durch diese auf der kurzen Entfernung durch die größere Anziehungskraft beschleunigt – bis zum Erreichen des Perihels (Sonnennähe). Dann nimmt die

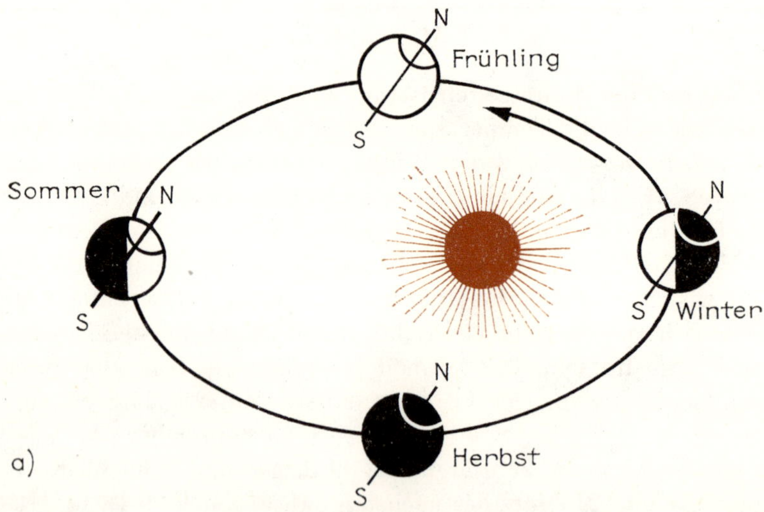

Abb. 28 a Elliptische Erdbahn

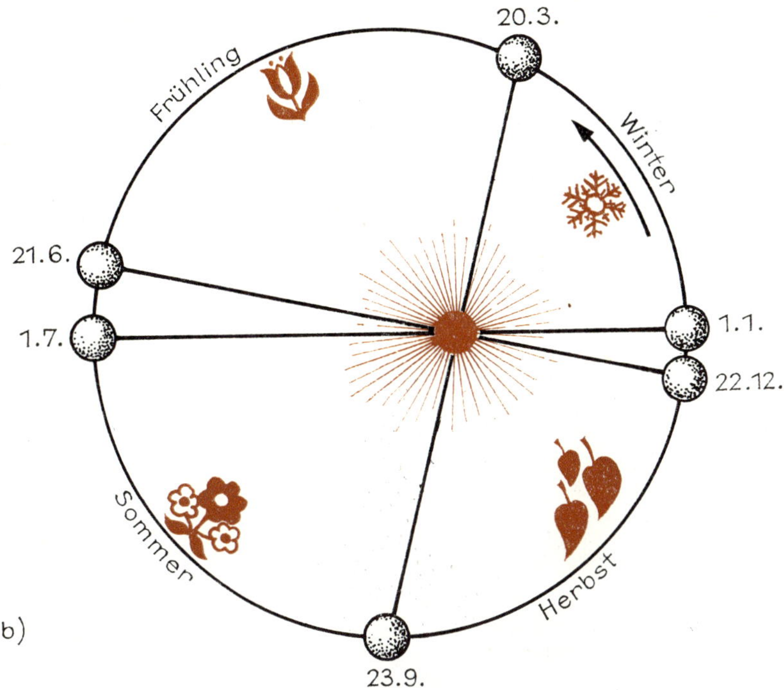

b)

Abb. 28 b Erdbahn in der Draufsicht

Geschwindigkeit ab und ist am geringsten beim Durchlaufen des Aphels (Sonnenferne). So erklären sich die verschiedenen Längen der Jahreszeiten aus den unterschiedlichen Geschwindigkeiten der Erde. Wir könnten nun meinen, daß die Sonne im Winter, wenn sie der Erde am nächsten steht, diese auch am stärksten erwärmt. Im Sommer, wenn der Abstand am größten ist, dürfte die Erde weniger Sonnenwärme erhalten. Jedoch, wir haben dabei etwas übersehen. Die Erdachse steht nicht senkrecht zur Erdbahnebene (Abb. 28a). Die Achse ist um 23,5° gegen diese Ebene geneigt, und das hat schwerwiegende Folgen.

Die Abb. 29 stellt gegenüber Abb. 28a die Erde vergrößert dar, und zwar 29a zur Zeit der Sommersonnenwende (21. Juni), 29b zur Zeit der Wintersonnenwende (22. Dezember). Gezeichnet sind auf den Erdkugeln jeweils der Äquator und ein Breitenkreis auf der Nordhalbkugel. Auf der von den Sonnenstrahlen beleuchteten Hälfte der Erde ist der Teil des Breitenkreises, der in der Sonne verläuft, durch eine farbige Linie hervorgehoben. Sie stellt die Tageslänge dar. Der im Schatten verlaufende Teil des Breitenkreises veranschaulicht die Länge der Nacht. Vergleichen wir die Tageslängen in den beiden Bildern der Abb. 29, sehen wir die erheblich größere Länge im Sommer gegen die im Winter.

In den beiden Teilbildern sind auch noch die Tangentialebenen an die Breitenkreise angedeutet. Der Winkel, unter dem die Son-

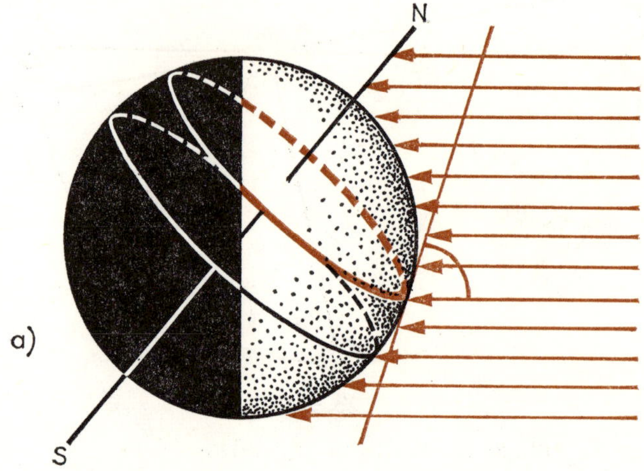

Abb. 29 a Die Erde zur Sommersonnenwende

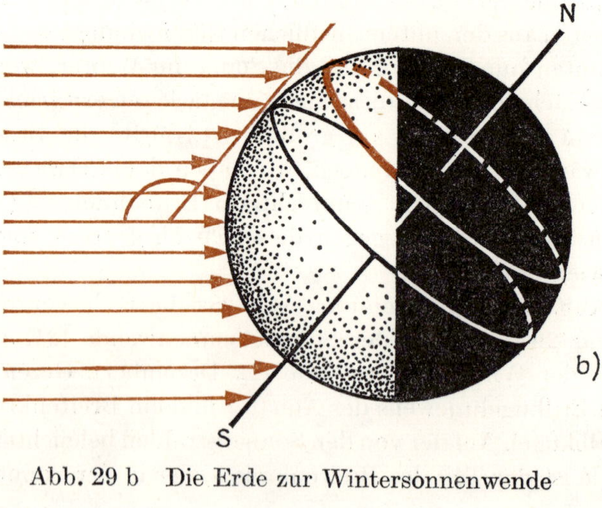

Abb. 29 b Die Erde zur Wintersonnenwende

nenstrahlen und damit auch die Wärmestrahlen auftreffen, ist im Sommer wesentlich kleiner als der entsprechende Winkel im Winter. Je steiler aber die Wärmestrahlen von der Sonne her auftreffen, um so intensiver wärmen sie die Erde auf. Zusammen mit der sehr viel längeren Dauer des Sonnenscheins im Sommer (der zeitliche Unterschied zwischen dem 22. Juni und 22. Dezember beträgt immerhin 8 Stunden) ergibt sich im Sommer, trotz des größeren Abstandes von Erde und Sonne, die stärkere Erwärmung der Erde gegenüber der im Winter. Der Sommer wird heiß, der Winter kalt.

Wir können die Vorgänge vielleicht durch einen Versuch noch besser verständlich machen. Durch einen Tischtennisball stecken wir einen Draht oder eine Stricknadel als Achse. Dann malen wir oberhalb einer als Äquator zu denkenden Linie einen Punkt auf. Er veranschaulicht einen Ort auf der Erde. Den Ball beleuchten wir in einem etwas abgedunkelten Raum von der Seite her mit einer Taschenlampe. Halten wir den Ball jetzt mit etwas geneigter Achse und drehen wir ihn um die Achse, so sehen wir, wie der Punkt aus dem beleuchteten Teil des Balls in den beschatteten Bereich wandert, um dann auf der anderen Seite wieder aufzutauchen. Diesen Versuch führen wir in den beiden Möglichkeiten durch, die die Abb. 29 angibt. Wir können auch den Ball immer drehend um eine in der Mitte aufgestellte helleuchtende Lampe herumführen. Dabei müssen wir nur darauf achten, daß die Achse des Balls ihre Lage im Raum stets beibehält. Dann sehen wir das vor uns, was in Abb. 28a dargestellt ist.

Die Abb. 29 läßt uns auch erkennen, daß ein Ort der Erde, der auf einem noch weiter nördlich zu zeichnenden Breitenkreis liegt, bei der Drehung der Erde überhaupt nicht mehr in den Schattenraum kommt. Das bedeutet, in den 24 Stunden der Drehung geht im Sommer die Sonne nicht mehr unter. Sie leuchtet den ganzen Tag über, und das ein halbes Jahr lang. Es ist die sogenannte Mitternachtssonne. Im Winter dagegen kommt der Ort gar nicht mehr aus dem Schattenbereich heraus. Es ist 24 Stunden lang Nacht, die Polarnacht. Diese Erscheinung trifft für Orte zu, die nördlich vom Wendekreis liegen.

Kalt und doch nicht kalt – heiß und doch nicht heiß

Versuch

Wir stellen drei Schüsseln oder Töpfe nebeneinander auf. In das linke Gefäß füllen wir heißes Wasser, in das mittlere lauwarmes und in das rechte kaltes Wasser. Jetzt halten wir unsere linke Hand für einige Zeit in das heiße Wasser, unsere rechte Hand in das kalte Wasser. Tauchen wir darauf beide Hände gleichzeitig in das mittlere Gefäß, erwarten wir, daß die beiden Hände im lauwarmen Wasser die gleiche Temperatur empfinden. Weit gefehlt! Die linke Hand spürt kaltes, die rechte Hand warmes Wasser.

Halten wir ein Thermometer erst in das heiße Wasser, bis es dessen Temperatur anzeigt, und bringen es anschließend schnell in das lauwarme Wasser, sinkt die Quecksilbersäule auf dessen Temperatur. Tauchen wir das Thermometer in das kalte Wasser und dann in das lauwarme, steigt die Quecksilbersäule auf die gleiche Temperatur des lauwarmen Wassers wie im ersten Teil dieses Versuchs. Das Thermometer ist unbestechlich in seiner Anzeige. Dagegen läßt sich unser Temperaturgefühl täuschen, was wir bei unserem Versuch beobachten konnten.

Im Sommer kann es uns passieren, daß wir uns an einem Eisengeländer festhalten wollen, aber beim Berühren des Eisens die Hand schnell zurückziehen. Wir empfinden das Eisen als schmerzhaft heiß. Fassen wir aber einen danebenstehenden Holzpfahl an, erscheint er uns merklich kühler als das Eisen. Am Holz können wir uns gut festhalten, obwohl es genau wie das Eisen in der prallen Sonne steht. Ein Thermometer, das wir an das Eisen und an das Holz halten, zeigt die gleiche Temperatur an. Im Winter erleben wir die Erscheinung umgekehrt. Das Eisengeländer erscheint uns viel kälter als das Holz, wenn sie auch beide tatsächlich die gleiche Temperatur besitzen.

Wie ist es möglich, daß unser Sinnesorgan für die Wärmeempfindung so getäuscht wird? Die Physik liefert die Erklärung. Eisen und andere Metalle sind gute Wärmeleiter, Holz ist ein schlechter. Im Winter entzieht beim Berühren das kalte Eisen der Hand schnell viel Wärme. Die Hand wird sehr viel rascher kalt als beim Berühren des schlechten Wärmeleiters Holz. Im Sommer leitet umgekehrt das

Eisen die Wärme schneller auf die Hand über als das Holz. So läßt der Unterschied in der Wärmeleitfähigkeit der berührten Gegenstände verschiedene Wärmeempfindungen entstehen.

Der weiße Wasserdampf

Versuch

Wie sieht Wasserdampf aus? Stellen wir die Frage einigen Leuten! Fast immer wird die Antwort lauten: »Wasserdampf sieht weiß (grauweiß) aus.« Zur Begründung wird darauf hingewiesen, daß in der Küche aus einem Wasserkessel, in dem Wasser siedet, und über Fabrikschornsteinen, aus denen Wasserdampf abgeblasen wird, der Dampf deutlich sichtbar ausströme. Auch über einer Tasse mit heißem Kaffee oder einem Teller mit Suppe sei der Dampf zu sehen.

Und doch ist Wasserdampf nicht sichtbar, er hat keine Farbe.

Wir können das beobachten, wenn Wasser in einem Becherglas durch einen untergestellten Bunsenbrenner zum Sieden erhitzt wird. Wasserdampf bildet sich dann zuerst am Boden des Bechers. Im kochenden Wasser steigen Dampfblasen hoch, die an der Oberfläche des Wassers zerplatzen. Diese Blasen sind durchsichtig wie Luft. Auch über den erwähnten Schornsteinen ist der Wasserdampf zunächst unsichtbar. Besonders im Sommer bei trockener Luft können wir beobachten, daß die weiße Wolke nicht unmittelbar über der Mündung des Schornsteins ansetzt, sondern erst in einiger Entfernung darüber. Dort kondensiert der Wasserdampf. Er bildet feinste Tröpfchen, die als Nebel oder Wolke sichtbar werden. Zwischen dieser Kondenswolke und dem Schornstein ist der Wasserdampf nicht zu sehen.

Wasserdampf ist also nicht weiß, sondern unsichtbar wie ein Gas, wie die Luft. Was fälschlich als weißer Wasserdampf angesehen wird, ist kondensierter Dampf, ist Nebel.

Versuch

Vor einiger Zeit erschien in einer illustrierten Zeitschrift das Bild eines Bierkrugs, der mit einem Fell umwickelt war. Der begleitende Text erläuterte, das pelzverbrämte Bierseidel werde für Leute angeboten, die kaltes Bier nicht vertragen. Der Pelz sollte also ein Bierwärmer sein.

Ist es wirklich möglich, mit einem Stück Fell den Inhalt eines Krugs zu erwärmen? Es wäre zu schön, auf diese Weise Energie zu sparen. Vielleicht könnte man sogar die Töpfe für das Mittagessen mit Fell umwickeln und warten, daß sie wärmer und wärmer werden, bis die Speisen zum Kochen kommen?

Wir gehen der Frage auf den Grund. Dazu stellen wir Versuche an. Wir benötigen zwei gleiche Gefäße, z. B. Konservendosen, am besten hohe Form, dazu ein weiteres Gefäß und schließlich ein, besser zwei, Thermometer. Auch Papier und Bleistift legen wir bereit, und natürlich brauchen wir ein Fell. Das kann ein Katzenfell sein (wie es z. B. gegen Rheuma verwendet wird) oder ein Kaninchenfell. Wenn so etwas nicht aufzutreiben ist, tut es auch ein dicker, gestrickter Wollstrumpf oder ein Ärmel eines dicken Pullovers.

Wir wickeln das Fell oder die Wolle fest um eine der Konservendosen, achten auch darauf, daß der Boden bedeckt wird. Die Haare des Fells sollen nach außen liegen, das Leder muß nach innen an die Wand der Dose gedrückt sein. Mit einem Gummiband halten wir die Umwicklung zusammen. Dann holen wir aus dem Kühlschrank Eiswürfel, legen sie in das dritte, größere Gefäß und gießen Wasser darauf. Die Temperatur des Wassers sinkt, je mehr Eis schmilzt. Ein Thermometer, das wir in das Wasser halten, zeigt an, daß wir weit unter die Zimmertemperatur kommen. Je tiefer, um so besser! Ist kein Eis zur Hand, lassen wir so lange Wasser aus der Leitung ablaufen, bis seine Temperatur mehrere Grade unter der Zimmertemperatur liegt, und experimentieren damit. Auf alle Fälle kühlen wir mit so abgekühltem Wasser schon einmal die Dosen und leeren sie dann wieder aus.

Jetzt beginnt das eigentliche Experiment: Wir gießen schnell das möglichst kalte Wasser in die beiden Dosen, bis sie etwas mehr als zur Hälfte gefüllt sind. In beiden muß das Wasser gleich hoch stehen. Wir prüfen, ob die Temperatur in beiden Dosen gleich oder wenigstens fast gleich ist. Sollte das nicht der Fall sein, gießen wir kleine Mengen warmen Wassers in die Dose mit dem kälteren Wasser und stellen so Temperaturgleichheit her.

Die nun folgenden Messungen erfordern Geduld. Alle fünf Minuten rühren wir in beiden Gefäßen das Wasser um, lesen die Temperaturen in beiden ab und notieren sie. So fahren wir eine halbe Stunde lang fort, dann führen wir die Messungen alle zehn Minuten, später alle fünfzehn Minuten aus. Wie schnell die Temperatur steigt, hängt natürlich von der Temperatur der Umgebung ab.

In welcher Dose wird das Wasser schneller warm? Etwa in der mit der Fellumwicklung, wie es die Geschichte mit dem Bierwärmer vermuten läßt? Nein! Das Wasser in der Dose ohne Fell erwärmt sich schneller. Offenbar läßt das Fell die Wärme von der Umgebung außen nur langsam an die Dose gelangen. Fell ist ein schlechter Wärmeleiter. Der Biertrinker wird also von seinem Krug mit Fell sehr enttäuscht sein, denn auf diese Weise wird das Bier im Krug gerade länger kühl gehalten, statt sich zu erwärmen. Die Zeitschrift wollte sich sicher einen Scherz erlauben. Unser Versuchsergebnis mag uns warnen, Werbungen in Zeitungen und Zeitschriften nicht ohne Prüfung auf ihren Wahrheitsgehalt zu glauben. Manchmal genügt es schon, ein wenig nachzudenken, um festzustellen, daß nicht alles wahr ist, nur weil es schwarz auf weiß gedruckt dasteht.

Der Kalkanstrich an Bäumen

Im zeitigen Frühjahr, wenn uns die ersten warmen Sonnenstrahlen erfreuen, streicht der Gärtner die Stämme und dicken Äste seiner Obstbäume und größere Sträucher mit Kalkmilch weiß an. Das unternimmt er sicher nicht, damit die Bäume ein lustiges Bild in dem sonst noch recht kahlen Garten bieten.

Was der weiße Anstrich wirklich bezweckt, können wir uns mit der Erfahrung an unseren Kleidern erklären. Wir vermeiden es nach Möglichkeit im Sommer, wenn die Sonne so richtig heiß auf uns herunter scheint, dunkle oder gar schwarze Kleider anzuziehen. Vielmehr bevorzugen wir helle, am liebsten weiße Gewänder. Wir wissen nämlich, daß wir uns im dunklen Anzug nicht wohl fühlen.

Wir geraten unter der Hitze im dunklen Kleid ins Schwitzen. Es nimmt die Wärme gut auf, es absorbiert sie. Das helle Kleid dagegen wirft die Wärmestrahlen zurück, es reflektiert sie. Unter diesem Kleid wird uns viel weniger warm. Diese praktische Erfahrung trifft für alle Körper zu. Dunkle und rauhe Flächen nehmen Wärme auf, helle und glatte reflektieren sie. Das nutzt der Gärtner mit seinem weißen Kalkanstrich an den Obstbäumen aus.

Die von Natur aus dunkle Rinde würde in der Sonne des Vorfrühlings viel Wärme in sich aufnehmen und speichern. Dadurch wird der schon aufsteigende Saft in der Baumrinde zu verstärktem Ansteigen veranlaßt. Nun geschieht es oft, daß in dieser Zeit plötzlich Nachtfröste auftreten, dann gefriert die saftstrotzende Rinde. Wie jede Flüssigkeit dehnt sich der Saft dabei aus, und die Vergrößerung des Volumens läßt die Rinde aufplatzen. So entstehen die vom Gärtner als Frostplatten bezeichneten, rissigen, rauhen Stellen an den Bäumen. Das sieht nicht nur unschön aus; die Frostplatten sind schädlich, weil sich in den Rissen Ungeziefer ansiedeln kann. Der weiße Kalkanstrich verhindert weitgehend die Aufnahme der Wärme in der Rinde und beugt damit dem Entstehen der Frostplatten vor. Der Kalk hat keine chemische Wirkung auf den Baum, wie oft angenommen wird. Die weiße Farbe bietet nur einen Schutz auf physikalischer Grundlage. Der Gärtner nutzt das Gesetz für die Absorption von Wärmestrahlen aus.

Wie sich dieses Gesetz in der Natur auswirkt, können wir noch an einem anderen Beispiel beobachten: Wenn der Schnee unter dem Einfluß der Wärmestrahlen der Sonne zu tauen beginnt, sehen wir, wie an den Stellen, wo wir dunklen Sand zum Abstumpfen von Gehwegen gestreut haben, der Schnee viel schneller wegschmilzt als an den unberührten weißen Stellen. Um dunkle, aus dem Schnee herausragende Steine oder andere Objekte bilden sich schnell schneefreie Ringe. Hier haben die dunklen Steine viel Wärme aufgenommen, mehr als der umgebende Schnee. Die im Stein gespeicherte Wärme taut die Umgebung auf. So kommt es auch, daß Steine, die wir auf das Eis eines Baches oder Sees geworfen haben, in das Eis einsinken und sogar ganz darin untertauchen, wenn tagsüber die Sonne scheint und nachts das Schmelzwasser wieder gefriert.

Ein Faden brennt – aber er hält

Versuch

Wir präparieren einen dicken Woll- oder Baumwollfaden, indem wir ihn längere Zeit in eine konzentrierte Kochsalzlösung legen. Der Faden muß sich tüchtig vollsaugen. Dann lassen wir ihn gut trocknen. (Ein Nylonfaden ist ungeeignet, denn er kann sich nicht vollsaugen.) In das eine Ende des Fadens knüpfen wir einen möglichst leichten Gegenstand, z. B. einen kleinen Kunststoffring. Das andere Ende des Fadens fassen wir mit einer Zange, so daß Faden und Ring gerade herunterhängen.

Jetzt zünden wir mit einem Streichholz den Faden unten an. Eine Flamme züngelt am Faden hoch, er brennt. Jeder erwartet, daß der Ring herunterfällt. Aber keineswegs, nach wie vor hält der Faden den Ring.

Was hier brennt, ist nämlich nur das Material des Fadens, die Wolle oder Baumwolle. Erhalten bleibt das Kristallgerüst aus Salz. Es ist fest genug, um den Ring zu halten, solange wir den Salzfaden nur ruhighalten.

Die Vorführung des kleinen Experiments gibt immer eine unerwartete Überraschung für die Zuschauer.

Papier, das nicht brennt

Versuch

Ein Stück Papier läßt sich leicht mit einem Streichholz anzünden. Die Temperatur, bei der es in Brand gerät, wird schnell erreicht. Wenn zufällig ein Papierblatt auf die heiße Herdplatte fällt, geht es zwar nicht gleich in Flammen auf, aber es verkohlt. Trotzdem ist es möglich, Papier auf einer solchen Platte bis auf 100 °C zu erhitzen, ohne daß es in Brand gerät oder verkohlt.

Wir falten aus starkem Papier einen offenen Würfel. Wer nicht geschickt genug dazu ist, kann auch einen Pappbecher benutzen. Dieses Gefäß füllen wir mit Wasser und stellen es auf die Platte eines Elektroherdes. Wir schalten die Platte ein. Das Wasser wird immer wärmer, schließlich siedet es. Wasser und Papiergefäß haben jetzt die Temperatur von 100 °C erreicht. Und doch bleibt die papierne

Hülle unbeschadet und brennt nicht, obwohl ihr durch die Heizplatte mehr und mehr Wärme zugeführt wird.

Warum die zum Entzünden des Papiers erforderliche Temperatur dennoch nicht erreicht wird, ist schnell erklärt. Die nach dem Erreichen der Temperatur von 100 °C weiter zusätzlich zugeführte Wärme dient nur dazu, das siedende Wasser in Dampf zu verwandeln. Die Temperatur von Wasser und Papierhülle steigt dabei nicht über 100 °C hinaus, während die Entzündungstemperatur von Papier darüberliegt. Sie wird demnach nicht erreicht. Würden wir das Wasser vollends verdampfen lassen, müßte das Papier in Flammen aufgehen.

Wasser wird nicht am wärmsten

Versuch

Jede Hausfrau weiß aus Erfahrung, daß Öl in einem Topf auf dem Herd schneller heiß wird als die gleiche Menge Wasser in demselben Topf und auf demselben Feuer. Das bedeutet, daß Öl zum Erwärmen auf eine bestimmte Temperatur weniger Wärme braucht als die gleiche Menge Wasser. Der Physiker sagt: Die spezifische Wärmekapazität von Öl ist kleiner als die von Wasser. Letzteres hat die größte Wärmekapazität überhaupt. Auch der Erdboden hat eine kleinere Wärmekapazität als das Wasser.

Deshalb wird z. B. das Meer durch die Sonne langsamer erwärmt als das Land bei gleicher Bestrahlung. Das Meer kühlt sich aber auch langsamer ab als das Land. Infolgedessen sind die Gegensätze der Temperatur in Meeresnähe in den verschiedenen Jahreszeiten geringer als im Innern des Festlandes. Es herrscht Seeklima mit gemäßigten Sommern und Wintern bzw. Binnenklima mit heißen Sommern und strengen Wintern. Die Ozeane bilden für die Küstenländer eine Art riesige Kühlkammer, für die kälteren Binnenländer der Erde einen Wärmespeicher.

Weniger auffällig ist es, daß sich auch ein und derselbe Stoff ungleich erwärmen kann, wenn einige äußere Bedingungen vorhanden sind. Um das nachzuprüfen, benötigen wir zwei gleiche kleine Glasgefäße. Das können ungefärbte Tablettenröhrchen sein oder zwei glasklare Medizinfläschchen, in deren Hals ein Thermometer paßt. Am geeignetsten sind Reagenzgläser. Auch ein Thermometer muß zur Hand sein. Wir füllen die beiden Gläser mit gleicher Menge Wasser gleicher Temperatur. Das Wasser in einem der Gläser färben wir mit Tusche tiefschwarz. Dann stellen wir die Gläser in das grelle Sonnenlicht, das ja auch Wärmestrahlen enthält. Nach einiger Zeit kontrollieren wir die Temperaturen in den beiden Gläsern. Das gefärbte Wasser ist deutlich wärmer!

Das eine Glas ist durchsichtig, das Wasser darin ebenfalls. Hier können die Wärmestrahlen fast ungehindert hindurchgehen. Das schwarze Wasser dagegen läßt weder Licht- noch Wärmestrahlen durch. Es absorbiert sie und erwärmt sich daher schneller.

In einem zweiten Versuch umwickeln wir eines der Gläser mit Haushaltfolie. Wieder füllen wir gleich viel Wasser von derselben Temperatur ein. Nach einiger Zeit im Sonnenlicht stellen wir fest, daß sich das Wasser in dem Glas ohne Umhüllung stärker erwärmt hat als im anderen Glas. Diesmal werden die Wärmestrahlen von der Haushaltfolie reflektiert. Sie können nicht in das Wasser eindringen, so daß seine Temperatur dort (fast) unverändert bleibt. In dem offenen Glas steigt sie an.

Wir können das eine Glas anstelle von Haushaltfolie mit schwarzem Papier einhüllen. Diese Hülle absorbiert viele Wärmestrahlen und gibt die Wärme an das Wasser im Innern ab. Jetzt steigt die Temperatur in diesem Glas schneller als in dem anderen.

Unsere Experimente zeigen uns: Gehen die Wärmestrahlen durch das Wasser hindurch, oder werden sie reflektiert, dann bleibt die Temperaturerhöhung gering. Werden sie im Wasser aufgefangen oder nicht zurückgeworfen, steigt die Temperatur stärker an.

Der Löffel im Teeglas

Versuch

Kochendheiß ist der Tee, den wir in ein Teeglas gießen wollen. »Halt«, ruft die Hausfrau, »erst einen silbernen Teelöffel in das Glas stellen, damit es nicht zerspringt!« Es ist tatsächlich so, daß Glas leicht platzt, wenn es an einer Stelle plötzlich stark erhitzt wird. Das kann der Fall sein, wenn eine heiße Flüssigkeit in scharfem Strahl auf eine kalte Glasfläche trifft. Offenbar hat man die Erfahrung gemacht, daß ein Löffel im Glas, der von dem Strahl getroffen wird, das Zerspringen verhindert.

Als Physiker wollen wir versuchen, das Phänomen zu ergründen. Wir wissen, daß sich Glas wie die meisten Stoffe ausdehnt, wenn es erwärmt wird. Trifft die Wärme auf eine kleine begrenzte Stelle des Glases, während die übrigen Teile noch kalt sind, so erfolgt die Ausdehnung ungleichmäßig. Dadurch treten Spannungen im Glas auf, die es platzen lassen. Bei einem Teeglas oder einer Porzellantasse kann das z. B. geschehen, wenn das eingegossene Tee- oder Kaffeewasser zuerst nur den Boden des Gefäßes trifft. Er dehnt sich schnell aus, die Wände noch nicht. Dann ist die Gefahr des Platzens groß. Dies um so mehr, wenn der Boden dick, die Wände dünn sind (manche Porzellantassen). Der Boden erwärmt sich dann nämlich besonders schnell und stark. Überall gleich dünnes Glas- oder Porzellangeschirr ist also weniger gefährdet.

Der Löffel im Glas soll das Platzen verhindern. Das läßt sich damit erklären, daß das Metall die Wärme wesentlich besser leitet als das Glas. Warum nun gerade ein silberner Löffel bevorzugt wird, hängt mit seiner Leitfähigkeit für die Wärme zusammen. Silber leitet die Wärme am besten, und zwar 500mal besser als Glas. Bei Eisen ist die Leitfähigkeit nur 85mal größer als bei Glas. Ein Löffel aus Blech wäre daher viel weniger gut geeignet, die Wärme schnell abzuleiten. Jetzt verstehen wir auch, warum wir uns an einem silbernen Löffel, den wir aus dem heißen Tee zum Munde führen, die Lippen verbrennen können. Bei einem Blech- oder Messinglöffel geschieht das nicht. Sie haben die Temperatur des Tees nicht so schnell aufgenommen.

Stellen wir also einen silbernen Löffel in unser Teeglas und richten den Strahl des heißen Tees auf ihn. Das gut leitende Metall nimmt sofort einen großen Teil der Wärme auf. Dadurch sinkt die Temperatur des Teewassers, die dann für das Teeglas nicht mehr gefährlich ist. Der Löffel gleicht die Temperaturunterschiede zwischen dem heißen Wasser und dem kalten Glas aus. Damit ist die Gefahr des Zerspringens vermieden oder doch wenigstens stark vermindert, wenn das weiter zufließende heiße Wasser auf das Glas trifft.

Die modernen Teegläser brauchen den Löffel meist nicht mehr. Wir müssen beim Kauf nur darauf achten, daß sie möglichst dünnwandig sind. Bei Porzellantassen sollten wir keine aussuchen, die einen verdickten Wulst besitzen. Das sieht zwar schön aus, verstärkt aber die Spannungen beim Erwärmen. Es wäre besonders günstig, ein Material für unser Geschirr zu verwenden, das gar keine oder doch zumindest fast keine Spannungen erleidet, wenn es ungleichmäßig erhitzt wird. Ein solches Material gibt es. Es handelt sich um Quarz, der sich 15- bis 20mal weniger ausdehnt als Glas. Daher werden Geräte für das chemische Laboratorium aus Quarzglas hergestellt. Für den Hausgebrauch ist es leider viel zu teuer. Das Bestreben der Glasindustrie geht aber dahin, Glassorten zu finden, deren Leitfähigkeit für die Wärme so klein wie möglich ist.

Spannungen bei plötzlichen Temperaturveränderungen eines Glases treten auch auf, wenn z. B. ein heißes Glasgefäß an einer Stelle stark abgekühlt wird. Ein heißes Teeglas kann platzen, wenn ein Eiswürfel hineingeworfen wird. Dagegen bleibt ein glühend heißer Becher aus Quarzglas unbeschädigt, wenn er in kaltes Wasser getaucht wird.

Der Geysir aus der Flasche

Versuch

An einigen Stellen auf der Erde, z. B. auf Island, im Yellowstone-Nationalpark in den USA, auf Kamtschatka, brechen heiße Wasserstrahlen wie eine Fontäne aus dem Erdboden und fallen nach einiger Zeit wieder in sich zusammen. Nach einer Ruhepause wiederholt sich das Spiel in gleichen Zeitabständen, manchmal nach Minuten oder Stunden, manchmal auch erst nach Tagen. Eine derartige Erscheinung wird Geysir genannt. Wie funktioniert dieses Spiel der Natur?

Ein Versuch bringt die Erklärung. In einer zur Hälfte mit Wasser gefüllten Flasche von etwa 350 ml Fassungsvermögen wird das Wasser zum Sieden gebracht. In den Hals der Flasche kommt dann ein dicht schließender Kork. Er muß auch noch festgebunden werden, damit er vom Wasserdampf nicht herausgepreßt werden kann. Durch den Kork wird ein gebogenes Rohr gesteckt. Daran ist ein etwa 80 cm langer Schlauch angeschlossen, in dessen offenes Ende wir ein längeres Rohr senkrecht einstecken (Abb. 30b). Der Schlauch muß nach unten durchhängen. Sobald sich in der Flasche Dampf bildet, pufft er am oberen Ende des Rohres aus. Dann aber kondensiert sich der Dampf in der tiefsten Stelle des Schlauches. Es bildet sich Wasser und verhindert das Durchströmen

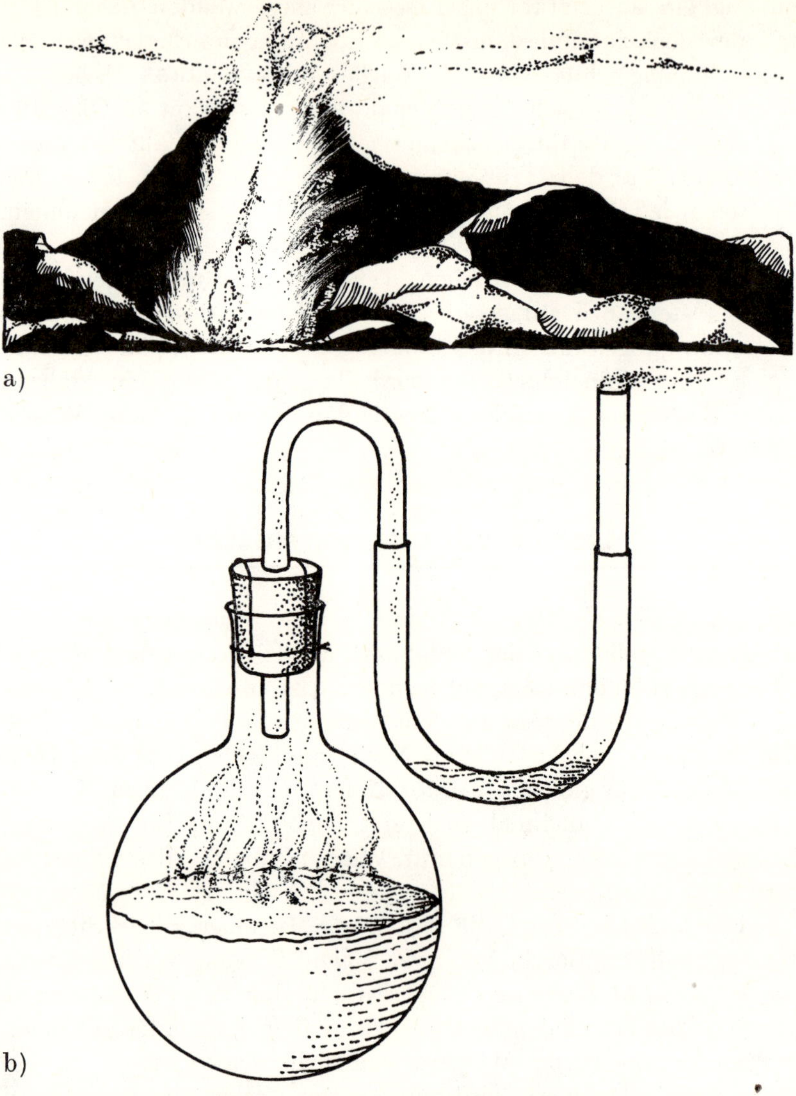

a)

b)

Abb. 30 Der Geysir aus der Flasche

des Dampfes. Wenn sein Druck groß genug geworden ist, stößt er den Wasserpfropfen aus dem Rohr aus. Das ist das Geysirphänomen.

Offenbar bildet sich in der Natur unterirdisch Wasserdampf. Nach Ausbruch eines Geysirs entsteht in der Erde ein neuer Wasserpfropfen, der beim nächsten Ausbruch hochgeschleudert wird.

Warme Luft steigt auf

Versuch

Es war eine Sensation für Paris und die Welt, als am 19. 9. 1783 die Brüder Montgolfier in Versailles einen Ballonaufstieg erfolgreich durchführten. In ihrer »Montgolfiere« nutzten sie den Auftrieb aus, den warme Luft hervorruft. Die warme Luft erzeugten sie durch ein Feuer, das sie unter dem unten offenen Ballon unterhielten. Die Luft wurde hier erhitzt und stieg nach oben in den Ballon hinein. Dort verdrängte sie die kalte und damit schwerere Luft. Der so mit einer Warmluftfüllung leichter gewordene Ballon erhielt immer mehr Auftrieb, bis er schließlich aufstieg.

Daß warme Luft aufsteigt, ist eine alltägliche Erfahrung. So wird z. B. die Luft über einem Heizkörper stark erwärmt und steigt hoch. Wer im Winter im Zimmer auf eine Leiter steigt, merkt, auch ohne auf ein Thermometer zu sehen, daß es da oben unter der Decke erheblich wärmer ist als am Fußboden. Öffnen wir ein Fenster, fließt oben die warme Zimmerluft nach außen, während am unteren Teil des Fensters kalte Luft hineinfließt. Sogar beim Öffnen einer Zimmertür ist dieser Vorgang nachzuweisen. Wir halten eine brennende Kerze in den schmalen Spalt einer geöffneten Tür. Unten zeigt die Flamme nach innen zu uns hin, oben von uns weg nach draußen.

Wie stark der Sog aufsteigender warmer Luft sein kann, zeigt der folgende Versuch. Dafür eignet sich am besten eine sehr leichte dünne Serviette. Wir knüllen sie zu einem lockeren Knäuel zusammen, das wir auf einen Teller legen und anzünden. Bald wird es vom Sog der heißen Luft hochgerissen. Es schwebt 1 bis 2 m in die Höhe, bis nur noch ein paar schwarze Flocken übrig sind. Sie sinken wieder langsam abwärts. Aber Vorsicht! Falls der an sich harmlose Versuch im Zimmer ausgeführt wird, könnten Gardinen und anderes leicht entflammbares Material in Brand gesteckt werden.

Wir können die Papierserviette auch zu einer Walze drehen und senkrecht aufstellen wie einen Schornstein. Die Rolle hebt sich beim Abbrennen hoch. Haben wir nur eine dicke Papierserviette zur Hand, kann der Versuch wegen des größeren Eigengewichts mißlingen. Dann hilft es oft, eine der vier oder fünf Lagen des Papiers abzulösen und damit zu experimentieren.

Die klappernde Münze auf der Flasche

Versuch

Die Legende berichtet, Newcomen habe seine Erfindung der Dampfmaschine der folgenden Beobachtung in der Küche zu verdanken, die wir selbst gelegentlich auch anstellen. In einem Topf, auf dem ein leichter Deckel liegt, wird Wasser zum Kochen gebracht. Sobald sich Dampf bildet, fängt der Deckel an zu klappern. Beim genauen Hinsehen stellen wir fest, daß sich der Deckel an einer Seite ein wenig hebt, ein Dampfwölkchen austreten läßt und wieder zurückfällt. Dieses Anheben erfolgt in ziemlich gleichen kurzen Zeitabständen und läßt den Deckel klappern. Der sich schnell entwickelnde Dampf dehnt sich aus und erzeugt in dem Raum über dem siedenden Wasser einen Druck, der ausreicht, den Deckel zu lüften.

Es ist aber unwahrscheinlich, daß Newcomen durch eine solche Beobachtung zur Erfindung seiner Maschine angeregt worden sein könnte. Als er 1711 seine erste Dampfmaschine aufstellte und verkaufte, baute er auf Vorarbeiten von so berühmten Physikern und Technikern wie Denis Papin, dem Erfinder des Dampfdruckkochtopfes, Robert Boyle und Thomas Savery auf.

In der modernen Küche gibt es heute meist Töpfe mit schweren Deckeln, die auch noch kleine Öffnungen für den Austritt des Dampfes besitzen. So ist das Klappern des Deckels oft nicht mehr zu hören. Wir können das Heben und Senken aber in einem anderen Versuch beobachten. Den Rand der Öffnung an einem Flaschenhals feuchten wir mit einigen Tropfen Wasser an und legen eine die Öffnung bedeckende Münze darauf. Das Wasser dichtet den schmalen Spalt zwischen Flaschenhals und Münze ab. Nun umfassen wir die Flasche mit beiden warmen Händen. Nach einiger Wartezeit hebt sich das Geldstück und klappt wieder zurück. Das Spiel wiederholt sich einige Male.

Die Erklärung ist einfach. Die Wärme der Hände überträgt sich durch die Flaschenwand auf die in der Flasche befindliche Luft. Sie dehnt sich aus. Der Druck in der Flasche steigt an, bis er ausreicht, die Münze ein wenig anzuheben. Sofort erfolgt Druckausgleich mit der Außenluft. Das Gewicht der Münze läßt sie darauf zurückfallen. Natürlich geht das Spiel nicht unbegrenzt weiter. Es ist zu Ende, wenn die Temperatur der Luft in der Flasche nicht mehr weiter durch die Hände erhöht werden kann und somit keine weitere Ausdehnung eintritt.

Das Luftvolumen in einer Flasche kann sich recht erheblich ausdehnen, wenn wir die Temperatur mehr steigern, als es mit der Wärme der Hände möglich ist. Dazu stellen wir die Flasche in ein Gefäß mit heißem Wasser. Dann gelingt der Versuch mit der Münze noch besser. Um zu zeigen, wie stark sich das Luftvolumen vergrößern kann, ziehen wir einen Kinderluftballon über die Flaschenöffnung. Zum Abdichten spannen wir einen Gummifaden fest um den auf dem Flaschenhals sitzenden Ballon. Wir tauchen die Flasche in heißes Wasser, und bald bläht sich der Ballon auf.

Das kalte Herz der Kerzenflamme

Versuch

Eine brennende Kerze auf dem Tisch zu löschen ist nicht schwer. Wir blasen sie einfach aus. Nur gibt es dabei ein Problem. Mit dem Luftzug, den wir beim Blasen erzeugen, spritzen auch flüssige Wachstropfen von der Kerze weg. Sie fallen auf das Tischtuch. Das Wachs erkaltet dort und klebt in Form kleiner fester Tropfen auf dem Tuch fest, was uns natürlich nicht gefällt.

Wir können auch ein Metallhütchen über die Flamme stülpen und ihr so den zum Brennen nötigen Sauerstoff entziehen. Die Flamme erstickt zwar, aber meist ist der Docht in das Wachs gedrückt. Dann ist ein Wiederanzünden erschwert. Besser ist es schon, wir feuchten Daumen und Zeigefinger gut an und drücken mit den Fingern den Docht zusammen. Angst brauchen wir nicht zu haben; es schmerzt nicht, wenn wir so in die heiße Flamme und an den Docht greifen. Die dünnen Wasserschichten auf den Fingern isolieren kurzzeitig gegen die Wärme der Flamme. Auch dürfte eine wenn auch geringe Menge Wasser verdampfen und eine schützende Dampfschicht zwischen Finger und Flamme bilden.

Der Docht selbst ist warm, nicht heiß. Seine Temperatur muß nur genügen, das Material, aus dem die Kerze besteht (Stearin, Wachs), zu verflüssigen und aus der Vertiefung oben in der Kerze hochzuleiten. Dann kann das Wachs angezündet werden, bzw. es brennt in der schon existierenden Flamme weiter. Diese ist nicht überall gleich heiß. Wir weisen das mit einem Draht nach, den wir

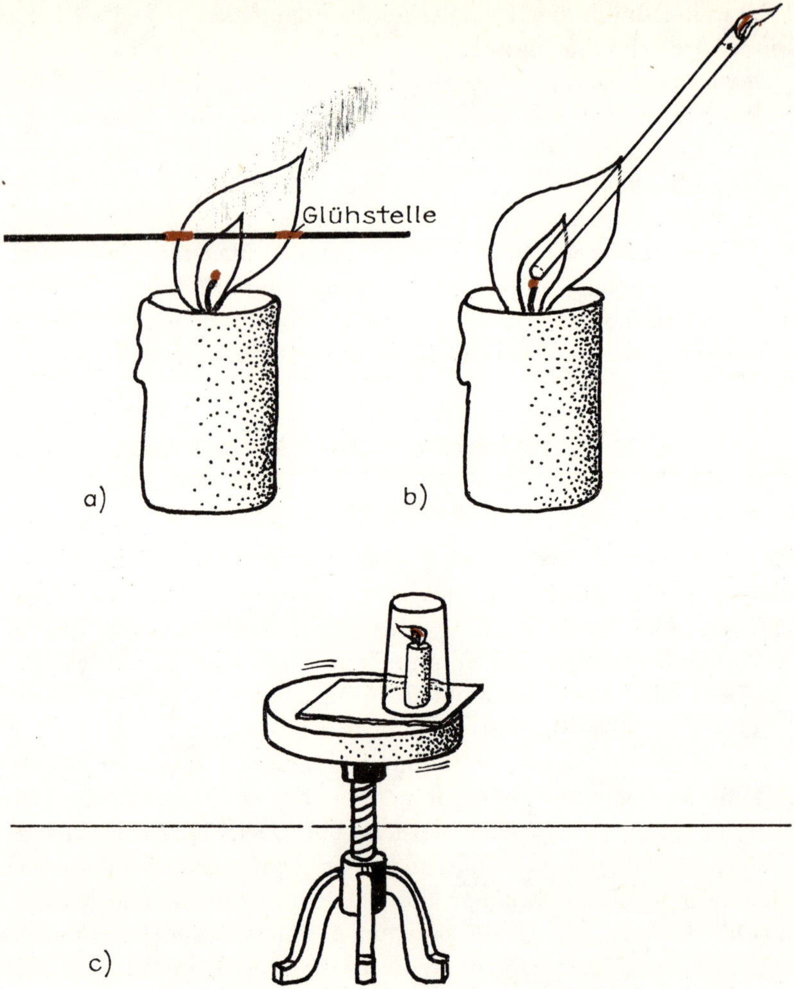

Abb. 31 Das kalte Herz der Kerzenflamme

quer in die Flamme halten, dicht an den Docht (Abb. 31a). Wenn der Draht dünn ist, nimmt er schnell die Temperatur der heißen Stellen an, ohne sie sofort an die kälteren weiterzuleiten. Der Draht glüht an der äußeren Begrenzung der Flamme auf, mitten in ihr bleibt er dunkel. Nach einiger Zeit glüht der Draht natürlich in seiner ganzen Länge. Für solche Experimente verwenden wir am besten eine dicke Kerze, die eine recht große Flamme erzeugt.

Wir können auch ein noch ungebrauchtes Streichholz schnell in die Flamme stoßen, bis das Köpfchen des Holzes an den Docht reicht. Das Streichholz fängt außen an der Flamme an zu brennen, sein Köpfchen kommt aber nicht in Brand. Schließlich können wir sogar bei einer großen Kerzenflamme sehen, daß ihre Mitte dunkler aussieht als der Rand, ein Zeichen, daß die Mitte weniger heiß ist.

Die Erklärung für diese Temperaturunterschiede liegt nahe. Die Außenstellen einer Kerzenflamme kommen mit dem Sauerstoff der Luft direkt in Berührung. Hier erfolgt die heftigste Verbrennung der aus dem Wachs gebildeten Gase. In die inneren Bezirke der Flamme gelangt immer weniger Sauerstoff. Die Verbrennung geht zurück. Im Kern ist sogar noch völlig unverbranntes Gas vorhanden. Wir können es mit einem dünnen Röhrchen aus Glas oder Metall nachweisen. Mit Hilfe einer Zange halten wir sein eines Ende schräg geneigt in die Flamme in die Nähe des Dochtes (Abb. 31b). Dann läßt sich am oberen Ende des Röhrchens das ausströmende Gas anzünden. Es brennt mit einer kleinen Flamme.

Sinkt die Temperatur in der Randzone der Flamme unter die Temperatur, die zum Entflammen des Gases erforderlich ist, muß die Flamme erlöschen. Wir kühlen die Kerzenflamme von außen so weit ab, daß dies geschieht. Dazu drehen wir eine Schraubenfeder aus Kupferdraht. Den 3 mm dicken Draht biegen wir zu vier bis fünf Windungen um einen Bleistift. Senken wir die Drahtschraube an einer Zange von oben langsam über die Flamme, erlischt diese. Kupfer ist ein guter Wärmeleiter. Das Metall leitet so viel Wärme von der Flamme ab, daß sie nicht mehr brennen kann. Haben wir die Drahtwindungen vorher an einer anderen Flamme erhitzt, brennt die Kerze beim Überstülpen der Drahtfeder ruhig weiter.

Die Flamme steigt schön von der Kerze nach oben. Solange kein Windzug auf sie einwirkt, steht sie ruhig. Aber schon eine geringe Luftbewegung läßt sie zucken und flackern. Warum richtet sich die Flamme nach oben auf? Bei der Verbrennung des flüssigen Kerzenmaterials entstehen Flammengase, hauptsächlich Kohlendioxid und Wasserdampf. Sie sind spezifisch leichter als die umgebende kalte Luft und steigen daher empor. Ferner wird auch in unmittelbarer Nähe der Flamme die Luft erhitzt und bewegt sich aufwärts.

Dieses Verhalten der Flamme können wir sogar sichtbar machen. Dazu brauchen wir eine möglichst punktförmige Lichtquelle. Als solche verwenden wir einen Projektionsapparat, dessen Kondensorlinse wir so einstellen, daß die Wendel der Lampe in einigem Abstand auf einem Karton scharf abgebildet wird. Statt des Projektionsapparates können wir auch als Lichtquelle die Scheinwerferlampe eines Autos ohne die zugehörigen Hohlspiegel und Linsen benutzen. An der Stelle, an der das Bild der Wendel entsteht, stechen wir ein kleines Loch (Durchmesser etwa 2 mm) in den Karton. Hinter ihm stellen wir die Kerze mit ihrer Flamme auf. Dann sehen wir auf einer weißen Wand oder einem weißen Karton als Auffangschirm das Schattenbild der Kerze. Die Flamme selbst erkennen wir nicht. Jedoch bewegen sich an der Stelle, an der eigentlich das Bild der Flamme stehen sollte und darüber, helle und dunkle Schatten schnell nach oben. Wir nennen sie Schlieren. Sie werden von den aufsteigenden, nicht direkt sichtbaren Gasen hervorgerufen und zeigen sie damit an.

Die Flamme wird von der kalten Luft der Umgebung abgekühlt. Auch vermischen sich die brennenden Gase mit dieser Luft. Dadurch bleibt die Höhe der Flamme gering. Verhindern wir aber das Vermischen mit der Luft etwas, dann treibt die Verbrennungswärme die Flamme in die Höhe. Sie wird länger. Das können wir beobachten, wenn wir eine etwa 20 cm lange, breite Röhre über Kerze und Flamme stülpen. Wer einen entsprechenden Glaszylinder besitzt, kann die Flamme dann gut von der Seite betrachten. Die Aufwärtsbewegung wird stärker. Es entsteht ein »Zug« wie im Schornstein. Bei den früher benutzten Petroleumlampen wurde immer ein derartiger Zylinder über die Flamme gestellt. Damit wurde eine lange und gut leuchtende Flamme erhalten.

Kann eine Kerzenflamme auch nach einer anderen Richtung als nach oben brennen? Die Frage erscheint absurd. Wir sehen es als selbstverständlich an, daß die Gase, also die Verbrennungsprodukte, aufsteigen. Sie unterliegen wie alles auf der Erde der Schwerkraft, der Gravitation. Wie aber, wenn diese wegfällt? Leider können wir nicht mit Astronauten in den Weltraum fliegen und so in den schwerelosen Zustand geraten. Aber in einem Experiment ist es möglich, die Gravitationskraft kurzzeitig auszuschalten. Dazu hängen wir die brennende Kerze in eine möglichst große, oben offene Flasche. Wir lassen es nicht so weit kommen, daß die Flamme wegen Mangels an Sauerstoff erlischt. Vielmehr lassen wir die Flasche samt der Kerze gleich nach deren Einhängen einige Meter tief in einen Korb fallen, der mit weichem Material gefüllt ist.

Wie verhält sich die Kerzenflamme? Sofort nach der Freigabe der Flasche zum freien Fall duckt sie sich und erlischt dann rasch. Die Schwerkraft ist während des Falls ausgeschaltet. Offenbar verbleiben jetzt die Verbrennungsgase am Ort ihres Entstehens. Sie ersticken die Flamme, die nicht aufsteigen kann.

Ob die Flamme auch nach der Seite gerichtet brennen kann? Wir kleben die brennende Kerze auf den Rand eines Brettes, das wir auf einen Klavierschemel oder den Teller eines Plattenspielers stellen (Abb. 31c). Über die Kerze stülpen wir ein Becherglas. Es soll bei einer Rotation die Flamme vor seitlichem Zugwind schützen. Kerze und Glas müssen mit Klebstreifen gut gesichert werden, damit sie bei der Drehung nicht umfallen bzw. abrutschen. Setzen wir den Aufbau in schnelle Umdrehung, zeigt die Flamme nach innen zum Mittelpunkt der Drehung hin. Die die Flamme umgebende kalte Luft ist spezifisch schwerer als die Flammengase. Diese Luft unterliegt infolgedessen einer stärkeren Zentripetalkraft. Die entstehende Strömung zur Mitte hin drängt die Flamme auch in diese Richtung.

Schließlich wollen wir noch prüfen, ob in der Flamme alles aus der Kerze verflüssigte Material restlos verbrennt. Wir halten einen kalten Gegenstand, z. B. ein Stück Glas oder eine Porzellanschale, gegen die hell brennende Flamme. In kurzer Zeit setzt sich auf den Gegenständen eine schwarze Rußschicht ab. Es handelt sich um unverbrannten Kohlenstoff, der aus den Kohlenwasserstoffverbindungen des Kerzenmaterials stammt.

Das Gleis ohne Lücken

Ratata – ratata – eintönig, einschläfernd klingt das ununterbrochene Rattern der Räder bei einer Fahrt mit der Eisenbahn. Die Ursache dafür sind kleine Lücken zwischen den Schienen, die sogenannten Stoßfugen. Sie sind nötig, um den Schienen die Ausdehnung bei starker Erwärmung durch die Sonne zu ermöglichen. Feste Körper zeigen nämlich eine Zunahme der Länge, wenn sich ihre Temperatur erhöht. Wird z. B. ein 1 m langer Kupferstab von 0 °C auf 1 °C erwärmt, so nimmt seine Länge um 0,000016 m zu, die eines Eisenstabes um 0,000013 m, die eines Aluminiumstabes um 0,00024 m; andere Metalle reagieren ähnlich.

Das erscheint sehr wenig. Aber im allgemeinen nimmt die Temperatur um mehr als 1 °C zu, und außerdem sind die Ausgangslängen größer als 1 m. So dehnt sich ein 10 m langer Eisenstab, der um 50 °C erwärmt wird, schon um 0,0065 m = 6,5 mm aus, eine 100 m lange eiserne Brücke um 6,5 cm. Daher sind solche Brücken nur auf einer Seite fest gelagert; auf der anderen Seite liegen sie beweglich auf Eisenrollen auf. So kann sich die Länge der Brücke der Temperatur anpassen, ohne daß ihre Verlängerung Schäden an den Widerlagern hervorruft. Zwischen der Brückenkante und dem Widerlager muß dann eine Fuge frei gelassen werden. Sie wird mit einer beweglichen Masse ausgefüllt.

Eine Fuge muß auch bei der Eisenbahn dafür sorgen, daß sich die Schienen bei starker Erwärmung genügend ausdehnen können, und zwar ungehindert. Die nötigen Lücken sind die Stoßfugen, die den Reisenden durch das Rattern stören. Sie fielen früher, als nur Schienen mit 15 m Länge hergestellt werden konnten, besonders stark auf. Beim Bau der Gleise wird ein Temperaturunterschied von —30 °C im Winter auf +60 °C im Sommer zugrunde gelegt. Wenn die Schiene bei einer Temperatur von +15 °C im Gleis eingebaut wurde, waren das Differenzen von je 45 °C. Die Stoßfuge mußte

$$\text{dann } l = 0{,}000013 \, \frac{1}{\text{grd}} \cdot 15 \text{ m} \cdot 45 \text{ grd} \approx 0{,}009 \text{ m} = 9 \text{ mm breit}$$

sein. Um die Stöße zu verringern, ging die Bahn zu 30 m langen Schienen über. Damit wurde zwar die Anzahl der Stöße beim Darüberfahren herabgesetzt, die Breite der Stoßfuge aber verdoppelt, also auf 18 mm erhöht.

Das ärgerliche Fahrgeräusch war so verbessert. Es blieb aber immer noch ein großer Verschleiß an Material. Jedes Rad eines Waggons oder einer Lokomotive fiel in die Stoßfuge hinein und prallte gegen den gegenüberliegenden Schienenkopf. Dabei wurde diese Stelle wie von einem Dampfhammer bearbeitet, denn der Achsdruck betrug immerhin 80000 bis 100000 N. Die Abnutzung des Schienenkopfes war infolgedessen erheblich. Hinzu kam noch der Verschleiß an dem rollenden Material selbst. Kein Wunder, daß die Bahnverwaltung um Abhilfe besorgt war. Die Stoßfugen sollten noch mehr oder möglichst ganz beseitigt werden.

Zunächst kam Hilfe von den Walzwerken. Sie können heute Schienen bis zu 60 m Länge herstellen. Die Stoßfuge muß dann aber

35 mm breit sein, und das Rad fällt folglich noch stärker hinein. Noch längere Schienen sind aber aus einem anderen Grunde gar nicht brauchbar. Wir müssen nämlich daran denken, daß eine Schiene nicht frei auf dem Gleisbett aufliegt. Sie ist mit Bolzen und Laschen auf Schwellen festgeschraubt. Bei noch längeren Schienen und extremen Temperaturschwankungen vergrößern sich die Zugkräfte an den Schienen beim Verlängern an den Schienenlaschen so enorm, daß die zur Befestigung hindurchgesteckten Bolzen abgeschert werden. Das bedeutet, das Gleis ist zerstört, und ein darüberfahrender Zug muß entgleisen.

So ist es verständlich, daß die Techniker der Eisenbahn gründliche Untersuchungen darüber anstellten, ob sich nicht doch eine Verbesserung bezüglich der Stoßfugen finden läßt. Dabei kamen sie zu überraschenden Ergebnissen. Zunächst stellten sie fest, daß die Längenänderung von Stäben bei Temperaturschwankungen, so wie wir sie berechneten, für Schienen gar nicht zutrifft. Die Theorie gilt nur für frei bewegliche Stäbe. Die Schienen sind aber, wie schon erwähnt, fest eingespannt. Dadurch ergeben sich Reibungswiderstände zwischen dem Gleisgestänge und dem Unterbau. Diese Widerstände wirken der Änderung in der Länge entgegen und stützen sie auch seitlich. Außerdem geben die Stoßfugen der Bewegung in der Längsrichtung der Schiene nur teilweise Raum. So wird z. B. eine 30-m-Schiene so verlegt, daß bei einer Temperatur von +26 °C die Stoßlücke gerade ohne Spannung geschlossen ist. Bei tieferen Temperaturen kann sich die Schiene ohne Schwierigkeiten verkürzen. Bei höheren Temperaturen tritt dagegen eine Druckspannung in der Längsrichtung auf. Die Techniker untersuchten nun die Frage, ob diese Kräfte zur Ausbiegung in horizontale oder vertikale Richtung führen können, zur sogenannten Gleisverwerfung.

Die versuchstechnischen Untersuchungen, die seit 1934 durchgeführt wurden, brachten überraschende Ergebnisse. Werden mehrere kurze Schienen zu einer Länge von mehr als 90 m miteinander verschweißt und fest in einem Gleis eingebaut, dann können nur die Enden auf Längen von 40 m »atmen«, also ihre Länge ändern. Der Mittelteil der Langschiene liegt bei jeglichen Temperaturschwankungen zwischen —30 °C und +60 °C auf jeden Fall fest. Jede Schiene über 90 m Länge braucht für ihren mittleren Teil keine Stoßfugen. Es ist dann belanglos, ob dieser Mittelteil 20 m oder 2 km lang ist. Seit 1950 etwa werden deshalb die Schienen auf lange Strecken verschweißt.

Es bleibt noch die Frage offen, ob bzw. wann Verwerfungen eintreten können. Nun ist es so, daß ein elastischer, gerader Stab, der auf einer festen, starren Unterlage befestigt ist, in seinem Elastizitätsbereich gar nicht ausknicken kann. Die Natur sorgt stets dafür, daß die Energie, die für die Änderung einer Form erforderlich ist, möglichst klein bleibt, also ein Minimum ist. Das trifft auch für den Stab zu. Er zeigt daher das Bestreben, gerade zu bleiben. Bevor ein solcher Stab knicken kann, erreichen die Kräfte in der Längsrichtung eine Größe, die die Quetschgrenze des betreffenden Werkstoffs überschreiten kann. Es muß aus diesem Grunde dafür gesorgt werden, daß die Quetschgrenze möglichst hoch liegt. Dies gelingt, wenn die Schienen bei einer günstigen Temperatur verschweißt werden, die Eigenspannung der Schiene vermindert und die Biegungssteifigkeit im Gleis vergrößert wird. Schließlich — und das ist besonders wichtig – wird ein Material verwendet, das eine hohe Quetschgrenze hat. Dann entsteht im Gleis ein Reibungswiderstand, der so groß ist, daß die Gefahr der Verwerfung ausgeschlossen ist.

Sind die Voraussetzungen erfüllt, können die Schienen auf lange Strecken miteinander verschweißt werden. Es entsteht das lückenlose Gleis. Kritisch bleibt die Verlegung lückenloser Gleise in Kurven mit einem Radius unter 500 m. Hier ist immer noch die Stoßfuge erforderlich, weil dann die Hauptvoraussetzung, die Geradlinigkeit der Schiene, nicht erfüllt ist.

Aus Zeitungsberichten wissen wir, daß dennoch Gleisverwerfungen auftreten, die in seltenen Fällen zu Entgleisungen führen. Sie haben die Ursache darin, daß die Haftreibung der Schienen bzw. Gleise in ihrer Bettung überwunden wird. Das kann an sehr heißen Sommertagen eintreten, wenn sich die beiden Schienen im Gleis ungleichmäßig erwärmen. Meist sind aber Schwingungen der Schienen schuld. Sie werden von den darüberrollenden Zügen erzeugt. Jeder Stab kann durch eine auf ihn ausgeübte Kraft zum Schwingen angeregt werden. Bei einem Schlag auf einen Eisenstab stellen wir das fest durch den entstehenden Ton. Der Stab biegt sich dabei in einer bestimmten Biegungslinie mit einer bestimmten Wellenlänge. Auf die Schienen wirken durch die Räder eines Zuges Kräfte in immer gleichbleibendem Rhythmus ein. Dabei können Schwingungen erzeugt werden, deren Wellenlänge zufällig mit der Wellenlänge der Biegungslinie der Schiene übereinstimmt. Dann wird auf mehreren Metern Länge die Berührung zwischen dem Oberbau der Schiene und ihrer Bettung aufgehoben. So entfallen die Wirkung der elastischen Querstützung und die der seitlichen Reibung. Die Schiene beginnt zu gleiten, die Verwerfung ist möglich.

Bei sehr kalten Wintern kann es vorkommen, daß besonders niedrige Temperaturen eine extrem hohe Zugspannung in der Schiene hervorrufen. Dann entsteht ein Bruch der Schiene, ein Riß, sozusagen von selbst eine Stoßfuge. Sie wird dem Betrieb nicht schädlich. Es ist eine der Aufgaben der sogenannten Streckenläufer, die die Gleise abschreiten, auf derartige Risse zu achten und sie zu melden. Sie müssen dann neu verschweißt werden. Im übrigen kontrollieren die Streckenläufer die Festigkeit der Schrauben an den Schienen und den sonstigen gesamten Gleiszustand.

Straßenbahnschienen werden ebenfalls lückenlos verlegt. Hier liegen die Verhältnisse insofern günstiger, als der Oberbau in die Fahrbahndecke der Straße eingepflastert ist. Der verhältnismäßig kühle Untergrund läßt dann keine so großen Schwankungen der Temperatur und damit geringere Zug- und Druckspannungen auftreten wie bei den freiliegenden Eisenbahnschienen.

Der Sturm im Wasserglas

Versuch

Daß ein Weinglas beim Anstoßen einen hellen Klang ertönen läßt, ist bekannt. Den Ton können wir auch erzeugen, indem wir mit dem Finger rund um die (glatte und unbeschädigte) Oberkante des Glases reiben. Am leichtesten gelingt das, wenn der Finger angefeuchtet ist. Wir geben etwas Wasser in das Glas und tauchen den Finger vor dem Reiben jedesmal ein. Nach einigem Üben ist es uns möglich, einen schönen hellen Ton zum Klingen zu bringen. Es gibt Künstler, die eine große Anzahl von kleinen und größeren Gläsern so abzustimmen vermögen, daß sie darauf eine Melodie spielen können. Sie geben ein »Glaskonzert«.

Wie kommt ein solcher Ton zustande? Das Glas gerät durch Anstoßen oder Reiben in Schwingungen. Wir können diese äußerst geringen Bewegungen leider nicht sehen. Halten wir aber vorsichtig die Zungenspitze an die schwingende Glaswand, verspüren wir ein unangenehmes Kribbeln. Die Schwingungen der Glaswand können wir auf einem Umweg sichtbar machen. Dazu füllen wird das Glas fast bis zum Rand mit Wasser. Wenn wir es jetzt zu kräftigem, lautem Klingen anregen, sehen wir auf der Wasserfläche Wellen vom Glasrand nach der Mitte hin laufen. Tönt das Glas längere Zeit, läuft eine ganze Serie von Wellen hintereinanderher.

Besonders interessant wird die Beobachtung von der Seite aus. Wir bringen unser Auge in die Höhe der Wasserfläche, so daß wir streifend darüber hinwegschauen. Sobald der Ton des Glases zu hören ist, sehen wir kleine Wassersäulen über die Fläche emporsteigen. Sie entstehen durch kleinste Wassertröpfchen, die hochgeschleudert werden, vergleichbar einem richtigen Sturm. In der Mitte des Wassers, dort, wo die von allen Seiten kommenden Wellen aufeinanderstoßen, erhebt sich ein feiner Sprühregen. Er kann sogar über den Rand des Glases hinausgelangen, so daß Wasser außen am Glas abfließt.

Schall läßt sich leiten

Versuch

In Indianergeschichten wird erzählt, daß Indianer ihr Ohr auf den Boden legen, um zu hören, ob Pferde in weiter Ferne galoppieren. Die Reiter sind selber weder zu sehen noch durch die Luft zu hören. Die Erde leitet das Geräusch, das die Pferdehufe erzeugen, besser weiter als die Luft. Das Herannahen eines Eisenbahnzuges oder einer Straßenbahn könnten wir schon in weiter Entfernung auf den Schienen mit dem Ohr feststellen, falls wir es auf sie legen dürften. Das Eisen leitet den Schall sogar noch besser als die Erde.

Es ist für uns einfacher und vor allem ungefährlich, entsprechende Experimente zu Hause auszuführen. Wir legen eine Uhr auf das eine Ende eines Tisches. Eine Tischdecke nehmen wir vorher besser ab. Halten wir unser Ohr an das andere Ende des Tisches, vernehmen wir das Ticken der Uhr deutlich. Holz leitet den Schall.

Das können wir ausnutzen, um Gespräche zu belauschen, die hinter einer verschlossenen Tür geführt werden. Es nützt nichts, durch das Schlüsselloch zu schauen und daran zu horchen. Aber wenn wir ein Stück Holz auf die Tür drücken und unser Ohr auf das Ende des Holzes pressen, sind die auf der anderen Seite der Tür gesprochenen Worte leise zu hören. Die von den sprechenden Personen ausgehenden Schallschwingungen pflanzen sich durch die Luft in dem Raum fort bis zur Tür, die ebenfalls in Schwingungen gerät. Sie sind freilich normalerweise nicht zu hören. Bringen wir jedoch unser Ohr mit Hilfe eines Holzstabs unmittelbar mit der Tür in Berührung, nehmen wir die Schwingungen auf und hören die gesprochenen Worte. Auch die Fensterscheiben geraten entsprechend in Schwingungen; kein Wunder, daß es möglich ist, über sie mit den Mitteln höchstempfindlicher elektronischer Geräte die Unterhaltung in einem Zimmer zu belauschen.

Unsere Knochen sind gute Leiter für den Schall. Zum Beweis halten wir eine tönende Stimmgabel an einen Zahn. Sofort hören wir den Ton sehr laut im Ohr klingen. Selbst wenn beim Abklingen der Stimmgabel der Ton durch die Luft nicht mehr wahrzunehmen ist, vermitteln uns die Zähne noch kurze Zeit einen Ton. Die Zähne übertragen die ihnen aufgesetzten Schwingungen über das Knochengerüst des Kopfes zu unserem Hörorgan. Wer keine Stimmgabel zur Verfügung hat, kann den Versuch mit einer ganz aus Metall bestehenden Gabel aus dem Eßbesteck ausführen. Die Zinken der Gabel müssen kräftig angeschlagen werden. Dann hören wir, wenn sie einen Zahn berührt, einen Ton.

Wir können auch eine Uhr verwenden. Nehmen wir sie zwischen die Lippen, ist ihr Ticken nicht zu vernehmen, fassen wir sie aber vorsichtig zwischen die Zähne, hören wir das Ticken deutlich. Die Versuche mit den Zähnen mißlingen, wenn die Versuchsperson keine eigenen Zähne mehr hat, sondern eine Zahnprothese trägt. Es fehlt dann für die Leitung des Schalls der direkte Zusammenhang zwischen Zahn und Kieferknochen.

Wie gut unsere Knochen den Schall leiten, läßt sich vielleicht noch verblüffender demonstrieren, wenn wir zeigen, daß Töne auf diese Weise durch die ganze Länge des Körpers fortgepflanzt werden können. Wir suchen aus dem Vorrat in der Küche eine Gabel, die beim Anschlagen oder Anzupfen schön laut erklingt. Eine Versuchsperson zieht einen Schuh und den Strumpf aus. Nun fassen wir die Gabel in der Mitte und schlagen sie stark an. Sobald sie ein wenig abgeklungen ist, stellen wir sie auf den großen Zeh der Versuchsperson. Sie hört den Ton selbst dann noch, wenn er durch die Luft schon unhörbar wurde. Mit einer Stimmgabel gelingt der Versuch noch besser.

Schließlich können wir uns ein Glockengeläut vortäuschen. Dazu brauchen wir eine längere Metallstange oder einen Schürhaken oder eine Kehrichtschaufel und zwei Stühle. Letztere stellen wir mit einander zugekehrten Lehnen im Abstand von einigen Zentimetern auf. Wir binden ein Versuchsobjekt, etwa die Stange, an eine doppelte Schnur und drücken die freien Enden der Schnüre mit den Fingern rechts und links in die Ohren. Bei leicht vorgebeugtem Oberkörper lassen wir den angehängten Gegenstand zwischen den Lehnen der Stühle hin und her pendeln. Bei jedem Anstoß an eine Lehne hören wir einen vollen, weichen Ton. Alle Töne addieren sich zu einem Glockenläuten.

Selbst ein einfacher Zwirnsfaden leitet den Schall gut. Mit einem solchen Faden läßt sich sogar ein Telefon bauen. Wir entfernen von zwei mittelgroßen leeren Konservendosen die Deckel. In jeden der beiden Böden bohren oder schlagen wir ein kleines Loch. Durch diese Löcher ziehen wir einen viele Meter langen Faden. An jedes seiner Enden binden wir ein Stückchen eines Streichholzes. Die Hölzchen verhindern, daß der Faden wieder aus den Dosen herausrutscht, wenn wir jetzt den Faden straff ausspannen. Wir sprechen leise in die Öffnung der einen Dose hinein. Eine Versuchsperson hält die Öffnung der anderen Dose an ihr Ohr und hört, was wir ihr so zutelefonieren. Der Faden darf aber nirgends aufliegen.

Das Regenschirm-Telefon

Versuch

Ein Rasierspiegel, in dem wir unser vergrößertes Bild betrachten können, ist ein Hohlspiegel. Mit ihm stellen wir einen Vorversuch an. In einem verdunkelten Raum halten wir eine Taschenlampe ohne Linse vor den Spiegel. Schalten wir das Glühbirnchen ein, entsteht auf der gegenüberliegenden Wand ein Lichtfleck. Wir suchen durch Nähern und Entfernen der Lampe den Abstand vom Spiegel, bei dem der Lichtfleck gerade so groß ist wie die Glasfläche des Spiegels. Das Glühbirnchen steht jetzt im Brennpunkt des Hohlspiegels. Das Licht wird so reflektiert, daß die Lichtstrahlen den Spiegel parallellaufend verlassen. Es entsteht ein Scheinwerfer.

Was wir so mit Lichtstrahlen demonstriert haben, gilt genauso in der Akustik für Schallstrahlen. Dort ist jedoch die nur schwach gewölbte und recht kleine Fläche des Rasierspiegels dafür nicht geeignet. Ein aufgespannter Regenschirm, möglichst stark gewölbt, eignet sich gut als »Schallspiegel«. Als Schallquelle verwenden wir vorerst eine Weckeruhr, die laut tickt, oder – falls vorhanden – einen Taktgeber (Metronom). Damit haben wir die Geräte für einen Schirmspiegel als Sendeanlage zusammen. Die Empfangsanlage besteht einfach aus einem zweiten aufgespannten Schirm, der möglichst dem ersten gleicht.

Wir stellen die beiden Schirme mit den offenen Seiten der Wölbungen einander gegenüber auf. Die Schirmstöcke zeigen aufeinander zu und stehen in gleicher Richtung. Der Abstand der Schirme möge zunächst etwa 3 m betragen. Um die Stöcke so genau wie möglich auszurichten, spannen wir einen Faden zwischen ihnen aus. Ein Helfer leistet dabei gute Dienste. Wir halten unser Ohr in dem zweiten Schirm, dem Empfänger, dorthin, wo wir den Brennpunkt des als Hohlspiegel dienenden Schirms vermuten. Den Wecker bewegen wir im ersten Schirm, dem Sender, auch an einer Stelle, die seinem Brennpunkt entspricht. Wir verschieben den Wecker langsam an dem Schirmstock entlang, bis wir sein Ticken vernehmen. Auch unser Ohr ändert entsprechend seine Lage. Die beiden so erhaltenen Stellen in den Schirmen markieren wir an den Stöcken mit Klebstreifen, um sie jederzeit schnell wiederzufinden.

An diesen gekennzeichneten Punkten von Wecker und Ohr werden alle von dem im Brennpunkt stehenden Wecker ausgehenden Schallstrahlen an dem ersten Regenschirm so reflektiert, daß sie nahezu parallel zum zweiten Schirm gehen. Dort werden sie erneut an dem Schirm zu unserem Ohr hin reflektiert. Jetzt können wir den laut tickenden Wecker durch eine leise tickende Uhr, z. B. eine Taschenuhr oder Armbanduhr, ersetzen. Auch von ihr empfangen wir mit Hilfe unserer Schirme das Ticken. Wir vergrößern den Abstand von Sender und Empfänger. Es ist erstaunlich, wie viele Meter wir sie auseinanderschieben können, vorausgesetzt, sie bleiben exakt aufeinander ausgerichtet. Der Versuch kann im Freien, im Garten, sogar über 10 m und mehr gut gelingen. Bringen wir unseren Mund in den Brennpunkt des Senderschirms und flüstern einige Worte, sind sie von einer anderen Person, die ihr Ohr in den Brennpunkt des Empfängerschirms hält, deutlich zu hören und zu verstehen. Wir haben dann ein Regenschirm-Telefon gebaut.

Das Orten eines Singvogels

Versuch

Ein Vogel zwitschert sein fröhliches Lied. Wir möchten ihn gern nicht nur hören, sondern auch sehen. Aber wo steckt der kleine Kerl? Irgendwo in den Bäumen vor uns muß er sitzen. Unwillkürlich drehen wir den Kopf seitlich einige Male hin und her, um ihn besser zu hören. Plötzlich haben wir den Eindruck, jetzt sitzt der Vogel genau in der Richtung, in die wir gerade blicken. Und in der Tat entdecken wir ihn schnell auf einem Ast bei seinem Gesang.

Warum ist das Auffinden der richtigen Richtung durch das Drehen des Kopfes leichter geworden? Wir haben den Kopf so eingependelt, daß die Richtung zum Vogel als Mittelsenkrechte auf der Verbindungslinie von Ohr zu Ohr senkrecht steht. Dann sind die Wege von dem piepsenden Vogel, der Schallquelle, zu den beiden Ohren gleich lang. Für diese gleichen Wege stimmen auch die Zeiten, die der Schall von seinem Ursprungsort zu den Ohren, den Schallempfängern, braucht, überein. Liegt dagegen die Schallquelle seitlich vom Kopf, erreicht der Schall das näher gelegene Ohr früher als das etwas weiter entfernte. Es ist die Frage, ob das Verschwinden dieser sicher sehr geringen Zeitdifferenz beim Einpendeln des Kopfes wirklich ausreicht, um eine Richtungsangabe zu ermöglichen (Abb. 32a).

Um die Frage beantworten zu können, müssen wir die Zeiten ausrechnen. In der Abb. 32b ist zu diesem Zwecke ein rechtwinkliges Dreieck eingezeichnet. Darin ist angenommen, daß die Schallquelle um 45° von der erwähnten Mittelsenkrechten abweicht. Aus dem Dreieck ist abzulesen:

$$\sin 45^\circ = \frac{s}{a} \text{ oder } s = a \cdot \sin 45^\circ.$$

Der Abstand a der Ohren kann mit 17 cm angenommen werden. Dann ergibt sich $s = 17\text{ cm} \cdot 0{,}707 \approx 12\text{ cm}$. Weil der Schall im Normalfall in der Sekunde 340 m zurücklegt (in Luft), können wir die Zeit t berechnen, die er für die 12 cm braucht. Das sind in unserem Beispiel

$$t = \frac{1\,s \cdot 0{,}12\,m}{340\,m} = 0{,}00035\,s = \frac{1}{2857}\,s,$$

also nahezu 1/3 000 s.

Es ist fast unvorstellbar, daß unser Hörorgan und unser Gehirn, wo die Hörempfindungen verarbeitet werden, einen so minimalen Zeitunterschied feststellen können. Ja, noch mehr! Sie schließen daraus, daß sich die Schallquelle um 45° seitlich zu dem näher gelegenen Ohr hin befindet.

Daß unsere Ohren sogar für noch kürzere Zeitunterschiede empfindlich sind, läßt sich mit einem Versuch nachweisen. Wir setzen eine Versuchsperson mit dem Rücken vor einen Tisch und verbinden ihr die Augen. Danach kennzeichnen wir die Mitte eines etwa 1 m langen Schlauchs mit einem lose umgebundenen Faden und legen ihn hinter der Versuchsperson auf den Tisch. Sie steckt sich die Enden des Schlauchs links und rechts in die Ohren. Wir fordern sie auf, mit ausgestrecktem Arm die Richtung anzuzeigen, aus der sie einen Schall ankommen hört. Schlagen wir mit einem Bleistift leicht auf die Mitte des Schlauchs, zeigt die Versuchsperson genau geradeaus nach vorn. Klopfen wir seitlich rechts von der Mitte auf, zeigt der Arm nach dieser Seite schräg rechts nach vorn. Wir können mit dem Klopfen von rechts nach links ab der Mitte des Schlauchs wechseln – der Arm wechselt ebenfalls sofort auf die andere Seite. Es wird aber immer nach vorn gezeigt, obwohl der Schall von hinten kommt. Die Versuchsperson kann also nicht unterscheiden, ob der Schall von einer Stelle vor oder hinter ihr ausgeht.

Erstaunlich ist nun, wie gering die Abweichung von der Mitte des Schlauchs sein kann, um sogleich die richtige Anzeige der Richtung auszulösen. Selbst wenn wir nur in 1 cm Abstand von der Mitte auf den Schlauch klopfen, zeigt unsere Versuchsperson nicht mehr genau auf die Mittellinie. Ein Wegunterschied von 1 cm und der damit zusammenhängende Zeitunterschied für den Schall genügen daher bereits, um die Richtung festzulegen. Wir wollen diese Feststellung aber noch besser nachprüfen.

Ist der Weg nur um 1 cm länger oder kürzer als der Weg s in der Abb. 32b angegeben, also $s_1 = s \pm 1$ cm, dann vergrößert sich der Bereich, in dem die Schallquelle gesucht wird. Die Winkel α in den rechtwinkligen Dreiecken können wir berechnen. Es ist s =

$a \cdot \sin 45°$ und $s_1 = a \cdot \sin \alpha$. Für $s_1 > s$ ist $s_1 - s = 1$ cm. Also $a \cdot \sin \alpha_1 - a \cdot \sin 45° = 1$ cm. Daraus folgt:

$$\sin \alpha_1 = \frac{1\,\text{cm} + a \cdot \sin 45°}{a} = \frac{1\,\text{cm} + 17\,\text{cm} \cdot 0{,}707}{17\,\text{cm}} =$$

$$= 0{,}7660$$

und $\alpha_1 = 50°$.

Für $s_2 < s$ ist $s - s_2 = 1$ cm, und nach entsprechender Rechnung folgt $\sin \alpha_2 \approx 0{,}6500$ und $\alpha_2 = 40°$.

Was sagen uns diese Ergebnisse? Liegt eine Schallquelle in Richtung 45° seitlich vor uns, und gibt es eine Abweichung der Abstände von der Schallquelle zu unseren Ohren um nur 1 cm, dann weicht der Winkel, unter dem wir sie vermuten, bereits um $\pm 5°$ von der wahren Richtung ab. Der Fächer, den die Schenkel eines solchen Winkels einschließen, ist so groß, daß in einiger Entfernung die Schallquelle nicht mehr genau lokalisiert werden kann.

Wesentlich anders sind die Ergebnisse, wenn sich die Schallquelle geradeaus vor uns befindet. Liegt sie nicht genau auf der Mittellinie, sondern so, daß die Wege von ihr zu unseren Ohren um 1 cm differieren, dann überdeckt der Fächer nur 3°. Auch bei einem größeren Abstand der Schallquelle zu uns kann sie in einem sehr engen Bereich lokalisiert werden. Wir pendeln also unseren Kopf durch Drehen so ein, daß wir von einem großen Winkelfächer zu einem möglichst kleinen übergehen. Sobald er erreicht ist, wissen wir, daß die Richtung zur Schallquelle die Senkrechte auf der Verbindungslinie von Ohr zu Ohr ist.

Interessant ist unter diesen Umständen die Zeitdifferenz, auf die unser Ohr anspricht. Für einen Winkel $\alpha = 3°$ ist der Wegunterschied $s = 17\,\text{cm} \cdot \sin 3° = 17\,\text{cm} \cdot 0{,}052 = 0{,}884$ cm. Die zugehörige Zeitdifferenz ist dann

$$t = \frac{1\,\text{s} \cdot 0{,}00884\,\text{m}}{340\,\text{m}} = 0{,}000026\,\text{s}.$$

Das ist fast 1/40000 s. Die Registrierung einer so kurzen Zeit und ihre Verarbeitung zu einer Richtungsangabe sind einige der wunderbaren Leistungen unseres Gehirns.

Das Lokalisieren einer Schallquelle bereitet Schwierigkeiten, wenn es sich z. B. um eine Sirene oder ein vorbeifliegendes Flugzeug handelt. Auch eine lange tönende Glocke ist nur schwer und auch

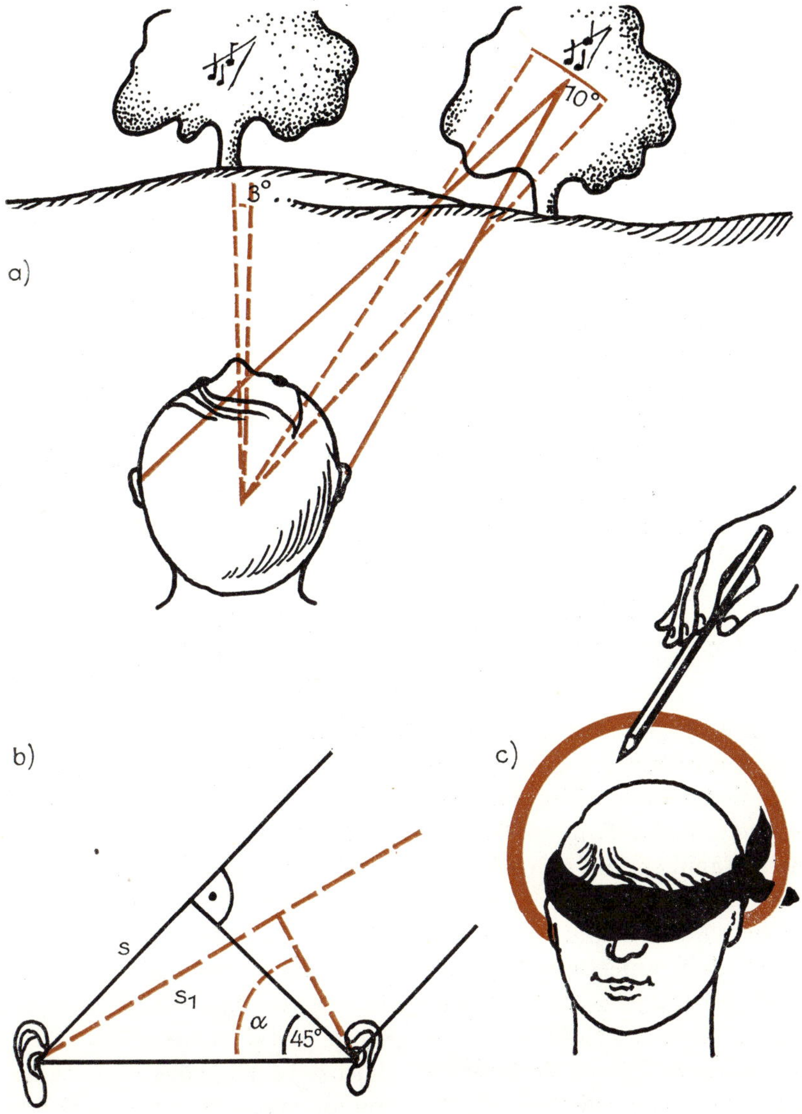

Abb. 32 Das Orten eines Singvogels

nur ungenau zu orten. Wir fühlen uns gleichsam von dem Ton eingehüllt. Dagegen ist die Richtung, aus der ein kurzer Glockenschlag zu hören ist, schnell und recht genau zu finden.

Auch die Lautstärke spielt eine Rolle. Oft genügt schon der

Unterschied in der Lautstärke, die wir vernehmen, um die Richtung festzustellen, aus der der Schall kommt. Dies können wir mit unserer Versuchsperson, die den Schlauch in die Ohren gesteckt hat, demonstrieren. Wir klopfen wieder leicht auf den Schlauch, und zwar immer auf dieselbe Stelle etwas seitlich von der Mitte. Die Versuchsperson gibt die Richtung mit dem ausgestreckten Arm an. Jetzt drücken wir mit einem Finger den Schlauch an einer anderen Stelle ein wenig zusammen. Damit wird die Lautstärke an dem zu diesem Stück gehörigen Ohr herabgesetzt. Und schon zeigt die Versuchsperson nach einer Stelle hin, die mehr nach der Seite verlagert ist, von der das andere Ohr den stärkeren Schall empfindet. Je mehr wir den Schlauch zusammenpressen, um so weiter wandert die mit dem Arm angezeigte Richtung weiter. Wir müssen somit feststellen, daß die Bestimmung der Richtung zu einer Schallquelle sowohl von dem Unterschied der Zeiten als auch von dem Unterschied der Lautstärke abhängt, die unsere Ohren aufnehmen.

Der gefangene Schatten

Versuch

Einen Fotoapparat zu besitzen ist heute fast eine Selbstverständlichkeit. Urlaubserlebnisse, Familienszenen, Porträts werden auf dem Film festgehalten. Als es die Fotografie noch nicht gab, halfen sich die Menschen auf andere Weise. Sie ließen Bilder von Landschaften, ihren Familien und sich selbst von Künstlern malen. Das hatte nur den Nachteil, daß so ein gemaltes Bild recht teuer kam. Nur die reichen Adligen und wohlhabenden Bürger konnten ihre Porträts von Malern anfertigen lassen. In der Mitte des 18. Jahrhunderts warf der französische Finanzminister Étienne de Silhouette dem Adel vor, zu viel Geld für teure Gemälde und Porträts auszugeben. Alle anderen Bürger ermahnte er gleichzeitig zu größter Sparsamkeit. In dieser Zeit kamen die Schattenbilder von Personen in Mode, die billig und dazu noch recht einfach herzustellen waren. Spaßvögel nannten sie Porträts à la Silhouette (nach Silhouette). Dieser Name ist ihnen bis zur Gegenwart geblieben. Sie sind gewissermaßen Vorläufer unserer heutigen Fotos, nur daß wir heute das Licht benutzen, um auf mechanisch-optischem Wege ein Bild festzuhalten. Früher wurden dazu die Schatten »eingefangen«.

Eine Silhouette läßt sich einfach herstellen. Wir brauchen eine kleine Lichtquelle, damit die Schatten schön scharf begrenzt erscheinen. Eine Kerze genügt. Wir können einen Spiegel dahinter stellen, damit die Helligkeit verstärkt wird. Der Schatten wird auf durchscheinendem Papier aufgefangen, das wir straff gespannt aufstellen.

Die Person, deren Porträt wir erhalten wollen, stellen wir zwischen Lampe und Papier auf, etwas näher zu letzterem. Sie muß den Kopf so halten, daß er ein charakteristisches Schattenbild wirft. Wir zeichnen die Umrisse mit dem Bleistift nach. Später füllen wir das Bild mit schwarzer Tusche aus und schneiden es aus. Schließlich kleben wir die Silhouette noch auf weißes Papier, und unser Bild ist fertig. Wenn es kleiner gewünscht wird, muß es mit einem Storchschnabel (Pantographen) verkleinert werden.

Ein so einfacher schwarzer Umriß vermag durchaus charakteristische Züge des Originals wiederzugeben. Oft zeigt die Silhouette ein verblüffend ähnliches Bild des Porträtierten.

Ein Bleistift und zwei Schatten

Versuch

Wie oft prüfen wir doch unser Aussehen im Spiegel! Wir beobachten in ihm unser virtuelles Spiegelbild. Ganz selbstverständlich erscheint es uns, daß wir ein einziges Bild von uns sehen. Ist das tatsächlich der Fall?

Die Frage läßt sich durch einen Versuch klären. Wir benötigen dazu eine punktförmige Lichtquelle. Das kann eine Taschenlampe sein, von der wir die Glaslinse entfernen. Je heller sie leuchtet, desto besser. Ferner brauchen wir einen Bleistift und ein Blatt weißes Papier zum Auffangen von Schatten. An die Stelle des Papiers kann auch eine weiße Wand treten. Nun lassen wir das Licht der Lampe auf einem Umweg über einen Spiegel auf den Bleistift fallen. (Die Abb. 33 zeigt die Anordnung von Lampe, Spiegel und Bleistift.) Und siehe da, auf der Wand erscheinen von dem einen Bleistift zwei Schatten auf dem Papier nebeneinander.

Wieso zwei Schatten? Es müßten dann doch auch zwei Lichtquellen vorhanden sein. Die Abbildung zeigt, daß trotz der nur einen Taschenlampe L Strahlen von zwei Punkten ausgehen, von

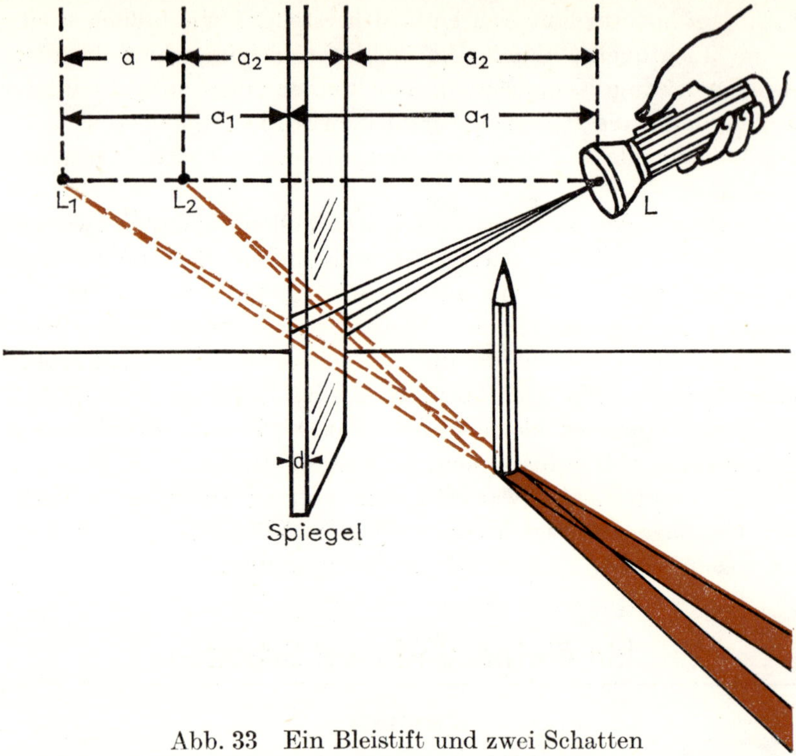

Abb. 33 Ein Bleistift und zwei Schatten

L_1 und L_2. Unsere Lampe beleuchtet den Bleistift nicht direkt, vielmehr geht das Licht, mit dem er bestrahlt wird, von zwei virtuellen Bildern der Lampe aus. Ein Spiegelbild liegt bekanntlich im gleichen Abstand hinter dem Spiegel wie der Gegenstand davor. Wir konstruieren die Lage einer virtuellen Lichtquelle in der Zeichnung und fällen von der Lampe L aus das Lot auf die versilberte Rückseite des Spiegels. Seine Länge ist a_1. Diese Strecke tragen wir hinter dem Spiegel nochmals ab und erhalten den Punkt L_1. Aber die Glasvorderseite des Spiegels reflektiert ebenfalls, also ist der Abstand a_2 von L zum Spiegelglas auch auf die andere Seite zu übertragen. Wir erhalten den Punkt L_2. Sowohl L_1 als L_2 sind virtuelle Lichtquellen. Von beiden scheinen Lichtstrahlen auszugehen. Die Abbildung zeigt die tatsächlich von L ausgehenden Strahlenbündel und die beiden scheinbar von den virtuellen Lichtquellen kommenden Strahlenbündel. Sie lassen hinter dem Bleistift Schattenräume entstehen und überschneiden sich dabei hinter dem Bleistift. Mit wachsender Entfernung von ihm laufen sie aber auseinander und treffen schließlich völlig getrennt nebeneinander auf das Papier bzw. die Wand.

Den Abstand a zwischen den virtuellen Lichtquellen können wir berechnen. Es ist

$$a = 2\,a_1 - 2\,a_2 = 2\,(a_1 - a_2).$$

Das Glas des Spiegels habe die Dicke d. Dann ist

$$a_1 = a_2 + d$$

$$a = 2\,(a_2 + d - a_2)$$

$$a = 2\,d.$$

Das Experiment wird demnach um so besser gelingen, je dicker das Spiegelglas ist. Auch muß die auffangende Wand für die Schatten weit genug entfernt sein.

Beim genauen Hinschauen fällt auf, daß der Schatten, der durch die scheinbar von L_2 her kommenden Lichtstrahlen entsteht, schwächer ist als der andere Schatten. Die Spiegelung an der Vorderseite des Glases ist schwächer als die an der versilberten Rückseite.

Auch wenn wir uns selbst im Spiegel betrachten, erhalten wir zwei Bilder von uns. Wie im Versuch ist das an der Vorderseite des Spiegels erzeugte Bild recht lichtschwach im Vergleich zu dem an der Rückseite entstehenden. Hinzu kommt, daß unsere Spiegel aus verhältnismäßig dünnem Glas sind. Das zweite virtuelle Bild liegt daher dicht bei dem ersten. Weil wir außerdem beim Betrachten des eigenen Bildes meist senkrecht in den Spiegel schauen, decken sich diese Bilder fast vollständig. Das lichtschwächere fällt dabei kaum auf.

Wir können uns aber auch in diesem Falle leicht davon überzeugen, daß zwei Bilder entstehen. Wir halten einen Finger in 1 bis 2 cm Abstand vor einen Spiegel. Schauen wir jetzt von der Seite her nach dem Finger, sehen wir in der Tat zwei scheinbar hinter dem Spiegel liegende, deutlich getrennte Bilder des Fingers. Eines davon erscheint schwächer.

Versuch

Wir zeichnen nach Abb. 34 einen leeren Vogelkäfig auf die Seite einer runden, weißen Pappscheibe von 10 cm Durchmesser. Auf die andere Seite malen wir die Figur eines Vogels auf. Oberhalb des Bildchens vom Käfig und am anderen Ende des Durchmessers der Kreisscheibe, also unter dem Käfigbild, kleben wir je einen längeren Faden fest. Damit sind die Vorbereitungen für einen Versuch beendet.

Abb. 34 Der Vogel im leeren Käfig

Wir verdrillen die Fäden. Am einfachsten geht das, indem wir die an den Fäden hängende Scheibe viele Male schnell herumschwenken. Wir stoppen die Umdrehungen der Scheibe, halten sie in Augenhöhe und straffen jetzt die Fäden. Die Scheibe rotiert schnell um den Durchmesser, an dessen Enden die Fäden befestigt sind.

Der Vogel scheint im Käfig zu stehen, obwohl doch Käfig und Vogel völlig getrennt auf Vorder- und Rückseite der Scheibe vorliegen. Wieso ist das möglich?

Auf der Netzhaut unseres Auges bleibt ein Licht- oder Bildeindruck einige Zeit bestehen, bevor er ganz abklingt. Folgen die Bildeindrücke schnell genug nacheinander, so werden sie nicht mehr getrennt wahrgenommen. Sie verschwimmen zu einem einzigen Bildeindruck. Man spricht von einer Trägheit des Auges.

Das Küken im Ei

Versuch

Zur Unterhaltung einer Gesellschaft sind Schattenspiele sehr beliebt. Auf einer hellen Wand erzeugen wir im Licht einer Lampe durch geschickte Anordnung unserer Hände und Finger allerlei Schattenfiguren, z. B. Tiere oder Köpfe. Besondere Überraschung wird es geben, wenn wir den Zuschauern versprechen, einen »Röntgenapparat« einzuschalten, der ein Küken in einem Ei sichtbar werden läßt.

Wir stellen aus einem großen rechteckigen Stück Pergamentpapier eine Art Leinwand her. Damit das Papier glatt gespannt bleibt, kleben wir es auf einen Papprahmen. Rechts und links davon hängen wir Vorhänge oder Tücher auf, die den Zuschauern, die vor dieser »Leinwand« sitzen, den Blick hinter die Wand versperren. Hinter der Wand stellen wir zwei möglichst gleiche Lampen auf (Abb. 35).

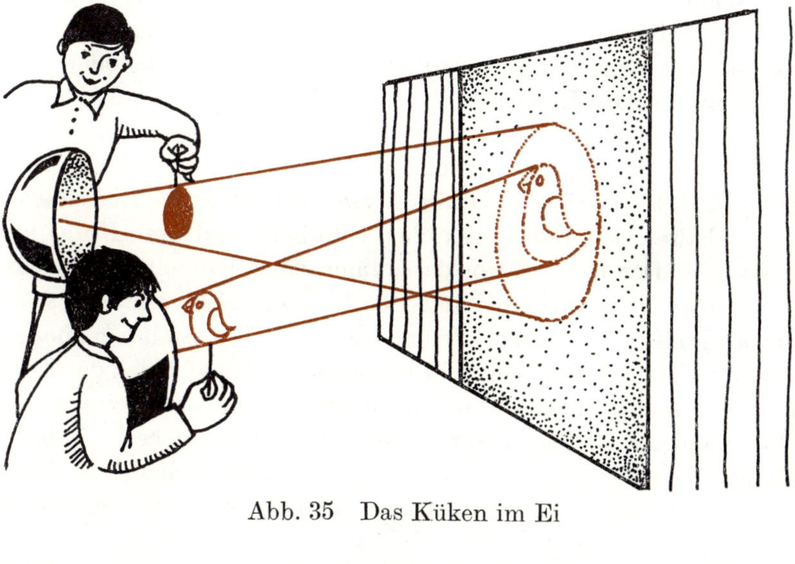

Abb. 35 Das Küken im Ei

Wir schalten die eine Lampe ein. Sie beleuchtet die Leinwand hell. Nun halten wir an einem Draht eine in Form eines Eies geschnittene Pappe in das Licht dieser Lampe. Auf der Leinwand entsteht die Silhouette eines Eies.

Darauf erklären wir den Zuschauern, daß wir jetzt das Röntgengerät einschalten wollen. Wir schalten aber gar nichts anderes ein als die zweite Lampe. Sie hellt den eiförmigen Schatten auf der Leinwand etwas auf. Halten wir jetzt eine aus Pappe ausgeschnittene Figur eines Kükens in das Licht dieser Lampe, dann sehen die Zuschauer in der Silhouette des Eies deutlich den Schatten des Kükens. Die richtigen Abstände der Pappfiguren von den Lampen bzw. von der Leinwand müssen wir natürlich vorher für uns allein ausprobiert haben.

Mond- und Sonnenfinsternisse im Wohnzimmer

Versuch

Eine Mond- oder eine Sonnenfinsternis findet immer sehr großes Interesse bei den Menschen. Die Natur liefert uns so eindrucksvolle Schauspiele. Was sich im riesengroßen Weltraum abspielt, wollen wir uns im kleinen in einem Zimmer klarmachen.

Wir wissen, daß sich der Mond an einem Tag einmal auf einer Kreisbahn um die Erde herum bewegt. Er kehrt uns dabei immer dieselbe Seite zu. Das ahmen wir in einem leicht abgedunkelten Zimmer nach. Als Mond verwenden wir einen weißen (oder weiß angemalten) Ball. Es kann z. B. ein Tischtennisball sein. Die Sonne veranschaulichen wir durch eine helleuchtende Lampe, möglichst eine einzelne starke Glühbirne. Noch besser geeignet ist der Lichtkegel eines Projektionsapparates. Unser Kopf stellt die Erde dar.

Wir halten den Ball etwas über Kopfhöhe und drehen uns um uns selbst. Der Ball soll uns dabei immer dieselbe Seite zuwenden. Kommt er zwischen uns und die Lampe, sehen wir auf seine Schattenseite. Bei dieser »Neumond« genannten Stellung können wir den Mond am Himmel nicht beobachten. Befindet sich der Kopf zwischen Lampe und Ball, sehen wir seine beleuchtete Seite. Es ist »Vollmond«. Zwischen diesen beiden Stellungen erleben wir beim Drehen, wie die zuerst völlig dunkel erscheinende Scheibe des Balls von der der Lampe zugewandten Seite her mehr und mehr beleuchtet wird. Eine Lichtkappe wird immer größer, es ist »zunehmender Mond«. Wenn die Kappe die Hälfte des Balls bedeckt, sagen wir, es ist »Halbmond«. Auf der entgegengesetzten Seite der Drehung nimmt die hellbeleuchtete Scheibe des Balls immer mehr ab. Wir haben »abnehmenden Mond«. Über »Halbmond« nähert sich der Mond wieder der anfänglichen Stellung von »Neumond«. Auf diese Weise erleben wir die »Mondphasen«. Die Abb. 36 zeigt

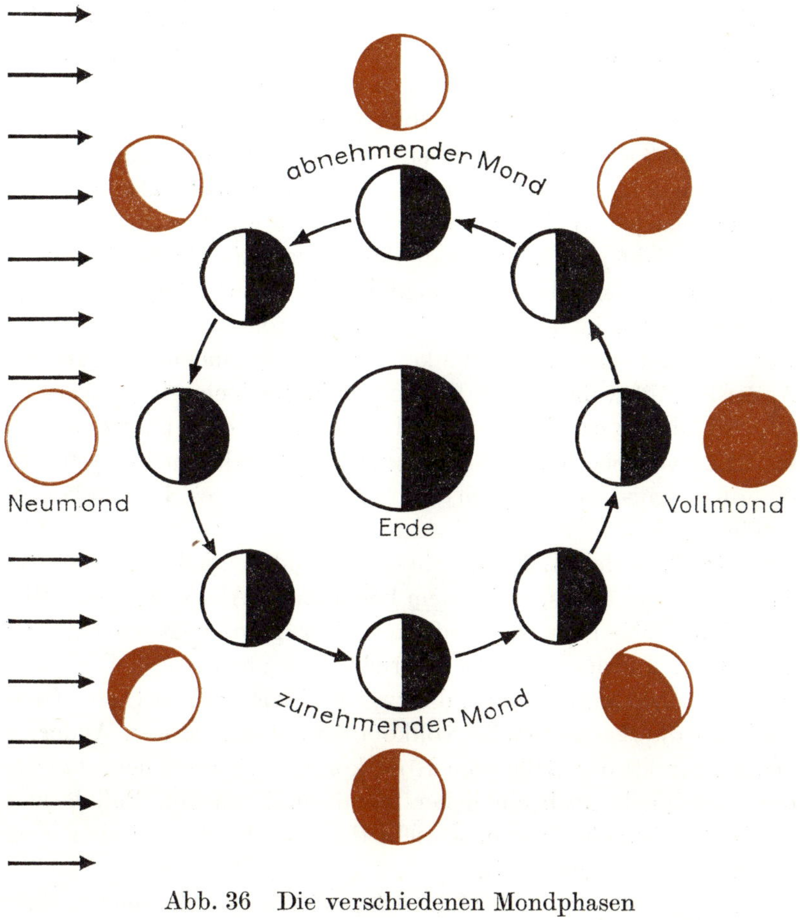

Abb. 36 Die verschiedenen Mondphasen

den Vorgang. Im inneren Kreis um die Erde ist der Ball bzw. der Mond dargestellt, der äußere Kreis zeigt die Mondphasen, wie wir sie von der Erde aus beobachten.

Das alles können wir aber nur beobachten, wenn der Ball wirklich über unseren Kopf gehalten wird. Senken wir ihn etwas, so daß er gerade in Kopfhöhe ist, dann erleben wir beim Drehen zusätzlich etwas Neues. Liegt der Kopf in gerader Linie zwischen Lampe und Ball, und ist der Ball nicht zu weit vom Kopf entfernt, gerät er bei Vollmond in den Schatten des Kopfes. Er wird nicht mehr angestrahlt. Am Himmel gerät der Mond in den Schatten der Erde. Es herrscht eine totale Mondfinsternis. Auch das Phänomen einer partiellen Mondfinsternis können wir leicht simulieren. Wir brauchen den Ball nur aus der Stellung der totalen Finsternis anzuheben, bis er teilweise aus dem Schatten des Kopfes herausragt.

Bei diesem einfachen Modellversuch ist es naheliegend, anzunehmen, daß doch eigentlich bei jedem Umlauf des Mondes um die Erde eine Finsternis eintreten müßte. Das wäre also alle vier Wochen bei jedem Vollmond der Fall. Wir wissen aus Erfahrung, daß dem nicht so ist. Das liegt daran, daß die Ebene, in der die Kreisbahn des Mondes liegt, nicht mit der Ebene derjenigen Bahn zusammenfällt, in der die Erde um die Sonne läuft. Die beiden Ebenen sind um einen Winkel von 5° gegeneinander geneigt. Außerdem führt die Ebene der Mondbahn noch eine Drehbewegung aus. So kommt es, daß der Mond meist unter oder über dem Erdschatten vorbeizieht. Dennoch gibt es verhältnismäßig oft eine Mondfinsternis. In unserem Jahrhundert sind es 147, davon 83 totale.

Halten wir den Ball vor ein Auge und schließen das andere, dann gelingt es uns, bei einem bestimmten Abstand Auge – Ball die Lichtquelle ganz zu verdecken. Der Kopf liegt im Schatten des Balls. In der Natur entspricht das einer totalen Sonnenfinsternis. Die Mondscheibe, die zwischen uns und der Sonne steht, verdeckt die Sonnenscheibe vollkommen. Durch geringe Änderung des Abstandes des Balls vom Kopf können wir erreichen, daß von der Lichtquelle noch ein heller Rand rund um den Ball hervorleuchtet. Diese Stellung entspricht der des Mondes bei einer ringförmigen Sonnenfinsternis.

Eine Vorstellung von der Länge des Schattenkegels, den der Mond hinter sich wirft, können wir mit einem kleinen Versuch gewinnen. Wir halten einen Stab, z. B. einen Besenstiel, in das Sonnenlicht. Den Schatten des Stabs fangen wir auf einem weißen Blatt Papier auf, und zwar zunächst dicht hinter dem Stab. Dann entfernen wir das Papier immer weiter vom Stab. Wenn der immer schmaler werdende Schatten schließlich verschwindet, messen wir den Abstand Stab – Papier. Bei einem Durchmesser des Stabs von 1,2 cm ergab sich in einem Versuch die erstaunliche Schattenlänge von 1,30 m. Der Schatten des Mondes, der auf die Erde trifft, muß so lang sein wie der Radius der Mondbahn. Das sind 384 400 km. Ein Astronaut, der aus dem Weltraum die Sonnenfinsternis betrachtet, könnte sehen, wie der Schatten des Mondes über die Erde streicht. Sonnenfinsternisse sind bei uns nicht oft zu beobachten. Die nächste totale Sonnenfinsternis findet im Jahre 1999 statt, die folgende erst 136 Jahre später, im Jahre 2135.

Das Kaleidoskop und allerlei Folgen

Versuch

Das Kaleidoskop ist ein Spielzeug. Es besteht aus einer etwa 20 cm langen, an beiden Seiten geschlossenen Röhre. In dem Deckel des einen Endes befindet sich ein Sehloch, in das andere Ende ist eine Mattscheibe eingelassen. Schauen wir in das Loch, sehen wir ein lustiges, farbiges Muster in zentralsymmetrischer Anordnung. Wenn wir die Röhre drehen oder schütteln, verändert sich das Muster in immer neue Formen. Das Geheimnis des Kaleidoskops liegt in zwei oder drei ebenen Spiegeln begründet, die unter spitzen Winkeln aufgestellt sind, in sogenannten Winkelspiegeln. Mit einem Kaleidoskop spielen nicht nur Kinder. In der Industrie werden die Geräte beim Entwerfen von sternförmigen, symmetrischen Mustern verwendet.

Wir können ein Kaleidoskop leicht nachahmen. Dazu benötigen wir zwei Taschenspiegel, die wir unter einem spitzen Winkel auf einer weißen Unterlage in Augenhöhe aufstellen. Es empfiehlt sich, die Kanten, die aneinanderstoßen, durch einen Klebstreifen fest zu verbinden; dann stehen sie stabiler, und der Winkel läßt sich leicht verändern. Zwischen die Spiegel streuen wir einige bunte Papierschnitzel oder Perlen. Ein Blick in die Spiegel zeigt eine lustige, vielfache, aber regelmäßig angeordnete Zahl der eingestreuten Teilchen. Das entstandene Muster ist leicht zu ändern, wenn wir die Papierschnitzel durcheinanderschieben. Das Muster ändert sich auch, sobald wir den Winkel zwischen den Spiegeln ändern, indem wir ihre freien Enden einander nähern oder entfernen.

Wir wollen den Winkelspiegel bei verschiedenen Winkeln näher untersuchen. Um den Spiegel unter dem richtigen Winkel aufstellen zu können, malen wir Winkel von 90°, 60° und 45° auf ein Papier. Fangen wir mit dem Winkelspiegel von $\alpha = 90°$ an. Wir stellen die beiden Taschenspiegel auf die Schenkel des aufgezeichneten Winkels. Als Objekt, das sich spiegeln soll, dient ein Bleistift, den wir zwischen die Spiegel stellen. Ein Blick in den Winkelspiegel läßt uns drei Bilder des Bleistifts erkennen. Das erstaunt uns, denn in zwei Spiegeln dürften eigentlich nur zwei Bilder zu sehen sein. Es ist jedoch so, daß jeder Spiegel mit dem dahinter erscheinenden Spiegelbild wieder in dem anderen Spiegel gespiegelt wird. Die Abb. 37a erläutert, wie auf diese Weise das dritte Bild zustande kommt. Der Bleistift P wird an dem Spiegel I gespiegelt, es entsteht das Bild B_1, am Spiegel II das Bild B_2. Von B_1 entsteht

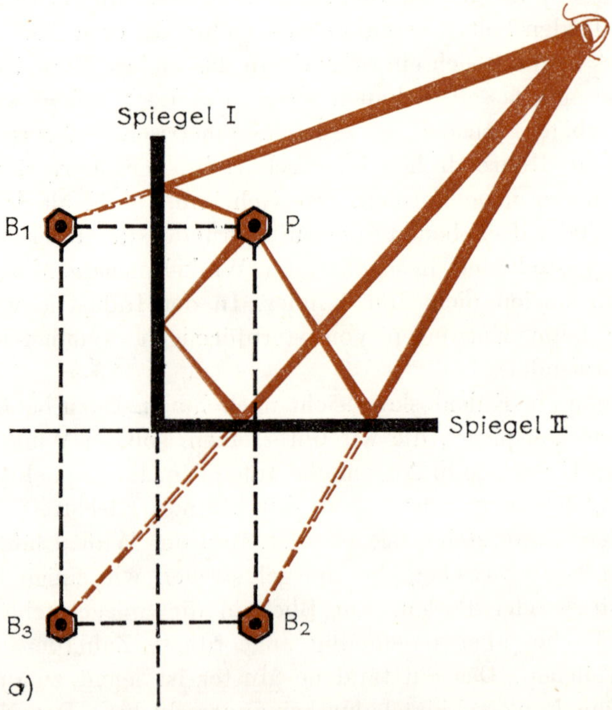

Abb. 37 a Winkelspiegel 90°

an der Verlängerung des Spiegels II das Bild B_3. Von dem Bild B_2 entsteht entsprechend am verlängerten Spiegel I ein Bild, das mit B_3 zusammenfällt. Die Abbildung zeigt außerdem, wie die Lichtstrahlen, die von dem Bleistift P ausgehen, wirklich in unser Auge reflektiert werden. Für das Bild B_3 werden die Strahlen mehrfach an den beiden Spiegeln zurückgeworfen. Wir werden später einsehen, warum das Auge hier eine wichtige Rolle spielt.

Stellen wir jetzt einen Winkelspiegel mit $\alpha = 60°$ auf. Wir sehen darin fünf Spiegelbilder. Der Winkelspiegel mit $\alpha = 45°$ zeigt sogar sieben Bilder. Auffallend ist der Zusammenhang der Bildzahl mit dem Winkel α und dem Vollwinkel 360°. Der Quotient $360° : \alpha$ ist nämlich immer um eins größer als die Zahl n der Bilder. Eine Tabelle veranschaulicht dies.

Winkel α	$\frac{360°}{\alpha}$	Zahl der Bilder n	Zahl der Bilder + Objekt n + 1
45°	8	7	8
60°	6	5	6
72°	5	4	5
90°	4	3	4
120°	3	2	3
180°	2	1	2

Wir stellen fest: $n = \frac{360°}{\alpha} - 1$ oder auch: Addieren wir die Zahl n der Bilder in einem Winkelspiegel und das gespiegelte Objekt selbst, erhalten wir

$$n + 1 = \frac{360°}{\alpha}.$$

Die Tabelle bestätigt, daß es bei einem Winkelspiegel mit $\alpha = 180°$ nur ein einziges Bild gibt. Wir wissen das längst, denn ein solcher Spiegel ist nichts anderes als ein einfacher ebener Spiegel.

Die symmetrische Anordnung der Bildpunkte in der Abb. 37a läßt uns vermuten, daß alle Spiegelbilder auf einem Kreis um den Scheitelpunkt des Winkels liegen. Dies ist tatsächlich der Fall.

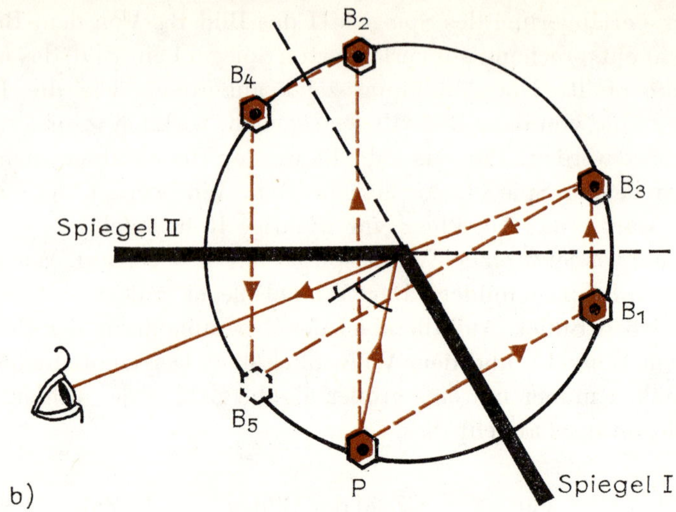

Abb. 37 b Winkelspiegel 120°

Der Kreis hilft bei einer geometrischen Konstruktion der Bilder.

Wir wollen jetzt versuchen, die Bildpunkte zu einem Objektpunkt P für einen Winkelspiegel mit $\alpha = 120°$ rein geometrisch zu finden. In Abb. 37b sind diese Bildpunkte nach dem Reflexionsgesetz für einen Spiegel leicht zu konstruieren. Wir brauchen nur den senkrechten Abstand von P zum Spiegel hinter ihm nochmals abzutragen. So entsteht zu P zunächst am Spiegel I das Bild B_1, am Spiegel II das Bild B_2. Weiter wird B_1 an der Verlängerung des Spiegels II gespiegelt und ergibt B_3 wie B_2 an der Verlängerung des Spiegels I, woraus B_4 folgt. Nun könnte rein geometrisch noch B_3 am Spiegel I und B_4 am Spiegel II gespiegelt werden. Die beiden Bilder würden zusammenfallen in einem Bild B_5. Es läge aber zwischen den Spiegeln in der Nähe von P. Das wären sogar fünf Bildpunkte, während die Tabelle nur zwei vorsieht. Was haben wir falsch gemacht? Natürlich können B_3 und B_4 nicht noch einmal gespiegelt werden. B_5 wäre wieder ein scheinbares (virtuelles) Bild. Als solches müßte es aber scheinbar hinter dem Spiegel liegen. Da es nach Konstruktion B_5 jedoch davor liegen sollte, existiert B_5 nicht.

Hier zeigt sich, daß die reine Geometrie nicht genügt. Wir müssen an die Gesetze der Physik denken. Bei einem ebenen Spiegel müssen ein auftreffender und der reflektierte Strahl mit dem Einfallslot gleiche Winkel bilden. In der Abb. 37b wird z. B. erläutert, warum das Bild B_3 vom Auge gar nicht gesehen werden kann. Vom Objektpunkt P geht ein Lichtstrahl auf den Spiegel I, dort wird er reflektiert. Aber die durch kleine Bogen kenntlichen Winkel zwischen einfallendem und reflektiertem Strahl und dem eingezeichneten Lot sind nicht gleich groß. Das Spiegelgesetz ist nicht erfüllt. Das Auge kann daher P oder – besser gesagt – sein Bild im Spiegel nicht sehen. Das Bild B_3 existiert nicht. Gleiches gilt für den Bildpunkt B_4. Nur B_1 und B_2 entstehen tatsächlich als Bilder von P. Die Angaben in der Tabelle sind also zutreffend. Hier zeigt sich, wie wichtig es ist, das Auge in die Überlegungen einzubeziehen, wie bereits früher erwähnt wurde. Man könnte auch sehen, daß B_3 und B_4 an der Rückseite der Spiegel gespiegelt werden müßten, was nicht möglich ist.

Wir denken nochmals an das Kaleidoskop. Wir verstehen nun die lustige Vielfalt der Bilder unserer bunten kleinen Objekte

c)

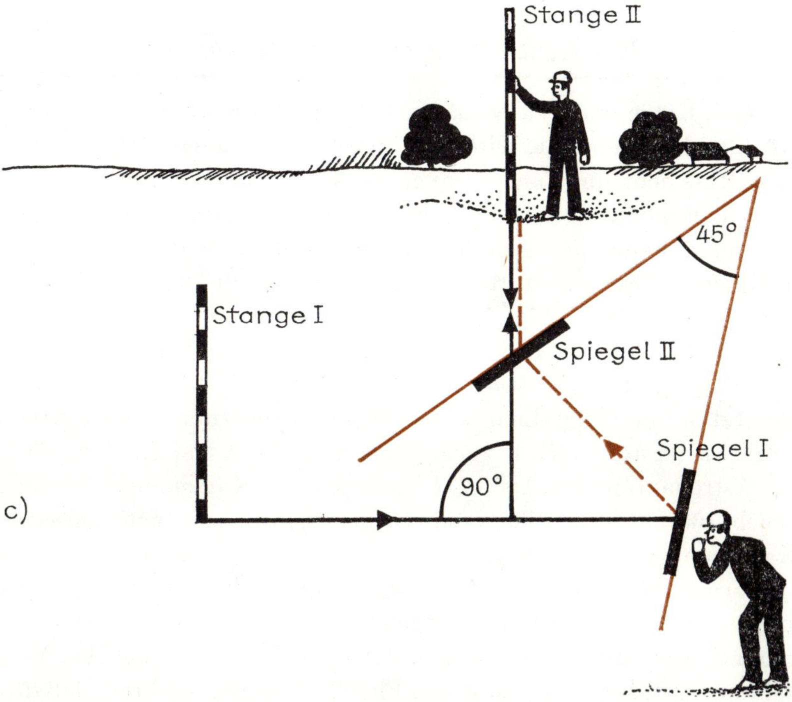

Abb. 37 c Winkelspiegel 45°

in einem Winkelspiegel. Das Spielzeugkaleidoskop besitzt oft sogar drei Spiegel, die auf einem gleichseitigen Dreieck stehen. Das sind dann drei Winkelspiegel zu je 60°. Sie erzeugen infolgedessen noch viel mehr Bilder, als in der Tabelle für Winkelspiegel von 60° angegeben sind. Sie alle zusammen bilden die schönen Sternformen.

Der Winkelspiegel mit $\alpha = 45°$ hat für den Feldmesser Bedeutung. Er steckt mit einem solchen Winkelspiegel rechte Winkel im Gelände ab (Abb. 37c). Auf den Schenkeln des Winkelgerätes sind Spiegel aufgesetzt, darüber Öffnungen zum Hindurchsehen. Der Feldmesser visiert über den Spiegel I hinweg durch Drehen des Winkelspiegels z. B. einen Meßstab an. Ein Mitarbeiter muß dann eine zweite Meßlatte so lange seitlich versetzen, bis sie über dem Bildchen der Stange I im Spiegel II zu sehen ist. Jetzt stehen die Richtungen von den Stangen I und II zu dem Winkelspiegel aufeinander senkrecht. Sie können dann durch weitere Stangen festgelegt werden.

Das Katzenauge auf dem Mond

Was ein Katzenauge ist, weiß jedes Kind. Das Katzenauge, amtlich Rückstrahler genannt, wird aus Sicherheitsgründen oft zusätzlich zum Rücklicht am Fahrrad angebracht. Es hat den Zweck, Licht zurückzusenden, wenn es von den Scheinwerferstrahlen eines nachfolgenden Fahrzeugs getroffen wird. Dann kann der von hinten kommende Fahrer das Rad leichter und auf größere Entfernung erkennen.

Was aber soll ein Katzenauge auf dem Mond, wo es gar keine Fahrräder gibt? Hier soll die Eigenschaft des Rückstrahlers ausgenutzt werden, um Licht, das von der Erde zum Mond gesandt wird, wieder auf die Erde zurückzulenken. Zu diesem Zwecke haben die Astronauten von Apollo II nicht nur ein Katzenauge, sondern gleich 100 auf einer Platte zu einem Quadrat zusammengesetzte Katzenaugen aufgestellt.

Warum aber haben die Astronauten nicht einfach einen Spiegel aufgestellt? Nun, wenn wir an einem Fahrrad statt des Katzenauges einen Spiegel anbringen würden, dann müßte uns der nächste Verkehrspolizist, sofern er etwas von Physik versteht, belehren, daß das nicht zulässig ist. Der Grund ist leicht einzusehen, wenn wir an das

Spiegelgesetz denken. Danach ist der Einfallswinkel gleich dem Reflexionswinkel. Licht, das schräg von hinten auf das Rad fällt, könnte niemals zu dem Fahrzeug zurückkommen, von dem es ausgestrahlt wird. Es käme seitlich an ihm vorbei. Das Katzenauge jedoch schickt das Licht immer in die Richtung zurück, aus der es kommt.

Wie ist das möglich? Die Abb. 38a zeigt, wie ein einfacher Winkelspiegel von 90° wirkt. Wir können ihn aus zwei Taschenspiegeln selbst zusammenbauen und Licht einer Taschenlampe darauf richten. Wir sehen in der Zeichnung, auf welchem Weg der ein-

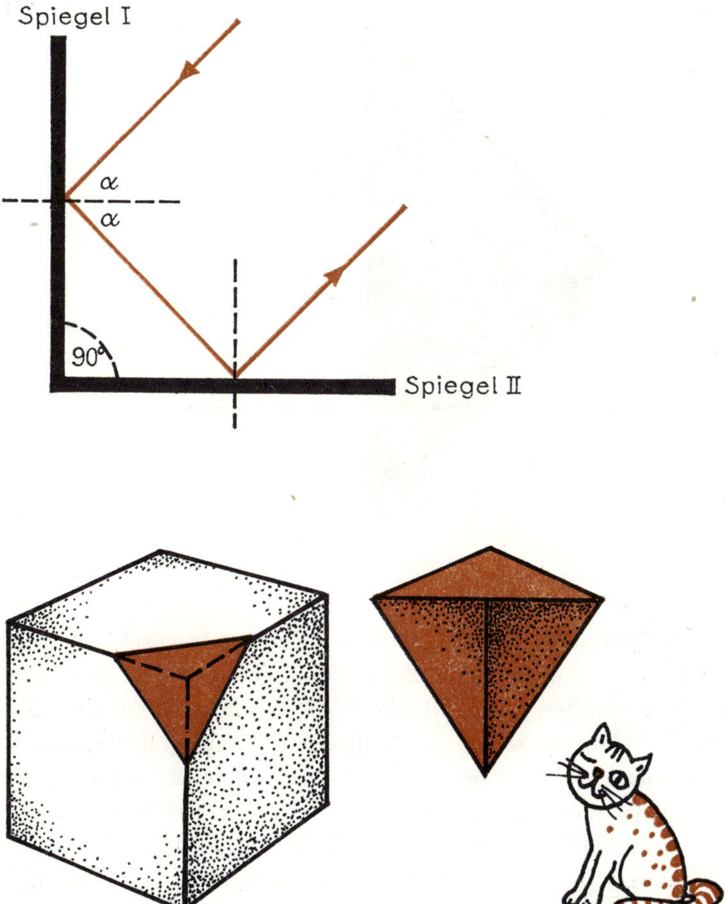

Abb. 38 a Wirkungsweise eines Winkelspiegels

fallende Strahl unter Beachtung des Spiegelgesetzes zweimal reflektiert wird und dann den Spiegel verläßt. Einfallender und reflektierter Strahl laufen parallel. Dies gilt für alle Einfallswinkel α. Unsere Überlegungen gelten zunächst nur in einer Ebene, hier der Zeichenebene. Um dasselbe für jeden Einfallswinkel im Raum zu erreichen, setzt man auf den Winkelspiegel einen dritten so auf, daß eine räumliche Ecke entsteht. Eine solche wird z. B. auch gebildet, wenn wir von einem Würfel eine Ecke abschneiden. Die Innenseite der aus ebenen Spiegeln zusammengebauten Ecke, ein sogenannter Tripelspiegel, entspricht einem Katzenauge.

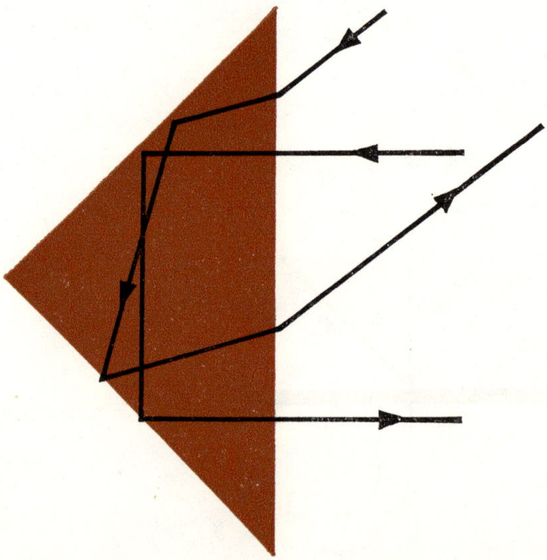

Abb. 38 b Strahlengang bei einem einfachen Prisma

Die freiliegenden Spiegelflächen wären ungeschützt gegen Schmutz und mechanische Zerstörung. Deshalb werden Tripelprismen verwendet. Das sind Glasstücke von der Form abgeschnittener Würfelecken, deren Außenflächen verspiegelt werden. Wie der Strahlengang bei einem einfachen Prisma verläuft, zeigt Abb. 38b. Im Vergleich mit der Abb. 38a wird ersichtlich, daß nur eine zweimalige Brechung des Lichts an der Vorderfläche des Prismas hinzukommt. Der räumliche Verlauf eines Lichtstrahls in einem Tripelprisma entspricht dem beim Tripelspiegel.

Für die Zwecke auf dem Mond werden solche Prismen von etwa

2 cm Kantenlänge hergestellt, bei denen die 90°-Winkel mit einer Genauigkeit von nur 0,3 Bogenminuten geschliffen und poliert werden. Eine beinahe unvorstellbare Leistung der optischen Industrie wird aber erst dadurch vollbracht, daß die Unebenheiten der spiegelnden Flächen unter einem millionstel Millimeter bleiben! Das Material für die Prismen muß völlig schlierenfrei sein, es muß aber auch die Bedingungen auf dem Mond aushalten, z. B. Temperaturschwankungen zwischen —150 °C bei Mondnacht und +135 °C am Mondtag. Dabei darf keine wesentliche Größenveränderung durch Ausdehnung erfolgen. Das Material muß auch die Strahlungseinflüsse aus dem Weltall überstehen. So darf keine Trübung durch die starke ultraviolette Strahlung eintreten. Es wurde dafür ein besonderes synthetisches Quarzglas entwickelt. Natürlich ist die Herstellung eines derartigen Prismas sehr kostspielig. So billig wie das Katzenauge für ein Fahrrad kann es nicht sein. Es kostet rund 5000 US-Dollar, so daß für den ganzen Spiegel auf dem Mond etwa 500000 Dollar gezahlt werden mußten.

Der beste Reflektor ist wertlos, solange kein Licht auf ihn fällt. Um ein Lichtsignal zum Mond zu schicken, könnten wir vielleicht ein riesiges Blitzlicht abbrennen. Wir wissen jedoch vom Fotografieren, daß ein Blitz, den wir in 2 m Entfernung vom Objekt zünden, vielleicht die richtige Beleuchtung des Objekts liefert, in der zehnfachen Entfernung aber fast zwecklos ist, weil sich das Licht allseitig im Raum ausbreitet. Die Beleuchtungsstärke nimmt mit dem Quadrat der Entfernung ab. Sie beträgt also bei 20 m nur noch 1/400 der bei 2 m. Nun muß der Abstand Erde – Mond mit dem Mittelwert von 384420 km nach der Reflexion von dem Licht auch nochmals zur Erde zurück durchlaufen werden. Unsere stärksten üblichen Lichtquellen und die besten Scheinwerfer reichen nicht aus, um beim Wiedereintreffen des Lichts auf der Erde noch meßbare Werte zu liefern.

Zum Glück gibt es das sogenannte Laserlicht. Seine besonderen Eigenschaften erlauben es, das Licht außerordentlich scharf zu bündeln, d. h. seine extrem hohe Energie in einem sehr engen Strahl zusammenzufassen. Immerhin vergrößert auch der Laserstrahl seinen Durchmesser, bis er zum Mond gelangt. Dort erzeugt er einen Lichtfleck von ungefähr 4 km Durchmesser. Das ist recht viel, meinen wir im ersten Augenblick. Aber der große Lichtkreis hat auch seinen Vorteil. Die Astronauten brauchten beim Aufstellen des Reflektors nicht allzulange nach der richtigen Stelle zu suchen, wo der Strahl ankommt. Weil zudem die Katzenaugen nach jeder Richtung reflektieren, ist es auch nicht schwierig, die richtige Stellung zur Erde zu finden.

Das reflektierte Licht bestrahlt auf der Erde einen Fleck von etwa 1 km Durchmesser. Darin muß das Fernrohr aufgestellt werden, das dann gerade genug Lichtenergie empfängt, um sie messen zu können.

Was hat die ganze Einrichtung für einen Sinn? Man kann Laserlicht in äußerst kurzen Lichtblitzen von nur 10 ns Dauer (1 ns = 1 milliardstel Sekunde) aussenden. Die Zeit, die dieses Lichtsignal von der Erde zum Mond und wieder zurück braucht, wird von Atomuhren mit einer Genauigkeit von ± 0,5 ns gemessen. Licht breitet sich mit der Geschwindigkeit von 300 000 km/s aus. Den Weg s, den es in 0,5 ns zurücklegt, können wir nach der Beziehung Weg gleich Geschwindigkeit mal Zeit leicht ausrechnen, also $s = 300\,000\,000 \text{ m/s} \cdot 0{,}000\,000\,0005 \text{ s} = 0{,}15 \text{ m}$. Das bedeutet, daß der Abstand Erde – Mond bis auf ± 15 cm genau bestimmt werden kann. Bisher war es den Astronomen nur bis auf ± 300 m möglich. (Nebenbei: Die Entfernung schwankt zwischen 405 000 km und 354 000 km.) Dies ist der eine Zweck des Katzenauges auf dem Mond.

Die Wissenschaftler wollen aber noch mehr damit anfangen. Hier wenigstens noch ein Beispiel: Wenn man den Reflektor von zwei Sendestellen auf verschiedenen Kontinenten, etwa Amerika und Afrika, aus anstrahlt und das reflektierte Signal wieder auffängt, dann läßt sich von dem aus Sender – Mond – Empfänger als Eckpunkten gebildeten Dreieck die Entfernung der Kontinente berechnen, und zwar mit einer bisher unerreichten Genauigkeit. Nun vermuten die Geologen, daß sich die Kontinente jährlich um etwa 10 cm voneinander entfernen. Dies kann jetzt geprüft werden.

Das Katzenauge auf dem Mond ist nur eine der wissenschaftlichen Aufgaben, die mit den Landungen auf dem Mond in Gang gesetzt wurden. So zeigt das Katzenauge auf dem Mond, daß die Flüge zum Mond mehr waren als nur sensationelle Ereignisse.

Versuch

Wir kennen Johannes Kepler als bedeutenden Astronomen, der uns in drei nach ihm benannten Gesetzen den Umlauf der Planeten um die Sonne erklärte. Nicht minder bedeutsam sind die Ergebnisse seiner mathematischen und physikalischen Forschungen. Hier interessierte ihn besonders die Optik. 1611 erschien sein Buch »Dioptrik«. Darin beschreibt er gleich am Anfang einen Versuch zur Brechung des Lichts. Er schreibt: »Aus einer durchsichtigen, hinreichend dicken, etwa halbzölligen Scheibe werde ein zylindrischer Körper hergestellt. Der ringförmige Rand wird in 360° eingeteilt... Sie wird in die Sonne gebracht, so daß ihr Licht auf der gegenüberliegenden Seite der Scheibe sichtbar wird... Man führe nun einen durchsichtigen Griffel über die Oberfläche des Zylinders und beobachte, wohin sein Schatten an dem gegenüberliegenden Rand fällt.« Der Schatten liegt nicht in der Richtung der einfallenden Sonnenstrahlen, sondern ist verschoben (Abb. 39a).

Wir können diesen Versuch in etwas abgeänderter Form nachvollziehen. Den massiven Glaszylinder, den Kepler benutzte, ersetzen wir durch eine Glasschale mit möglichst senkrecht stehenden Wänden. Der Durchmesser der Schale soll ungefähr 20 cm betragen, ihre Höhe etwa 7 cm. Den Rand umkleben wir von außen mit Millimeterpapier, das noch 1 bis 2 cm über den Rand hinausragen soll. An einer Stelle schneiden wir vor dem Aufkleben einen Spalt von 1 mm Breite senkrecht zur Grundfläche ein. Schließlich füllen wir die Schale bis zur halben Höhe mit Wasser.

Wir beleuchten den Spalt von außen mit einer Kerze oder Taschenlampe, schauen von oben auf die Schale und sehen vom Spalt her ein schmales Lichtbündel, einen Lichtstrahl, zur gegenüberliegenden Wand fallen. Dort erscheint auf dem Millimeterpapier das Spaltbild als heller Streifen. Wir verschieben die Lichtquelle, bis das Licht in die Richtung des vom Spalt ausgehenden Durchmessers fällt, also über den Mittelpunkt der Schale läuft. Dann sehen wir das Spaltbild am Ende dieses Durchmessers. Die Stelle markieren wir auf dem Rand des Papiers mit einem Strich in der Mitte des Spaltbildes. Das ist die »Nullstelle«, die wir mit 0 bezeichnen (Abb. 39b).

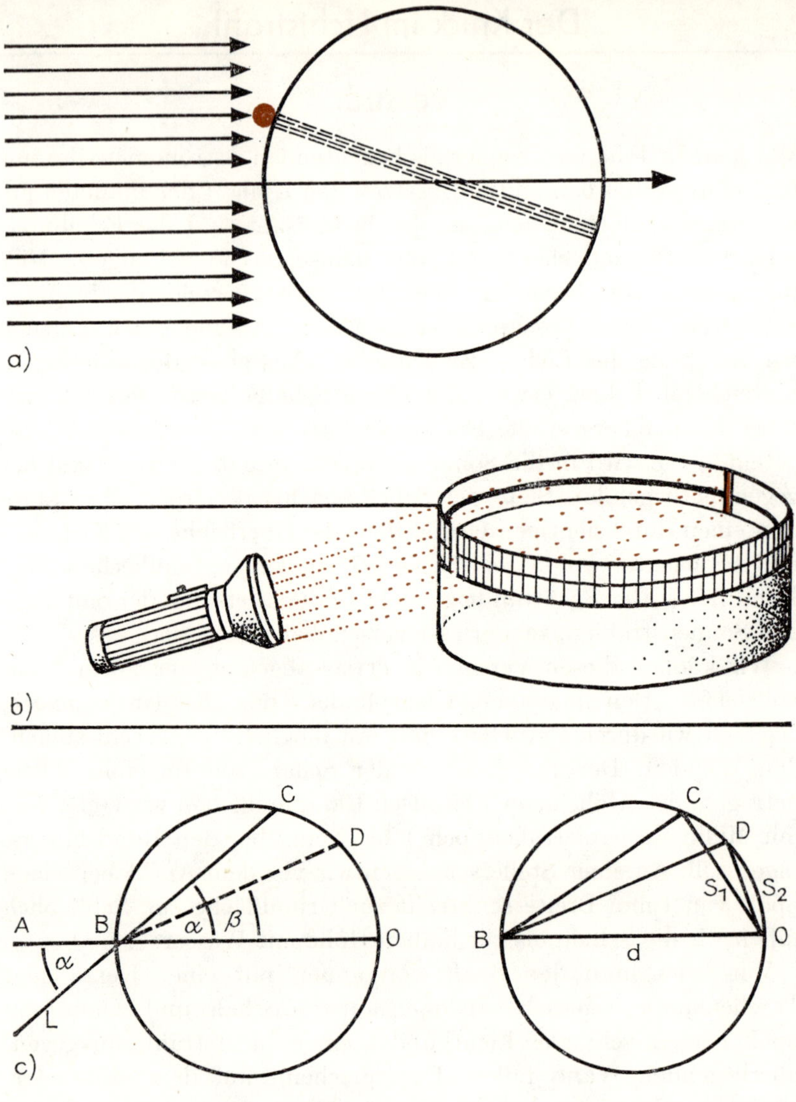

Abb. 39 Versuche zur Lichtbrechung (nach Kepler)

Wir drehen unsere Schale ein wenig, so daß das Licht nicht mehr in Richtung eines Durchmessers, sondern einer Sehne in der Kreisfläche fällt, z. B. in Richtung BC in Abb. 39c. Wir sehen staunend, daß es jetzt außer dem von der Lichtquelle L kommenden geradlinig weiterlaufenden Lichtstrahl LBC noch einen am Spalt abgeknickten Strahl BD gibt. Der Strahl ist »gebrochen«. Es entstehen daher zwei Spaltbilder. Eines befindet sich in D unter der Wasserfläche, das andere seitlich darüber in C in der Luft. Drehen wir die Schale noch etwas weiter, bleibt das untere Spaltbild immer mehr gegen das obere zurück. Übrigens können wir, statt die Schale zu drehen, auch die Lichtquelle verschieben. Wir beobachten dann dieselben Erscheinungen.

Um uns genauer über die Wege des Lichts unterhalten zu können, führen wir nach Abb. 39c links Bezeichnungen ein. Wir nennen den Winkel ABL $= \alpha$ den Einfallswinkel. Er ist gleich dem Winkel CBO in der Luft über dem Wasser. Den Winkel zwischen dem Lichtstrahl BD im Wasser und dem Durchmesser BO, also $\sphericalangle$ DBO $= \beta$, nennen wir den Brechungswinkel.

Wir ergänzen diese Abb. 39c durch die Sehnen CO $= s_1$ und DO $= s_2$ und erhalten Abb. 39c rechts. Bei den Versuchen müssen wir die Längen dieser beiden Strecken ermitteln. Wir messen von der Mitte des einen Spaltbildes zur Stelle 0 auf dem Millimeterpapier. Nun gilt für die rechtwinkligen Dreiecke BOC und BOD bei verschiedenen Einfallswinkeln immer

$$\frac{s_1}{d} : \frac{s_2}{d} = s_1 : s_2 = n.$$

Das ist bereits das gesuchte Gesetz. Es besagt: Die Ablenkung des Lichts aus der Einfallsrichtung LBC erfolgt so, daß die Sehnen s_1 und s_2 immer in demselben Verhältnis stehen.

Ein Zahlenbeispiel soll das unterstützen. Wir messen $s_1 =$ 10,6 cm; $s_2 = 7{,}5$ cm. Dann ist $s_1 : s_2 = 1{,}4$. Natürlich müssen wir in Wirklichkeit eine ganze Reihe von Messungen ausführen und den Mittelwert der Ergebnisse bilden. Die gefundene Zahl heißt Brechungszahl; der genaue Wert von Wasser ist 1,33.

Wer sich mit trigonometrischen Funktionen befaßt hat, erkennt, daß $s_1 : d = \sin \alpha$ und $s_2 : d = \sin \beta$ ist. Das Brechungsgesetz wird dann so formuliert: Der Quotient aus dem Sinus des Einfallswinkels und dem Sinus des Brechungswinkels ist eine konstante Zahl, die Brechungszahl.

Es überrascht vielleicht, daß das Gesetz bereits von einem Zeitgenossen Keplers entdeckt wurde, von Willebrord Snell van Royen (latinisiert Snellius genannt), der es in einem Buch veröffentlicht hat, das verlorengegangen war. Doch hat zum Glück Christian Huygens dies in einem anderen Buch bestätigt.

Es ist reizvoll, statt Wasser eine andere durchsichtige Flüssigkeit in die Schale zu füllen und für sie die Brechungszahl zu bestimmen, z. B. für Öl oder Spiritus.

Die unsichtbare Stecknadel

Versuch

Wir stechen eine Stecknadel so in einen kreisförmigen flachen Korken, daß sie 2 cm herausragt. Den Korken legen wir mit der

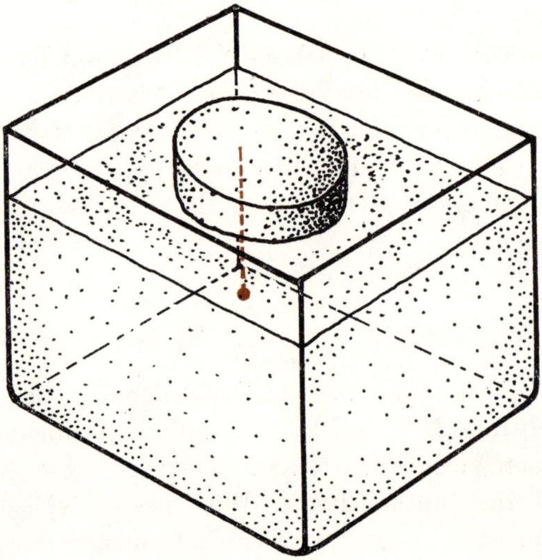

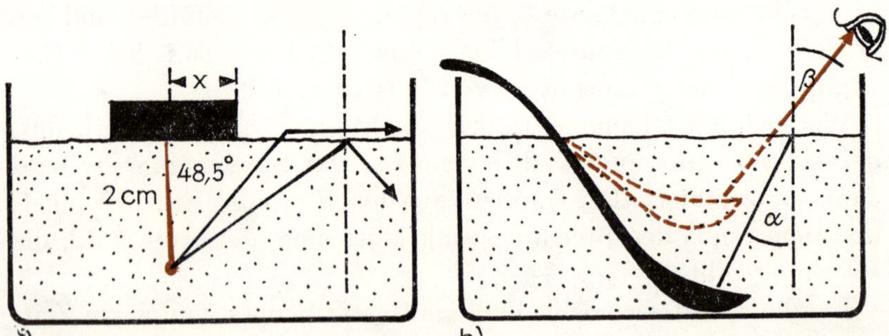

Abb. 40 a Die unsichtbare Stecknadel, b Der »gebrochene« Löffel

Nadel nach unten auf die Wasserfläche eines Aquariums oder eines anderen Gefäßes (Abb. 40a). So sehr wir den Kopf nun hin und her bewegen oder zur Seite neigen, die Nadel ist trotz ihrer Länge nicht zu entdecken. Natürlich dürfen wir nicht seitlich durch die Wände des Aquariums schauen. Wie kommt das?

Lichtstrahlen werden beim Übergang aus Luft in Wasser und auch umgekehrt gebrochen. Um das festzustellen, brauchen wir nur einen Löffel in ein Glas mit Wasser zu stellen und schräg von oben daraufzublicken. Der im Wasser stehende Teil des Löffels erscheint angehoben. Er ist an der Wasserfläche abgeknickt.

Lichtstrahlen, die vom Löffel unter Wasser ausgehen, werden an der Wasserfläche gebrochen, wie Abb. 40b es zeigt. Der Winkel α

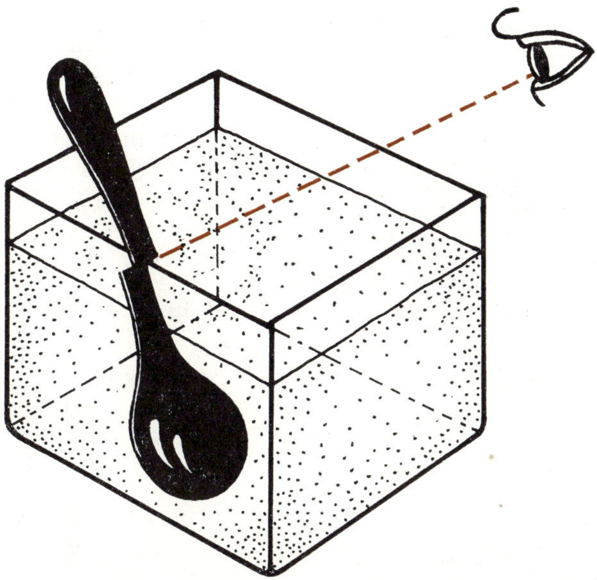

zwischen Strahl und Lot ist im Wasser kleiner als der Winkel β zwischen Strahl und Lot in der Luft. Das Auge läßt sich aber täuschen. Es sieht den Löffel in der Verlängerung des Lichtstrahls in der Luft.

Wird α im Wasser größer, wächst natürlich auch β in der Luft, jedoch schneller als α. Es tritt der Fall ein, daß bei $\alpha = 48{,}5^\circ$ der Winkel β schon 90° erreicht. Der aus dem Wasser austretende Strahl streift dann parallel über die Wasserfläche. Ist α aber größer als 48,5°, wird der Lichtstrahl an der Wasserfläche reflektiert wie an einem Spiegel. Man spricht von Totalreflexion.

Soll unsere Stecknadel unsichtbar werden, müssen wir verhindern, daß Strahlen unter einem kleineren Winkel als 48,5° von der Nadel aus von unten auf die Wasserfläche treffen. Das hängt von der Größe des Korkens ab. Nach Abb. 40a ist in dem rechtwinkligen Dreieck tan 48,5° = 2 cm/x. Es folgt x = 2 cm/tan 48,5° = 2 cm :1,13 = 1,75 cm. So groß muß der Radius des Korkens sein. Wir sehen also die um 2 cm aus dem Korken herausragende Stecknadel mit Sicherheit nicht, wenn der Korken einen Durchmesser von mehr als 3,5 cm hat.

Erlebnisse beim Baden und Tauchen

Versuch

Es ist im allgemeinen sehr schwierig, einen in einem Bach schwimmenden Fisch mit einem Speer zu treffen. Wir gehen aber wohl kaum mit einem Speer auf Fischfang. Doch können wir die Erscheinung ausprobieren, indem wir versuchen, einen am Boden des Baches liegenden Stein mit einer Stange zu treffen. Sie wird beim schnellen Einstoßen in das Wasser über den Stein hinweg auf dem Bachgrund

a)

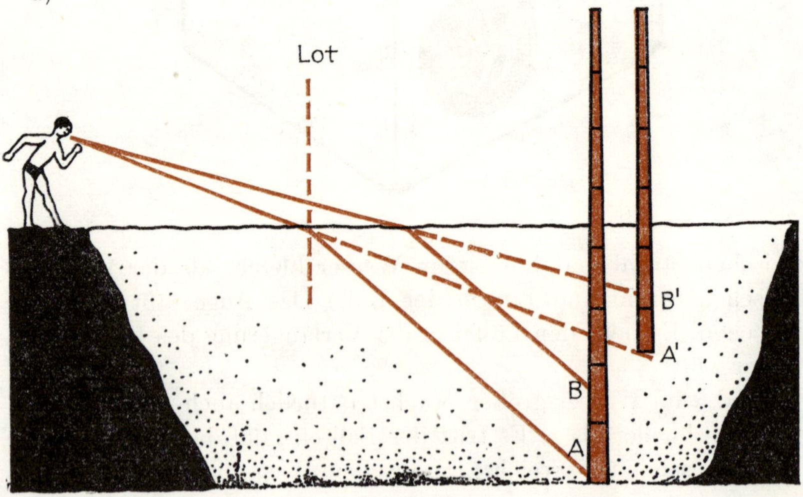

auftreffen. Das liegt daran, daß ein Lichtstrahl beim Übergang aus der Luft in das Wasser abgeknickt wird. Man sagt, er wird gebrochen. Im Wasser verläuft er steiler nach unten, als die Richtung der Stange in der Luft angibt.

b)

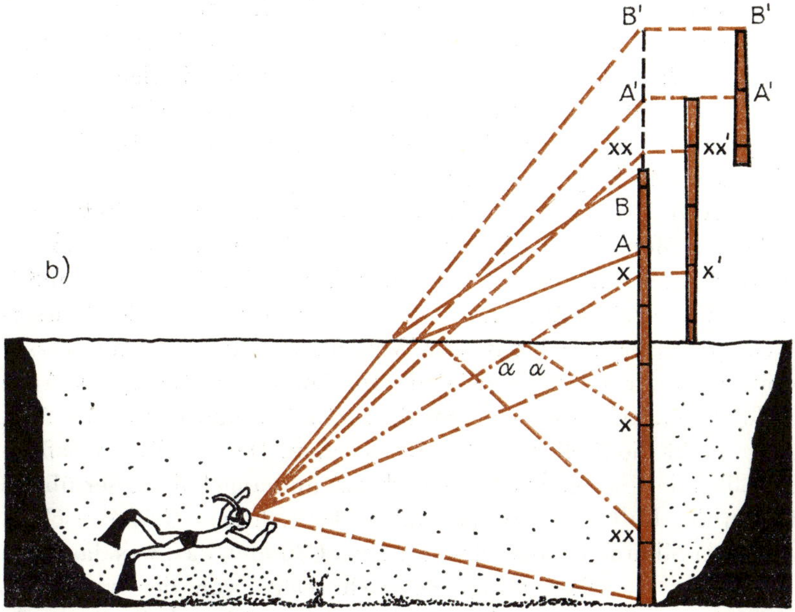

c)

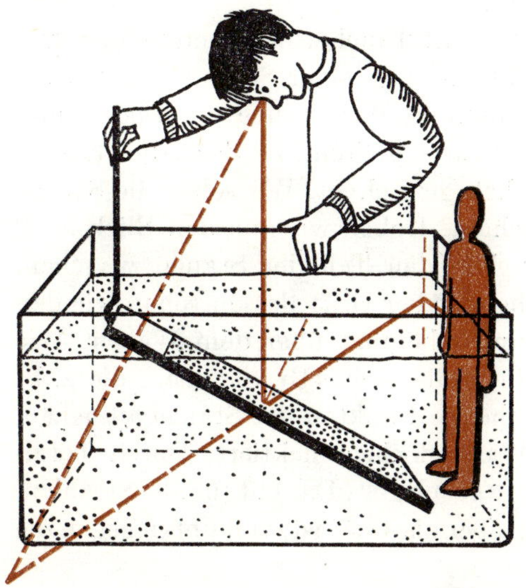

Abb. 41 Strahlenverlauf Luft/Wasser von drei verschiedenen Betrachtungspunkten aus gesehen

Diese Eigenschaft des Lichts spielt unseren Augen auch sonst oft einen Streich. So erleben wir einige merkwürdige Beobachtungen beim Baden und Tauchen. Wir betrachten mit unseren außerhalb des Wassers befindlichen Augen z. B. einen Badenden, der im Wasser steht. Der Teil seines Körpers, der sich über der Wasserfläche befindet, sieht ganz normal aus. Blicken wir aber auf seine im Wasser stehenden Beine, erscheinen sie uns eigenartig klein. Sie sind scheinbar verkürzt, und das um so mehr, je tiefer wir uns zum Wasser hinbeugen und so das Auge näher an die Wasserfläche bringen. In einem Swimmingpool ist das wegen der ruhigstehenden Wasseroberfläche gut zu beobachten.

Die Abb. 41a macht die Beobachtung verständlich. Statt eines badenden Menschen ist hier zur Vereinfachung eine Stange in das Wasser gestellt. Ein Strahlenverlauf geht von den Punkten A und B unter Wasser zum Auge hin. Die Strahlen werden an der Wasserfläche gebrochen. Dabei ist der Winkel zum Einfallslot im Wasser kleiner als der Brechungswinkel zum Lot in der Luft. Das Auge verfolgt den ankommenden Strahl rückwärts und glaubt als Ausgangspunkt die Stellen A′ und B′ zu sehen. Der im Wasser befindliche Teil der Stange erscheint verkürzt und angehoben, der übrige Teil in der Luft wird normal und in der richtigen Größe gesehen. In der Abbildung ist aus zeichnerischen Gründen das, was das Auge im Wasser zu sehen vermeint, nach rechts von der wirklichen Stange abgerückt gezeichnet. Die Punkte A′ und B′ liegen in Wahrheit auf der richtigen Stange.

Als nächstes versehen wir uns mit Taucherbrille und Schnorchel, tauchen und betrachten die Stange von einer Stelle unter Wasser aus. Wir blicken auf den Fußpunkt der Stange am Boden und lassen den Blick langsam aufwärts gleiten. In der Abb. 41b ist dieser Strahlenverlauf gestrichelt gezeichnet. Wir sehen die Stange ganz so, wie sie normal ausschaut. Heben wir nun den Blick noch weiter nach oben und versuchen den Teil der Stange zu sehen, der sich über das Wasser erhebt. Aber statt dessen sehen wir den Unterwasserteil umgekehrt und scheinbar über dem Wasser. Wie das möglich ist, veranschaulicht die Abb. 41b. Strahlen, die z. B. von den mit Kreuzchen versehenen Punkten der Stange ausgehen, werden von unten an der Wasserfläche reflektiert. Durch Totalreflexion werden sie in das Auge gespiegelt. Das gilt für alle Strahlen, die unter einem Winkel, der größer als 48,5° ist, von unten gegen die auf die Oberfläche des Wassers senkrecht zu denkenden Einfallslote auftreffen. Wiederum verfolgt das Auge die ankommenden Strahlen rückwärts und sieht die Stellen mit den Kreuzchen jetzt scheinbar über dem Wasser. Dabei liegt der mit einem Kreuzchen gekennzeichnete Punkt tiefer als der mit zwei Kreuzchen. Also ist das entstehende Bild dieses Teils der Stange gegen seine tatsächliche Lage umgekehrt.

Und noch einmal richten wir den Blick weiter nach oben zu dem Teil der Stange, der aus dem Wasser herausragt. Die von den Punkten A und B von diesem Teil herkommenden Lichtstrahlen werden an der Wasserfläche gebrochen, wie schon oben erläutert wurde. Sie verlaufen in das Wasser unter einem kleineren Winkel zum Lot als in der Luft. Die Folge ist, daß die von dem Auge her nach rückwärts verlängerten Strahlen von viel höher liegenden Punkten A′ und B′ auszugehen scheinen, als es in Wirklichkeit der Fall ist. Wir sehen eine angehobene Stange über dem Wasser. In der Abb. 41b ist das dargestellt, wobei auch hier gesagt werden muß, daß die beiden über dem Wasser sichtbaren Bilder mit der Stange selbst zusammenfallen. Sie sind nur der besseren Darstellung wegen seitlich verschoben gezeichnet.

Vielleicht ist es nicht jedermanns Sache, sich beim Badevergnügen mit physikalischen Beobachtungen und Überlegungen zu befassen, vor allem nicht mit den Augen unter Wasser. Da können wir zu Hause mit einem Versuch aushelfen. Dazu brauchen wir einen großen Topf oder ein Aquarium, außerdem einen ebenen Spiegel. Um den Versuch ein wenig humorvoll auszugestalten, stellen wir keine Stange in unser Gefäß, sondern schneiden uns aus Pappe, Alufolie oder Blech eine menschliche Figur aus. Sie muß so groß sein, daß sie zur Hälfte im Wasser steht, mit der anderen Hälfte darüber hinausragt.

Den Spiegel legen wir mit dem einen Ende auf den Boden unseres Gefäßes nahe an die Figur. Das freie Ende heben wir mit einem Haken mehr oder weniger stark an (Abb. 41c). Wir schauen jetzt von oben senkrecht auf die Wasserfläche und beobachten im Spiegel die Figur. Je nach der Neigung des Spiegels erleben wir die verschiedensten Ansichten der Figur, wie wir sie für das Auge unter Wasser bei dem im Wasser stehenden Stab kennenlernten. Beträgt der Winkel zwischen dem Boden des Gefäßes und dem Spiegel 25°, so sehen wir von unten nach oben erst die Füße und die Beine bis zur Oberfläche des Wassers, darüber nach oben anschließend umgekehrt Beine und Füße und noch weiter oben schließlich den Oberkörper angehoben wieder in der richtigen aufrechten Stellung.

Wir könnten die Versuche mit der menschlichen Figur auch in der Badewanne ausführen. Doch müßte die Figur dann schon recht groß ausgeschnitten und der Spiegel ebenfalls sehr groß sein. Das erschwert die an sich sehr interessanten Versuche. Beim Baden in der Wanne lassen sich aber andere lustige Versuche sehr einfach ausführen.

Wir bringen unser Auge dicht über die Wasserfläche. Das eingangs erwähnte Fischstechen ahmen wir in folgender Weise nach. Wir strecken den linken Arm aus, halten den Zeigefinger dieser Hand waagerecht ungefähr 15 cm tief unter die Oberfläche des Wassers. Nun versuchen wir, mit dem ausgestreckten Zeigefinger der rechten Hand ebenfalls unter Wasser den anderen Zeigefinger schnell zu treffen. Es wird nicht gelingen. Der rechte Finger stößt über den anderen hinweg, weil dieser infolge der Brechung der Lichtstrahlen scheinbar höher zu liegen scheint.

Bei diesem Versuch fällt nebenbei auf, daß die Handfläche und die Finger der linken, waagerecht gehaltenen Hand zwar richtig in der normalen Länge erscheinen, die Breite und Dicke der Finger sind dagegen scheinbar erheblich geringer als normal. Die Hand sieht schlanker und länger aus. Drehen wir unter Wasser die Hand langsam von der waagerechten in die senkrechte Lage, so geht die Verlängerung deutlich in eine Verbreiterung über. Die Erscheinung wird besonders sichtbar, wenn wir die waagerecht gehaltene Hand zur Hälfte aus dem Wasser heben. Der kleine und der Ringfinger bleiben unter Wasser, der Mittel- und der Zeigefinger etwas abgespreizt darüber. In dieser Haltung ist der Vergleich der normal sichtbaren Finger in der Luft mit den verlängerten Fingern unter Wasser sehr eindrucksvoll.

Wir halten die Hand jetzt senkrecht und strecken einen Finger so aus, daß er zur Hälfte aus dem Wasser ragt. Der im Wasser verbleibende Teil erscheint dicker als der über Wasser.

Mit der uns zugekehrten Handfläche und den ausgestreckten Fingern läßt sich der Versuch erweitern. Wir tauchen die Hand langsam und mit gleichbleibender Geschwindigkeit von oben senkrecht in das Wasser. Dabei bemerken wir, daß die Geschwindigkeit, wenn die Finger unter Wasser sind, geringer ist als zuvor in der Luft. Die ganze Hand sehen wir im Wasser plumper als in der Luft, denn die Breite der Hand hat sich nicht geändert, während die Länge von Hand und Fingern wesentlich verkürzt erscheint.

Recht eindrucksvoll ist die Betrachtung eines Tellers, den wir lotrecht von oben nach unten mit gestrecktem Arm in das Wasser eintauchen. In der Luft sehen wir den Teller natürlich kreisrund. Der Teil, der in das Wasser gerät, formt sich scheinbar zu einem Oval um. Je tiefer der Teller eintaucht, um so mehr scheint der unter Wasser liegende Teil über die Tellergröße hinaus ausgeweitet. Schließlich nimmt der völlig untergetauchte Teller Eiform an. Auch bei diesem Versuch beobachten wir, daß sich der unter Wasser befindliche Teil des Tellers langsamer nach unten zu bewegen scheint als der Teil in der Luft.

Alle diese Erscheinungen in der Badewanne lassen sich mit der Brechung der Lichtstrahlen an der Wasserfläche erklären, wenn wir dazu noch einmal die Abb. 41a betrachten.

Das unsichtbare Glas

Versuch

Wir kleben einen Trichter aus weißem Papier zusammen. Sein Durchmesser am oberen Rand möge $1/2$ m betragen. In die Seitenwand schneiden wir einen 1 cm breiten Schlitz ein. Den Trichter stellen wir mit seiner Achse unter eine Glühbirne von 25 Watt. Durch das kleine Loch unten im Trichter stecken wir einen Glasstab möglichst genau in die Achse des Trichters ein und betrachten ihn durch den seitlichen Schlitz. Er zeigt die Helligkeit auf seiner Länge unterschiedlich verteilt und ist gut zu sehen. Wenn wir ihn vorsichtig hin und her bewegen und wenden, verschwindet er plötzlich in einer bestimmten Stellung. Er wird unsichtbar.

Der Stab ist in dieser Lage allseitig völlig gleichmäßig beleuchtet. Das Licht der Glühbirne wird von der Wand des Trichters gestreut und trifft gleichmäßig aus allen Richtungen auf den Glasstab. So wird jeglicher Helligkeitsunterschied oder gar jegliche Schattenbildung vermieden. Er hebt sich vom Hintergrund der Trichterwand nicht ab, und unser Auge kann den Stab nicht sehen.

Glas kann auch noch aus einem anderen Grunde unsichtbar sein. Immer wieder geschehen Unfälle, weil Menschen gegen eine geschlossene Glastür stoßen und von der zersplitternden Scheibe verletzt werden. Glas ist in der umgebenden Luft unsichtbar. Es wirkt als sogenannte planparallele Platte, die schräg auffallende Lichtstrahlen nur fast unmerklich verschiebt. Senkrecht auftreffende Strahlen gehen geradlinig ungehindert hindurch.

Die Ablenkung von Lichtstrahlen aus ihrer ursprünglichen Richtung, die Brechung, beim Übergang von einem Stoff in einen anderen wird mathematisch durch die Brechungszahl erfaßt. Jeder Stoff hat gegen Luft eine bestimmte Brechungszahl, z. B. Wasser 1,3; Glas 1,5; Diamant 2,4.

Tauchen wir eine saubere Glasplatte in Wasser, so ist sie kaum zu sehen. Das liegt daran, daß die beiden Stoffe nahezu gleiche Brechungszahlen haben. Lichtstrahlen, die durch das Wasser und das Glas laufen, werden nur unmerklich gebrochen. Daher kann unser Auge das Glas nicht sehen.

Strahlen von Wasserstoff und Kohlendioxid sind in Luft unsichtbar, weil die Gase und die Luft gleiche Brechungszahlen haben.

Von der Schusterkugel zum Mikroskop

Versuch

Das ehrsame Handwerk der Schuhmacher ist fast ausgestorben. Nur in Museen und auf alten Bildern können wir noch die Geräte betrachten, mit denen früher in der Werkstatt eines Schuhmachers gearbeitet wurde. Da es noch kein elektrisches oder Gaslicht gab, waren die Meister und Gesellen auf die Beleuchtung mit einer Petroleumlampe angewiesen. Das Licht einer solchen Lampe ist aber, bis es auf den Arbeitsplatz gelangt, recht schwach, zumal es sich nach allen Seiten im Raum ausbreitet. Der Schuhmacher benutzte ein sehr einfaches Verfahren, um trotzdem viel Licht auf den Schuh zu lenken, den er gerade in Arbeit hatte. Er baute sich eine Art Scheinwerfer zusammen.

Jede Lampe stattete er zunächst mit einem Reflektor aus. Das war entweder ein Glasspiegel oder ein polierter Metallspiegel, der das Licht in Richtung auf die Arbeitsstelle reflektierte. Dann stellte er eine mit Wasser gefüllte Glaskugel vor die Lampe. Diese Kugel wurde Schusterkugel genannt. Sie wirkte wie eine Sammellinse und faßte die Lichtstrahlen so zusammen, daß auf der Arbeitsstelle ein zwar begrenzter, aber doch heller Lichtfleck entstand (Abb. 42a).

Von der Wirkung einer Schusterkugel können wir uns leicht überzeugen. Wir füllen eine kugelförmige Glasvase mit Wasser oder verwenden eine Kochflasche (Stehkolben), wie sie der Chemiker benutzt, als Schusterkugel. Wir füllen sie mit Wasser und halten sie in das Sonnenlicht. Auf einem Stück Papier, das wir zuerst dicht hinter der Kugel in den Strahlengang bringen, beobachten wir

a)

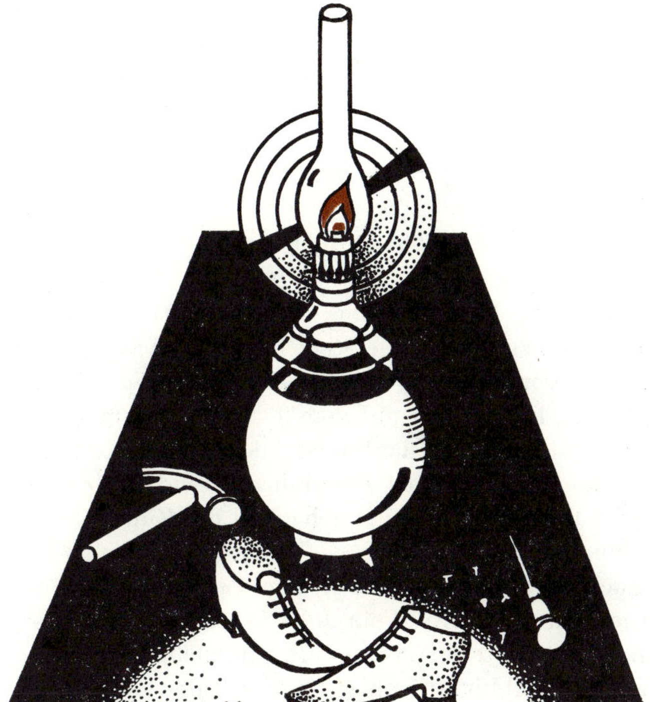

Abb. 42 a Schusterkugel

einen hellen Lichtfleck. Sein Durchmesser wird immer kleiner, je weiter wir das Papier von der Kugel entfernen. Gleichzeitig nimmt die Helligkeit des Flecks zu. An einer bestimmten Stelle ist der kreisförmige helle Fleck am kleinsten. Er ist dann das Sonnenbildchen. Halten wir die Hand an diese Stelle, fühlen wir eine starke Erwärmung. Hier sind nicht nur die Lichtstrahlen, sondern auch die von der Sonne kommenden Wärmestrahlen auf kleinstem

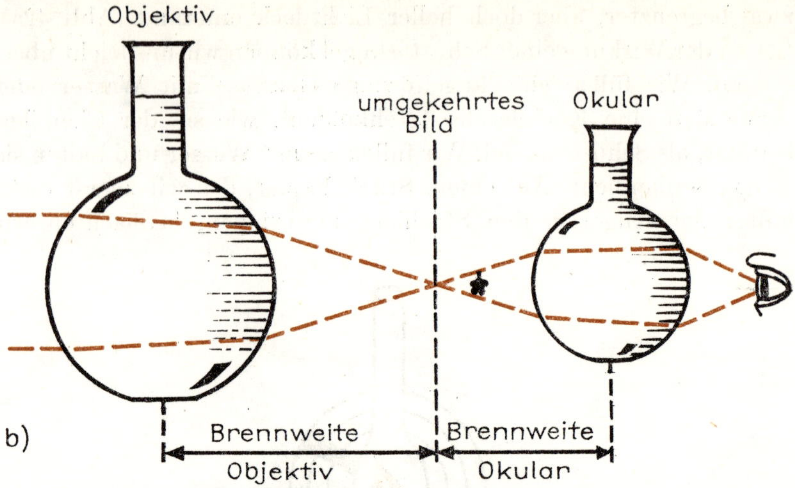

Abb. 42 b Fernrohr

Raum gesammelt. Es gelingt uns sogar an dieser Stelle, ein Stück Papier in Brand zu setzen. Die Stelle heißt daher auch Brennpunkt. Sein Abstand von der Mitte der Kugel ist die Brennweite.

Gelegentlich können wir auf dem Tisch hinter einer im Sonnenlicht stehenden Kugelvase das Sonnenbildchen sehen. Aber Vorsicht! Es sind schon Schadenfeuer dadurch entstanden, daß sich leicht brennbares Material, etwa eine Schachtel mit Zündhölzern, gerade im Brennpunkt einer solchen Vase befand. In ähnlicher Weise entstehen auch die hellen Flecke auf dem Tisch, wenn das Licht von Glühbirnen durch gefüllte Wein- oder Wassergläser fällt.

Wenn eine Schusterkugel wie eine Sammellinse wirkt, muß sich damit auch die Abbildung eines Gegenstandes genau so erreichen lassen wie mit einer Glaslinse. Wir halten eine mit Wasser gefüllte Kochflasche oder Kugelvase mit ausgestrecktem Arm vor uns hin und betrachten durch sie hindurch unsere Umgebung. Am besten eignet sich dafür die Landschaft draußen vor einem Fenster. Wir sehen ein verkleinertes, umgekehrtes und seitenvertauschtes Bild.

Wir betrachten nun dieses Bild durch eine zweite ebenfalls mit Wasser gefüllte Kugelvase. Dabei stellen wir am besten beide Vasen auf eine passende Unterlage in Augenhöhe auf, und zwar so, daß wir sie leicht verschieben können. Wir verändern den Abstand der beiden Vasen. Dabei finden wir bald die Entfernung von einer

Vase zur anderen, bei der wir durch die zweite Vase ein vergrößertes Bild sehen. Es ist vorteilhaft, wenn die erste Vase, das Objektiv, einen großen, die zweite Vase, das Okular, einen kleineren Durchmesser hat. Ein kleiner Radius bedingt nämlich eine starke Wölbung der Vase und eine kleine Brennweite, während die flacher gewölbte erste Vase mit ihrem größeren Radius eine große Brennweite besitzt.

Die Abb. 42b erläutert den Gang der Lichtstrahlen, die z. B. von einem weit entfernten Baum herkommen. Das Objektiv entwirft von diesem Objekt zunächst ein umgekehrtes kleines Bild des Baumes. Es wird dann durch das Okular wie durch eine Lupe betrachtet. Auf der Netzhaut unseres Auges entsteht ein vergrößertes Bild des Baumes.

Wir haben auf diese Weise ein Fernrohr zusammengestellt. Dabei sind wir so vorgegangen, wie es bei der Erfindung des Fernrohrs zugegangen sein soll. Es wird erzählt, daß die Kinder des holländischen Brillenschleifers Lippershey, die mit den Brillengläsern ihres Vaters spielten, zufällig zwei Gläser vor das Auge hielten und durch diese nach dem Wetterhahn auf dem Kirchturm schauten. Plötzlich riefen sie aufgeregt: »Der Hahn ist heruntergekommen!« Sie sahen ihn bei einem bestimmten Abstand der Gläser, d. h. der Linsen, so stark vergrößert, daß sie meinten, er sei jetzt nahe bei ihnen.

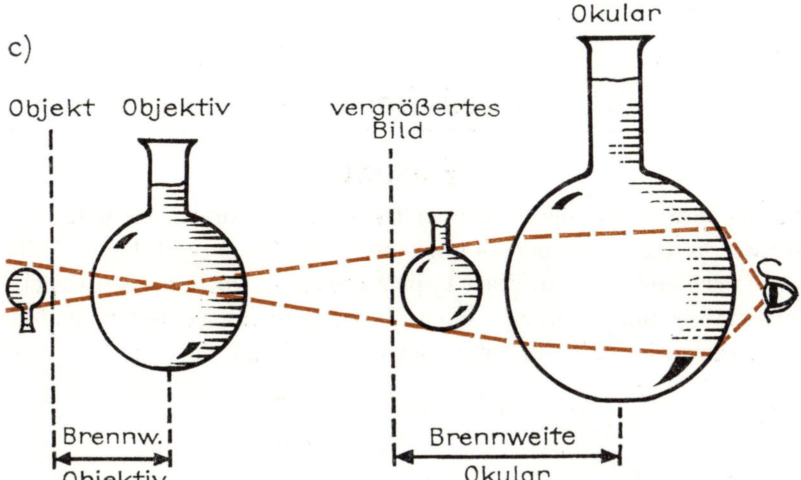

Abb. 42 c Mikroskop

Ein Fernrohr unterscheidet sich grundsätzlich überhaupt nicht von einem Mikroskop. Nur werden die Brennweiten von Objektiv und Okular anders gewählt. In der Tat können wir mit unseren Kugelvasen oder Kochflaschen sofort auch ein Mikroskop erhalten. Wir brauchen nur einen kleinen Gegenstand, z. B. die bunte Glaskugel eines Stecknadelkopfes, dicht vor das Objektiv (die kleine Vase) zu halten und sie so lange zu verschieben, bis wir ein vergrößertes Bild des Köpfchens sehen. Das abzubildende Objekt soll dabei dicht vor dem Brennpunkt des Objektivs liegen. Die Abb. 42c zeigt den Strahlengang. Das reale Zwischenbild, das wir sehen, bringen wir wieder in den Brennpunkt des Okulars, das dann wie eine Lupe wirkt.

Wir merken jetzt, daß es günstig ist, immer zuerst die Brennweiten unserer Vasen als Linsen im Sonnenlicht zu bestimmen. Dann können wir die richtigen Abstände von Objektiv und Okular bei Fernrohr und Mikroskop leichter finden.

Bei unseren Instrumenten stört es sehr, daß die entstehenden Bilder stark verzerrt sind. Das liegt an unseren dicken und stark gekrümmten »Linsen«. Die von der optischen Industrie gebauten Instrumente vermeiden diese Fehler soweit wie möglich durch Verwendung dünner Linsen. Die noch vorhandenen Fehler werden durch Kombination mehrerer Linsen ausgeglichen, darunter sind auch Zerstreuungslinsen. Aber wir wollen ja der Industrie keine Konkurrenz machen.

Ein optischer Scherz

Versuch

Ein Tablettenröhrchen (oder ein Reagenzglas) füllen wir ganz mit Wasser und verschließen es mit einem Stopfen so, daß keine Luftblase verbleibt. Auf ein Blatt Papier schreiben wir in großen Druckbuchstaben mit schwarzer oder blauer Schrift »Im tiefen Wald«. Dicht darunter folgt in roter Schrift »die hohe Eiche«:

IM TIEFEN WALD
DIE HOHE EICHE.

Jetzt halten wir das mit Wasser gefüllte Glasrohr über die Zeilen und versuchen zu lesen.

Die obere Zeile erscheint umgekehrt. Die Schrift steht auf dem Kopf. Die untere Zeile können wir ohne weiteres lesen. Ihre Schrift ist nicht umgekehrt. Wie ist dieser Unterschied zu erklären?

Natürlich spielt die Farbe der Schrift keine Rolle. Sie dient lediglich dazu, eine schnelle Unterscheidung der beiden Zeilen bei einer Diskussion zu ermöglichen. Freilich können wir harmlose Gemüter auch etwaige Folgen der Farben untersuchen lassen.

Der wirkliche physikalische Grund liegt im Glasrohr. Seine Wasserfüllung wirkt als Zylinderlinse. Halten wir das Tablettenröhrchen parallel zu den Längsachsen der Zeilen, dann kehrt diese Linse nur oben und unten um, weil sie nur in diese Richtung gekrümmt ist. So entsteht die entsprechende Lichtbrechung. Die Umkehrung der schwarzen Schrift durch die Linse ist also klar.

Das Geheimnis der Nicht-Umkehr bei der roten Schrift wird aufgeklärt, wenn wir ihre Druckbuchstaben genauer ansehen. Sie sind klappsymmetrisch zur Längsachse der Zeilen. Daher sehen sie nach der Abbildung durch die Zylinderlinse genauso aus wie vorher. Es dauert einige Zeit, bis die Zuschauer den Trick bemerken.

Das Zimmer als Lochkamera

Versuch

An einem Tag, an dem draußen die Sonne hell scheint, können wir im Zimmer an der Decke oder einer Wand schemenhaft beobachten, was draußen vorgeht. Das sind z. B. vorüberfahrende Wagen oder vorbeigehende Menschen oder auch nur einfach Bäume und andere Objekte unserer Umgebung. Unser Zimmer wirkt dann wie eine riesig vergrößerte Lochkamera.

Die Erscheinung, die wir sehen, wird um so deutlicher, je kleiner das (einzige) Fenster des Zimmers und je heller die Beleuchtung auf der Straße draußen ist. Dann werden die Bilder an der Decke schärfer und deutlicher. Das Fenster übernimmt die Rolle der Öffnung einer Lochkamera. Wie bei jedem solchen Gerät und bei jedem Fotoapparat sind die Bilder an der Decke umgekehrt zu den tatsächlichen Verhältnissen draußen. Fährt z. B. ein Wagen auf der Straße von links nach rechts am Fenster vorbei, ist seine Bewegung im Bild von rechts nach links. Außerdem stehen die Bilder auf dem Kopf.

Wir können die Abbildungen noch schärfer und besser erhalten, wenn wir das Fenster mit einer großen Pappe bedecken, in die wir ein Loch schneiden. Ist dann das Bild zu lichtschwach, können wir es auf einem großen, weißen Karton auffangen, den wir in den Weg der Lichtstrahlen halten.

Eine richtige kleine Lochkamera können wir übrigens aus jedem Kartonkasten, z. B. einem Schuhkarton, basteln. In die eine von den beiden kleinen Schmalseiten bohren wir ein kleines Loch. Die gegenüberliegende Seite schneiden wir weg und kleben über die offene Stelle durchscheinendes Pergamentpapier. Dann brauchen wir die Öffnung des Kartons nur auf unsere im möglichst hellen Licht liegende Umgebung zu richten, um ihr umgekehrtes und seitenvertauschtes Bild auf dem Papier zu sehen.

Sonnenbildchen im Wald

Versuch

An einem schönen Tag, an dem die Sonne hell scheint, rasten wir unter einem Laubbaum. Bei der Betrachtung des Bodens um uns herum fallen uns mehr oder weniger abgerundete Lichtflecke auf. Sie überschneiden sich an vielen Stellen. Bewegt der Wind das Laubdach über uns, zittern die Lichtflecke ebenfalls. Wir sind nicht die ersten, die diese Beobachtungen machen. Schon Aristoteles hat im Altertum über diese Erscheinung berichtet. Die richtige Erklärung fand der italienische Gelehrte Maurolycus im Jahre 1575. Es handelt sich um Bildchen der Sonnenscheibe.

Mit einem Versuch können wir zeigen, daß diese Deutung zutrifft. In einen großen Karton bohren wir ein Loch von etwa 1 cm Durchmesser. Den Karton halten wir so vor eine helle Mauer, daß die Sonnenstrahlen ungehindert durch das Loch treffen können. Dann erscheint auf der Wand ein heller, runder Fleck, das Bild der Sonne. Wir brauchen uns dabei keine Mühe zu geben, das Loch möglichst kreisförmig zu bohren. Es kann auch ein wenig zackig und eckig ausfallen. Das ändert an der Form des runden Bildchens nichts.

Wir haben bei dieser Abbildung der Sonne nichts anderes vor uns als das, was eine Kamera durch ihre Objektivöffnung erreicht, nämlich eine Abbildung der Umgebung davor. Die Objektivlinse ist nicht unbedingt erforderlich. Eine Lochkamera erzeugt auch

Bilder. Nur brauchen wir bei ihr erheblich längere Belichtungszeiten als bei einem Fotoapparat mit Linse, wenn wir einen Film belichten wollen.

Die Blätter in dem Laubdach eines Baumes lassen zwischen sich kleine Öffnungen aller möglichen Formen frei, spaltförmig, zackig, kreuzförmig – keineswegs oval oder gar kreisförmig. Trotzdem nähern sich die Sonnenbildchen auf dem Boden um so mehr der Kreisform, je kleiner die entsprechenden Öffnungen sind und je höher die Sonne steht. Ist der Boden gegen die Richtung der Sonnenstrahlen stark geneigt und ist der Sonnenstand niedrig, nehmen die Lichtflecke die Form von Ellipsen an.

Es gibt unter dem Baum aber manchmal auch größere Lichtflecke mit unregelmäßiger Begrenzung. Sie zeigen sich, wenn die Öffnungen

Abb. 43 Sonnenbildchen unter einem Baum

zwischen den Blättern sehr groß sind. Wir können uns dann die große Öffnung unterteilt denken in zahlreiche kleinere Öffnungen. Jede dieser Teilöffnungen erzeugt am Boden ein rundes Sonnenbildchen. Alle Bildchen überlagern sich und fügen sich zu einer Figur zusammen, die ihrerseits ein Bild des unregelmäßig großen Lochs zwischen den Blättern des Baumes ist.

Daß Maurolycus wirklich die richtige Deutung der Lichtflecke unter den Bäumen gefunden hat, erweist sich bei einer Sonnenfinsternis. Dann nämlich zeigt sich, daß die runden Lichtflecke von der Seite her genauso verdunkelt werden wie die Sonne selbst.

Natürlich können wir unsere Beobachtung der Sonnenbildchen nicht nur unter einem einzeln stehenden Baum machen, sondern auch bei einer Wanderung durch einen Laubwald. Überall sehen wir die Lichtflecke auf dem Waldboden. Aber nach einiger Zeit scheinen die hellen Stellen immer mehr eine rötliche Färbung anzunehmen. Dies ist eine physiologische Täuschung. Die Farbe der Sonnenbildchen hat sich nicht geändert. Wohl aber sind unsere Augen bei der längeren Wanderung unter den grünen Bäumen für die Empfindung Grün ermüdet. Der grüne Anteil des Sonnenlichts wirkt sich in den Augen nur noch wenig aus. Fällt aber Grün im Spektrum der Farben weg, überwiegt die Komplementärfarbe Rot. Und so meinen wir, die Sonnenbildchen seien jetzt rötlich gefärbt.

Die Schlitzkamera

Versuch

Wer einen Fotoapparat mit einem wertvollen Objektiv besitzt, ist fein heraus. Es ist jedoch auch mit weit einfacheren Mitteln möglich, Bilder zu erhalten. Das geschieht mit der Lochkamera (Abb. 44a). Sie besteht aus einer Kiste oder einem Karton. In die Vorderwand ist ein Loch von wenigen Zentimetern gebohrt oder gestochen. Die gegenüberliegende Wand wird aus einer Mattscheibe gebildet. Es kann auch ein Stück Seidenpapier sein. Richten wir das Loch gegen einen hellbeleuchteten Gegenstand, erscheint sein umge-

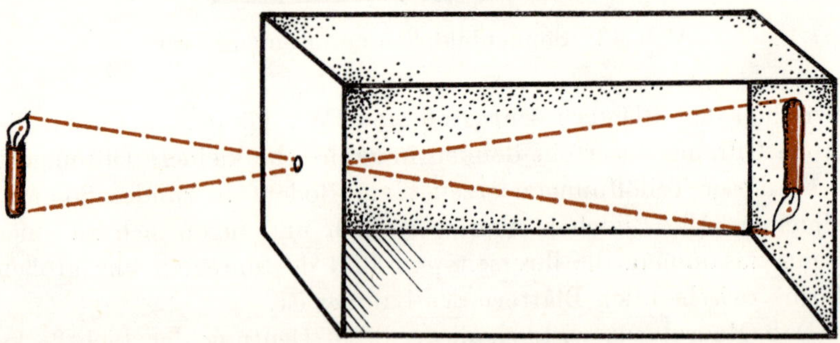

Abb. 44 a Lochkamera

kehrtes und seitenvertauschtes Bild auf der Mattscheibe. Wenn die Lochkamera lichtdicht genug ist, können wir einen Film an die Stelle der Mattscheibe bringen und regelrecht fotografieren. Die Bilder, die wir so erhalten, sind weniger scharf als diejenigen, die wir sonst als Fotos gewöhnt sind. Außerdem müssen wir eine längere Belichtungszeit in Kauf nehmen.

Durch eine Abänderung der Lochkamera können wir zu lustig verzerrten Bildern kommen. Die Lochwand der Kamera ersetzen wir durch eine Platte mit einem waagerechten Schlitz. Dicht dahinter stellen wir eine zweite Platte mit einem senkrechten Schlitz. Wir erhalten eine Schlitzkamera. Stehen die beiden Platten unmittelbar hintereinander, wirken sie genauso wie das einfache Loch in der Lochkamera. Am Bild auf der Mattscheibe ändert sich nichts.

Das Bild ändert sich aber erheblich, wenn wir die Schlitzplatten etwas auseinanderrücken. Ein Gesicht, das als Bild auf der Mattscheibe erscheint, sieht wie eine Karikatur aus. Es ist in die Länge gezogen.

Wie erklärt sich diese Verzerrung? In der Abb. 44b, die eine schematische Darstellung unserer Schlitzkamera gibt, ist als Gegenstand, den die Kamera abbilden soll, zur Vereinfachung ein Kreuz gezeichnet. Von ihm gehen Lichtstrahlen aus und treffen

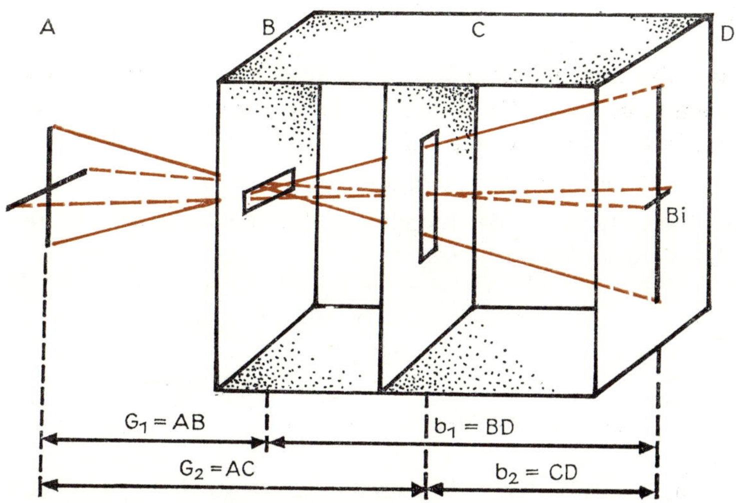

Abb. 44 b Schlitzkamera

zuerst auf den waagerechten Schlitz in der Platte B. Von der senkrechten Linie des Kreuzes gehen die Strahlen durch den Schlitz wie durch ein einfaches Loch. Der zweite Schlitz in der Platte C ändert an dem Strahlenverlauf nichts mehr, denn die in der senkrechten Ebene ankommenden Strahlen können ungehindert hindurchgehen. Kurz gesagt: Für die senkrechte Linie des Gegenstandes ist bei dieser Anordnung der Schlitze nur der vordere Schlitz maßgebend. Auf der Mattscheibe D entsteht das normale Bild der senkrechten Linie.

Seine Größe ergibt sich nach dem Strahlensatz der Mathematik aus Abb. 44b. Wenn wir die Gegenstandshöhe mit G, die Bildhöhe mit B_i, den Abstand des Gegenstandes von dem Schlitz, die sogenannte Gegenstandsweite, mit g und den Abstand des Bildes vom Schlitz, die sogenannte Bildweite, mit b bezeichnen, ergibt sich

$$G : B_i = g : b$$

und daraus

$$B_i = \frac{G \cdot b}{g}\,.$$

In unserem Falle für die senkrechte Linie ist in der Schlitzkamera $g_1 = \overline{AB}$ und $b_1 = \overline{BD}$. Die Bildhöhe wird demnach festgelegt durch

$$B_{i\,\text{senkr.}} = \frac{G \cdot \overline{BD}}{\overline{AB}}.$$

Die von der waagerechten Linie in A ausgehenden Strahlen können den Schlitz in der Platte B ungehindert passieren. Für sie wirkt der Schlitz in der Platte C wie ein Loch. Für die Bildgröße sind jetzt maßgebend die neue Gegenstandsweite $g_2 = \overline{AC}$ und die ebenfalls neue Bildweite $b_2 = \overline{CD}$. Es gilt also für die Bildhöhe (die besser Bildbreite zu nennen ist):

$$B_{i\,\text{waager.}} = \frac{G \cdot \overline{CD}}{\overline{AC}}\,.$$

Nun ist $\frac{\overline{BD}}{\overline{BA}} > \frac{\overline{CD}}{\overline{AC}}$. Das bedeutet, daß $B_{i\,\text{senkr.}} > B_{i\,\text{waager.}}$ sein muß.

Ein Zahlenbeispiel mag das Ergebnis verdeutlichen: Wir nehmen die beiden Striche des Gegenstandkreuzes zu je $G = 8$ cm Länge an.

Ferner sei $g_1 = \overline{AB} = 100$ cm, $b_1 = \overline{BD} = 10$ cm. Dann ist

$$\frac{b_1}{g_1} = \frac{10 \text{ cm}}{100 \text{ cm}} = 0{,}1.$$

Das Bild des senkrechten Strichs ist $B_{i \text{ senkr.}} = 8 \text{ cm} \cdot 0{,}1 = 0{,}8$ cm lang. Weiter stehe die Schlitzplatte C jetzt 4 cm hinter der Platte B. Dann gilt für diesen Schlitz $g_2 = 104$ cm, $b_2 = 6$ cm,

$$\frac{b_2}{g_2} = \frac{6 \text{ cm}}{104 \text{ cm}} \approx 0{,}06.$$

Also beträgt das Bild des waagerechten Strichs $B_{i \text{ waager.}} = 8 \text{ cm} \cdot 0{,}06 = 0{,}48$ cm bzw. nur rund die Hälfte der Länge des Bildes von dem senkrechten Strich.

Wird demnach ein Gegenstand mit dieser Schlitzkamera abgebildet, dann müssen alle in ihm senkrecht verlaufenden Strecken im Bild größer erscheinen als die waagerecht verlaufenden. Das Bild ist in senkrechter Richtung verzerrt (Abb. 44b). Tauschen wir die Schlitzplatten aus, muß das Bild umgekehrt in waagerechter Richtung verzerrt erscheinen. Werden die Schlitze schräg zueinander gestellt, ändern sich die Verzerrungen entsprechend.

Eine solche Schlitzkamera kann nicht nur zur Belustigung dienen, sondern auch zu ernsthaften Zwecken. Mit ihr können beispielsweise Muster für Ornamente, Teppiche, Tapeten entworfen oder variiert werden.

Spielereien in stroboskopischer Beleuchtung

Versuch

Was unter stroboskopischer Beleuchtung zu verstehen ist, läßt sich sehr einfach mit einer Taschenlampe erklären. Wir lassen sie in gleichmäßigen Zeitabständen immer nur kurz aufblitzen. Dieses unterbrochene oder intermittierende Licht liefert eine stroboskopische Beleuchtung. Die Technik hat stroboskopische Lichtquellen, sogenannte Stroboskope, entwickelt, bei denen sich die Folge der Lichtblitze beliebig in außerordentlich kurzen Abständen, in Bruchteilen von Sekunden, einstellen läßt.

Selbst mit unserem primitiven Taschenlampen-Stroboskop können wir bereits einen Versuch wagen. In einem völlig verdunkelten Zimmer bitten wir einen Freund, die Lampe immer nach einer

Sekunde so kurz wie möglich aufleuchten zu lassen. Ein Taktgeber (Metronom) erleichtert ihm das Einhalten der richtigen Zeitabstände. Halten wir eine Hand ruhig vor die Lampe, so sieht der Freund bei jedem Lichtblitz die Hand natürlich an derselben Stelle. Bewegen wir die Hand, und zwar so, daß sie beim ersten Aufblitzen der Lampe an einer Stelle links, beim nächsten Aufblitzen nach einer Sekunde etwas seitlich rechts von dieser Stelle, beim dritten Aufblitzen nach drei Sekunden aber wieder links an der alten Stelle ist, dann wird der Freund deutlich eine Bewegung der Hand feststellen.

Wir können ihn aber täuschen. Wir bewegen die Hand so schnell von links nach rechts und wieder zurück, daß sie sich, wenn die Lampe nach einer Sekunde wieder aufleuchtet, bereits an der ursprünglichen Stelle befindet, und fahren so in der Bewegung fort. Der Freund sieht die Hand immer an derselben Stelle und glaubt, sie habe sich überhaupt nicht bewegt. Selbst wenn wir die Hand in jeder Sekunde zwei- oder gar dreimal hin- und herbewegen, merkt der Freund nichts davon. Die Hand scheint für ihn stillzustehen. Er kann nicht erfassen, was zwischen den Lichtblitzen, in der sogenannten Dunkelphase, vor sich geht. Er sieht nur das, was während des kurzen Aufleuchtens, in der sogenannten Bildphase, geschieht.

Ein Modell eines Stroboskops können wir leicht herstellen. Wir schneiden nach Abb. 45a zwei etwa 1 cm breite Schlitze in eine kreisförmige Pappe (Durchmesser etwa 20 cm) und kleben sie auf die Stirnseite einer Garnrolle. An der Garnrolle befestigen wir eine längere Schnur und rollen sie auf. Ein durch die Rolle gesteckter dicker Draht dient als Achse. Ziehen wir die Schnur ab, wird die Rolle mit der Scheibe in schnelle Umdrehungen versetzt. Licht, das von einer Taschenlampe auf die Scheibe fällt, wird von ihr abgeblendet. Nur wenn ein Schlitz vor der Lampe vorbeiläuft, fällt ein Lichtblitz auf die Gegenstände vor der Scheibe und beleuchtet sie stroboskopisch.

Bewegen wir im sonst dunklen Zimmer einen Finger geradlinig vor der Scheibe, so sehen wir bei dieser Beleuchtung keine geradlinige Bewegung, vielmehr scheint der Finger ruckweise weiterzuspringen. Er wird nur in der Bildphase sichtbar, in der Dunkelphase verschwindet er. Bewegen wir den Finger hin und her (ähnlich wie beim ersten Versuch oben), dann können wir durch

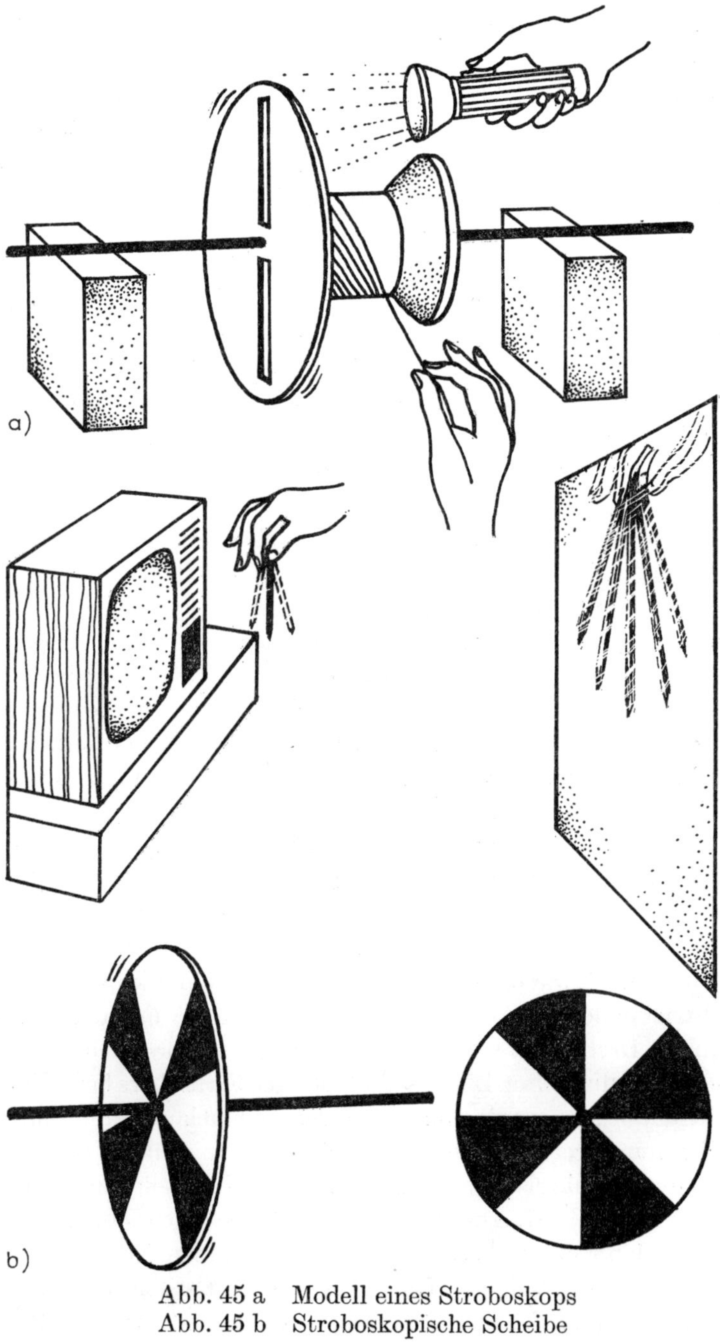

Abb. 45 a Modell eines Stroboskops
Abb. 45 b Stroboskopische Scheibe

Verändern der Geschwindigkeit erreichen, daß der Finger stillzustehen scheint.

Stroboskopische Lichtquellen haben wir im Haus. Das sind unsere normalen Glühlampen. Sie werden mit Wechselstrom betrieben. Jedesmal wenn die Wechselspannung auf Null sinkt, ist die Intensität des von einer Lampe ausgestrahlten Lichts geschwächt. Unser Auge ist zwar zu träge, um dies zu bemerken, tatsächlich schwankt bei der üblichen Frequenz der Wechselspannung von 50 Hertz die Helligkeit zweimal in $^1/_{50} \cdot s^{-1}$, d. h. in einer Sekunde 100mal. Schwenken wir im Licht einer Glühlampe eine glänzende Stricknadel oder einen gelben Bleistift vor einem dunklen Hintergrund schnell hin und her, so glauben wir mehrere Nadeln bzw. Bleistifte in fächerförmiger Anordnung zu sehen. Die Nadel wird nur in der Bildphase beleuchtet und damit sichtbar, in der Dunkelphase bleibt sie unsichtbar.

Wir haben noch eine stroboskopische Lichtquelle in der Wohnung, deren Helligkeitsschwankungen sogar erheblich stärker sind als bei einer Glühlampe. Das ist die Bildröhre eines Fernsehgeräts. Für unsere Versuche stellen wir den Kanalwähler so ein, daß kein Sender empfangen wird. Das Bildfenster erscheint gleichmäßig hell. Vor dem Gerät lassen wir wieder eine Stricknadel, einen Bleistift oder auch die Hand mit gespreizten Fingern hin und her schwingen. Auch hier beobachten wir die fächerförmige Anordnung zahlreicher Nadeln, Finger oder Stifte.

Wir stellen uns eine stroboskopische Scheibe her. Sie besteht aus einer weißen Pappscheibe von 20 cm Durchmesser, die in acht Sektoren eingeteilt wird. Jeder Mittelpunktswinkel beträgt also 45°. Nach Abb. 45b kleben wir auf jeden zweiten Sektor einen schwarzen Kreisausschnitt. Stecken wir durch den Mittelpunkt der Scheibe eine Stricknadel als Achse, läßt sich die Scheibe mit dem Finger in schnelle Drehungen versetzen. Was werden wir beobachten, wenn wir sie im verdunkelten Zimmer im Licht des Fernsehers betrachten?

Wir überlegen zuerst den besonders einfachen Fall, daß die Scheibe nur zwei Sektoren habe, also einen weißen und einen schwarzen Halbkreis. Das Licht des Bildschirms leuchtet 50mal in der Sekunde auf. Dreht sich die Scheibe auch 50mal in der Sekunde, dann nimmt zwischen zwei Lichtblitzen jeder Halbkreis wieder seine alte Stelle ein. Die Scheibe scheint stillzustehen.

Besitzt die Scheibe vier Sektoren, abwechselnd zwei weiße und zwei schwarze Viertelkreise, braucht sie sich in dem Licht nur 50/2- bzw. 25mal zu drehen, um Stillstand vorzutäuschen, denn schon nach einer halben Drehung der Scheibe tritt ein Sektor an die Stelle des gleichfarbigen vorangegangenen Sektors. Bei drei Sektorenpaaren ist die Zeit 50/3 Sekunden, bei acht Sektoren, also vier Paaren, 50/4 Sekunden usw. Allgemein gilt: Hat die Scheibe n Sektorenpaare, scheint sie stillzustehen bei der Drehzahl 50/n Sekunden.

Wir probieren unsere Scheibe aus. Wenn wir sie in Rotation versetzen, dreht sie sich auf der Stricknadel zuerst sehr schnell und sieht einförmig grau aus. Dann nimmt die Drehzahl ab. Nach und nach lassen sich die Sektoren erkennen, und plötzlich scheint die Scheibe stillzustehen. Jetzt führt sie $50/4 = 12{,}5$ Drehungen pro Sekunde aus. Dieser Zustand kommt auch vor bei 25; 37,5 usw. Drehungen pro Sekunde.

Wir können also die Drehzahl unserer Scheibe bestimmen. Das Verfahren wird technisch genutzt, um eine bestimmte Drehzahl zu kontrollieren. Das wollen wir bei einem Plattenspieler probieren.

Der Teller des Plattenspielers soll sich für kleine Platten 45mal in der Minute drehen, das sind 0,75 Umdrehungen in der Sekunde. Wie müßte unsere stroboskopische Scheibe in diesem Fall aussehen? Wir wissen, daß bei Fernsehlicht die Drehzahl der Scheibe im Moment des scheinbaren Stillstands 50/n pro Sekunde sein muß. Die Zahl der Sektorenpaare für 0,75 Umdrehungen pro Sekunde muß dann sein $50 : 0{,}75 = 66{,}6 \approx 67$. So viele Sektorenpaare können wir aber nicht auf unsere Scheibe zeichnen. Wir helfen uns mit einem Trick. Statt einer Scheibe verwenden wir ein Papierband.

Auf einen 5 cm hohen Papierstreifen zeichnen wir mit dem Filzschreiber 67 schwarze Striche auf im Abstand von $^1/_2$ cm. Es entstehen 67 schwarze und weiße Felder (Abb. 45c). Der Streifen muß demnach $67 \cdot 0{,}5\ \text{cm} = 33{,}5\ \text{cm}$ lang sein. Zusätzlich belassen wir noch eine kleine Lasche daran, damit wir den Streifen zu einem Ring

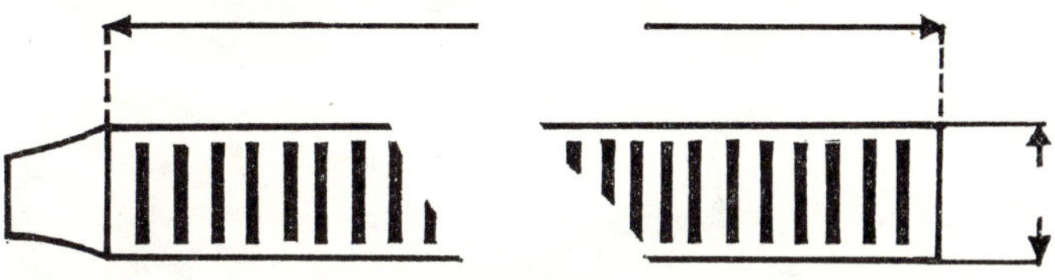

Abb. 45 c Stroboskopisches Band

zusammenkleben können. Um diesen stroboskopischen Ring konzentrisch auf dem Plattenteller unterzubringen, legen wir eine dicke Pappscheibe mit 11,6 cm Durchmesser hinein. Der Mittelpunkt der Scheibe erhält ein Loch, das auf die Achse des Plattenspielers paßt. Nun lassen wir diesen anlaufen. Sobald er seine volle Geschwindigkeit erreicht hat, scheint der Streifen stillzustehen (Abb. 45d).

Mit einer stroboskopischen Scheibe lassen sich mehrere Drehgeschwindigkeiten messen. Wir können nach Abzählen der Streifen auf einem Ring leicht die betreffende Drehgeschwindigkeit errechnen und danach die Drehzahl des Plattenspielers kontrollieren.

Nun sind wir auch in der Lage, eine Erscheinung zu verstehen, die wir bei der Vorführung eines Films erleben, sei es auf der Leinwand im Kino oder auf der Fernsehscheibe. Da jagt ein Wagen in einem halsbrecherischen Tempo daher. Doch was ist mit seinen Rädern? Sie drehen sich nur langsam, scheinen auf einmal stillzustehen und jetzt sogar rückwärts zu laufen. Die Bilder eines Films zeigen niemals den wirklichen zusammenhängenden Ablauf eines

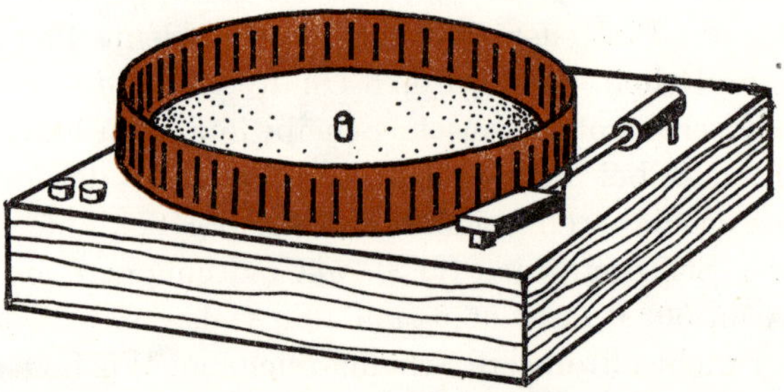

Abb. 45 d Stroboskopisches Band auf Plattenteller

Bewegungsvorgangs. Das ist technisch nicht zu verwirklichen, weil andernfalls unendlich viele Bilder pro Sekunde aufgenommen und später projiziert werden müßten. Das ist jedoch gar nicht nötig. Schon 24 Bilder je Sekunde, nacheinander fotografiert, täuschen bei der Wiedergabe des Films in derselben Zeit eine kontinuierliche Bewegung vor. Was zwischen zwei Aufnahmen geschieht, wird nicht erfaßt, bleibt im Dunkeln, in der sogenannten Dunkelphase. Das Projektionsgerät ist nun so eingerichtet, daß immer zwischen zwei Bildern, den sogenannten Bildphasen, das Licht durch eine rotierende Blende ausgeblendet wird. In dieser kurzen Zeit rückt der Film um ein Bild weiter. Unser Auge bemerkt das kurzzeitige Ausblenden nicht, weil der Bildeindruck auf der Netzhaut noch etwas nachwirkt. Er geht in den folgenden Bildeindruck über, und wir sehen scheinbar einen ununterbrochenen Ablauf einer Bewegung.

Wir wenden unsere Aufmerksamkeit wieder dem Film zu, der einen fahrenden Wagen zeigt. Eines der sich drehenden Räder habe eine irgendwie gekennzeichnete Speiche. Wagen und Rad sind mit stroboskopischer Beleuchtung gefilmt, also mit den Unterbrechungen der Dunkelphasen. Es gibt dann verschiedene Möglichkeiten. Die erste ist, das Rad macht während der Dunkelphase eine ganze Umdrehung. Dann sieht es beim Wiederaufblitzen des Lichts in der Bildphase genauso aus wie vorher. Fährt der Wagen gleichschnell und sind die Bildphasen auch gleichlang, sehen wir über längere Zeit die gekennzeichnete Speiche immer an derselben Stelle. Wir haben den Eindruck, das Rad stehe still. Das Rad kann sogar während jeder Dunkelphase zwei oder zwanzig oder n Umdrehungen gemacht haben, wenn nur n eine ganze Zahl bedeutet. Das ändert an dem scheinbaren Stillstand des Rades nichts.

Die zweite Möglichkeit besteht darin, daß das Rad während einer Bildpause (Dunkelphase) ein wenig mehr als eine ganze Anzahl von Umdrehungen ausführt. (Eine Umdrehung bedeutet die Änderung des Drehwinkels um 360°.) Jetzt sei die Änderung um einen kleinen Winkel größer. Bei n Umdrehungen sind das dann $n \cdot 360° + \alpha$. Es entsteht der Eindruck, die Speiche des Rades habe sich während der Bildpause nur um den Winkel α gedreht. Bei der Beobachtung aufeinanderfolgender Bilder scheint sich das Rad langsamer vorwärts zu drehen als in Wirklichkeit.

Es kann schließlich auch noch so sein, daß das Rad während einer Bildpause weniger als n Umdrehungen ausführt. Der Drehwinkel ist dann $n \cdot 360° - \alpha$, und wir erhalten den Eindruck, die Speiche des Rades habe sich während der Bildpause um den Winkel α zurückgedreht. Das Rad läuft scheinbar rückwärts.

Im allgemeinen ist keine der Speichen des Rades besonders markiert. Alle sehen gleich aus. Dann bewirkt eine Drehung um den zwischen zwei Speichen eingeschlossenen Winkel schon dasselbe, was bei unseren Überlegungen oben erst eine ganze Umdrehung bewirkt. Bedenken wir das, dann bleiben die drei Möglichkeiten unverändert bestehen. Wir müssen nur immer, statt von einer ganzen Anzahl Umdrehungen zu sprechen, hier von der Drehung um ein ganzzahliges Vielfaches eines Speichenwinkels ausgehen.

Ganz besonders eigenartig wird es, wenn wir bei der Beobachtung des Rades die Speichen ohne Markierung lassen, unser Augenmerk dagegen auf eine Markierung auf der Radfelge richten. Bei luftbereiften Rädern ist das sehr einfach. Als Marke kann z. B. das Ventil dienen, während alle Speichen gleich aussehen. Was können wir dann erleben? Es ist möglich, daß sich die Felge entgegengesetzt zur Drehrichtung der Speichen zu bewegen scheint. Befindet sich die Marke in der Nähe einer Speiche oder direkt über ihr, dann geschieht alles so, wie es die drei oben geschilderten Möglichkeiten angeben. Fassen wir aber das ganze Rad ins Auge, ist es möglich, daß sich das Rad bezüglich der nichtmarkierten Speichen rückwärts, bezüglich der markierten Speiche vorwärts zu drehen scheint. Wir werden den Eindruck haben, daß sich das Rad rückwärts dreht, die Marke von Speiche zu Speiche vorwärts springt.

Sitzen wir vor einem Fernseher oder im Kino, beeinflussen solche gelegentlich auftretenden Effekte an Rädern den Genuß des vorgeführten Films kaum. Das Geschehen im Film lenkt viel zu viel ab. Wird aber z. B. in einem Lehrfilm die Arbeitsweise einer Maschine erläutert, dann können sich scheinbar verkehrt drehende Räder zu schwerwiegenden Mißverständnissen führen.

Die Zeitlupe zur Messung der Geschoßgeschwindigkeit

Das Verfahren der Zeitlupe besteht darin, einen Vorgang mit großer Bildfrequenz zu filmen und den Film mit kleiner Bildfrequenz vorzuführen. So ist dann z. B. der Flügelschlag eines Vogels in allen

Einzelheiten langsam zu beobachten. Die Technik benötigt noch wirkungsvollere Aufnahmen mit der Zeitlupe. Eine Sektorenscheibe mit stroboskopischer Beleuchtung kann für diesen Zweck verwendet werden.

Nehmen wir eine Scheibe an mit vier Sektorenpaaren wie in Abb. 45b. Sie scheint stillzustehen, wenn sie in jeder Sekunde 25 Umdrehungen ausführt und 100mal in der Sekunde angeblitzt wird. In jeder Dunkelphase führt die Scheibe eine Vierteldrehung aus. Was geschieht aber, wenn sie in der Sekunde 101mal kurz beleuchtet wird? Dann führt die Scheibe während einer Dunkelphase etwas weniger als eine Vierteldrehung aus. Die Stellung der Sektoren nach der Dunkelphase erscheint so, als ob sie sich um $^1/_{100}$ einer Umdrehung zurückgedreht hätten. Während der nächsten dunklen Phase erscheint die Scheibe erneut um $^1/_{100}$ einer Umdrehung zurückgeblieben usw. In einer Sekunde scheint sie insgesamt eine volle Umdrehung rückwärts auszuführen.

Natürlich läßt sich erreichen, daß sich unsere Scheibe scheinbar ständig vorwärts dreht. Dieser Eindruck entsteht bei einer verkleinerten Bildfrequenz. Wird unsere Scheibe 99mal in der Sekunde angeblitzt, entsteht der Eindruck, daß sich die Scheibe in einer Sekunde einmal vorwärts dreht.

Dies ist eine Art Zeitlupe, denn die Scheibe scheint sich ja nur mit $^1/_{25}$ ihrer wahren Geschwindigkeit zu drehen. Der Verkleinerungsfaktor beträgt 1 : 25. Er läßt sich noch weiter steigern. Bei 999 Blitzen pro Sekunde scheint sich die Scheibe erst in zehn Sekunden einmal vorwärts zu drehen. Das ergibt eine Zeitlupe mit dem Verhältnis 1 : 250. Eine so hohe Blitzfolge läßt sich mit speziellen stroboskopischen Lampen erreichen.

Dieses Verfahren ermöglicht es, jede schnelle periodische Bewegung für unser Auge zu verlangsamen. Das nutzt die Technik aus, um z. B. die Bewegung von Maschinenteilen genauer zu untersuchen. Zeitlupen mit den Verhältnissen 1 : 100 oder 1 : 1000 werden oft benutzt. Sie haben obendrein den Vorteil, sehr genau zu arbeiten. So wurden Meßgeräte für Frequenzen bzw. Drehzahlen gebaut mit einer Meßgenauigkeit bis zu $^1/_{1000}$%.

Um an einem Beispiel die Nutzung von Drehzahlmessungen zu verdeutlichen, wollen wir ein Verfahren zur Messung von Geschoßgeschwindigkeiten erklären. Dazu wird eine Sektorenscheibe auf eine rotierende Welle aufgesetzt. Die Scheibe ist zugleich Boden eines über die Welle hinausragenden Hohlzylinders (Abb. 46). Schießen wir genau in Richtung eines waagerechten Durchmessers durch den ruhenden Zylinder, erfolgt der Einschuß an der Stelle A, der Ausschuß an der Stelle B der Zylinderwand. B liegt A genau gegenüber. Rotiert der Zylinder, dann hat sich in der Zeit, die das Geschoß von A aus zur gegenüberliegenden Zylinderwand braucht, diese Wand ein wenig weitergedreht. Der Ausschuß erfolgt dann an der Stelle C einige Zentimeter von B entfernt. Wie kann nun die Geschoßgeschwindigkeit berechnet werden?

Nehmen wir an, der Zylinder habe den Durchmesser von 0,40 m, sein Umfang ist dann U = 0,40 m · 3,14 = 1,256 m. Die Umdrehungszahl sei stroboskopisch zu 12 Umdrehungen pro Sekunde bestimmt worden und bleibt während des Versuchs konstant. Ein Punkt auf dem Zylinder legt also in der Sekunde 12 · 1,256 m = 15,07 m zurück. Seine Geschwindigkeit beträgt 15,07 m/s. Das

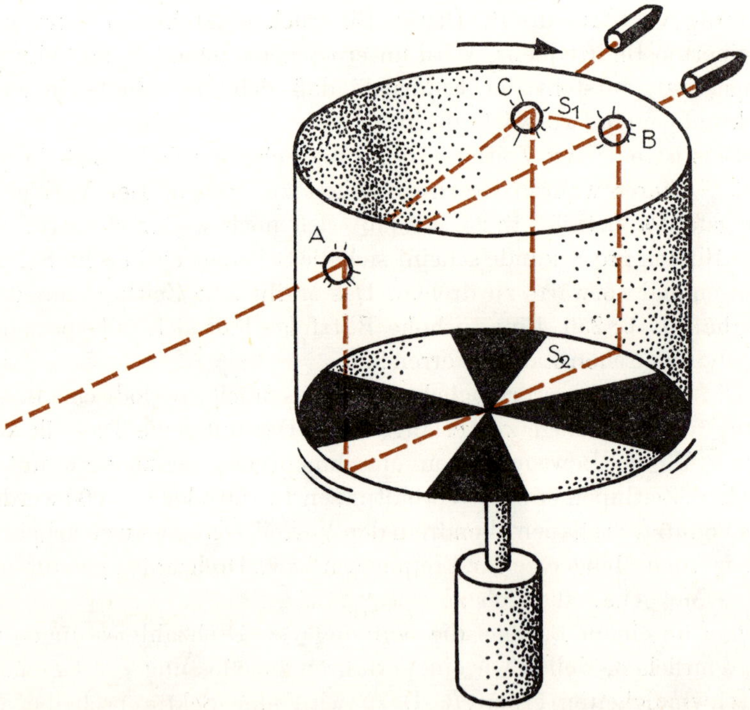

Abb. 46 Versuch zur Messung von Geschoßgeschwindigkeiten

Geschoß habe den Zylinder an den Stellen A und C durchstoßen und C liege $s_1 = 3$ cm von B entfernt. Die Verschiebung von 3 cm erfolgt in der Zeit

$$t = \frac{s_1}{v} = \frac{3\ \text{cm}}{1\,507\ \text{cm/s}} = 0{,}002\ \text{s}.$$

In dieser Zeit hat das Geschoß den Durchmesser des Zylinders zurückgelegt: $s_2 = 0{,}40$ m. Es hat also die Geschwindigkeit

$$v = \frac{s_2}{t} = \frac{0{,}40\ \text{m}}{0{,}002\ \text{s}} = 200\ \text{m/s}.$$

Ein Mann wird kopflos

Versuch

Am Hofe des Sonnenkönigs Ludwig XIV. in Versailles gab es eines Tages eine Sensation. Der große Physiker des 17. Jahrhunderts Edme Mariotte stellte zwei Höflinge im seitlichen Abstand von etwa 2 m einander gegenüber auf. Dann zeigte er jedem einen bestimmten Punkt, den er mit einem Auge fixieren, zugleich aber das andere Auge zuhalten sollte. Sobald diese Aufforderung erfüllt war, riefen die beiden Höflinge überrascht, daß der jeweils andere ohne Kopf sei. Die Zuschauer glaubten es zunächst nicht. Sie drängten sich dazu, das Experiment selbst auszuführen, und mußten die Beobachtung bestätigen.

Wir können diesen Versuch selber nachahmen. An der Zimmerwand befestigen wir in Kopfhöhe ein weißes Papierkreuz, stellen uns seitlich davon auf, konzentrieren den Blick unseres rechten Auges darauf und halten das linke Auge zu. Nun bitten wir einen Helfer, einen weißen Papierkreis (etwa 20 cm Durchmesser) von dem Kreuz langsam nach rechts fortzubewegen. In einem bestimmten Abstand von dem Kreuz verschwindet der Kreis für unser Auge. Dies geschieht um so früher, je näher wir zur Wand stehen. Stellt sich jetzt der Helfer mit seinem Kopf genau vor die Stelle des Kreises, sehen wir seinen Kopf nicht mehr. Er ist scheinbar verschwunden, wir sehen einen Mann ohne Kopf.

Wie kommt es, daß sich unser Auge derart täuschen läßt? Wir halten unser Sehorgan, das für das Zurechtfinden in der Umwelt unersetzlich wichtig ist, doch sonst für unbestechlich. In Wirklichkeit läßt sich das Auge recht oft und leicht täuschen. Denken wir z. B. nur daran, daß wir bei einem Blick in den Spiegel glauben, uns dort hinter ihm festzustellen, obwohl wir doch vor ihm stehen, oder daß wir infolge der Brechung des Lichts einen Fisch in einem Bach an ganz anderer Stelle sehen, als er tätsächlich steht.

Es gibt sogar im Blickfeld eines Auges ein Gebiet, das sich direkt vor dem offenen Auge befindet und das wir doch überhaupt nicht sehen können. Davon überzeugen wir uns durch einen Versuch. Auf ein weißes Blatt Papier zeichnen wir ein kleines Kreuz und legen rechts daneben in 10 cm Abstand ein 10-Pfennig-Stück. Nun schließen wir das linke Auge und fixieren das Kreuz mit dem rechten Auge. Solange das Papier etwa 20 cm vom Auge entfernt ist, sehen wir Kreuz und Münze deutlich. Nähern wir aber langsam das Auge dem Kreuz, so kommt unweigerlich der Augenblick, in dem wir die Münze nicht mehr sehen. Sie scheint völlig verschwunden zu sein, obwohl sie tatsächlich noch immer vor dem Auge liegt. Wir brauchen nur das linke Auge zu öffnen, um das festzustellen.

Diese merkwürdige Erscheinung hat ihre Ursache in dem sogenannten blinden Fleck auf der Netzhaut des Auges. Das ist die Stelle, an der der Sehnerv in das Auge eintritt. Der Nerv verästelt sich von hier aus in die unzählig vielen Zweige, die in den lichtempfindlichen Stäbchen und Zapfen der Netzhaut enden. Der Fleck selbst bleibt für Lichteindrücke unempfindlich.

Übertragen wir einmal unseren letzten Versuch in einen größeren Maßstab. Wir betrachten ein Haus aus 10 m Entfernung. Dann bleibt eine Kreisfläche von 10 m Durchmesser auf dem Haus wegen des blinden Flecks unsichtbar. So könnten wir z. B. einen Freund, der aus einem Fenster winkt, nicht bemerken, obwohl wir angespannt auf das Haus schauen und das Fenster im Blickfeld unseres Auges liegt.

Woran liegt es, daß wir diesen Mangel des Auges normalerweise nicht bemerken? Es ist so, daß wir von Kindheit an lernten, mit diesem Mangel fertig zu werden. Wir glauben, an einer Stelle das zu sehen, was wir erwarten dort zu sehen, wenn auch in Wirklichkeit ein Loch in unserem Sehbild liegt. Außerdem starren wir nicht dauernd einen Punkt an, sondern das Auge wandert.

Hauptsächlich müssen wir jedoch bedenken, daß wir nicht dauernd ein Auge schließen. Wir sehen mit zwei Augen. Von einer

Stelle vor den beiden Augen ausgehende Lichtstrahlen treffen unter verschiedenen Winkeln auf die Augen. Fallen sie in dem einen Auge gerade auf den blinden Fleck, ohne wahrgenommen zu werden, treffen sie im anderen Auge etwas seitlich vom blinden Fleck auf die Netzhaut und werden gesehen. Bei diesem beidäugigen Sehen verschmelzen die beiden Netzhautbilder im Gehirn zu einem Bildeindruck. Die Löcher im Bildfeld verschwinden, weil das eine Auge sieht, was dem anderen verborgen bleibt.

Gut gezielt und doch nicht getroffen

Versuch

Auf dem Tisch liegen gut verteilt einige kleine Gegenstände, z. B. Radiergummi, Fingerhut, Spielwürfel, kleine Kreidestückchen, Würfelzucker, Pillendöschen. Wir fordern einen Freund auf, mit dem Zeigefinger gezielt von oben herab einen dieser Gegenstände zu treffen. Er kann sich dabei das Stück, das er treffen will, selbst aussuchen. Es ist für ihn keine Frage, daß er den ausgesuchten Gegenstand sofort mit dem Finger erreicht. Eine Probe bestätigt das.

Nun machen wir die Sache schwieriger. In ein Pappestück, das so groß ist, daß wir nicht darüber wegsehen können, haben wir ein Loch gebohrt. Es ist nur so groß, daß man eben noch hindurchsehen kann. Diese Pappe halten wir an die Tischkante, und zwar so, daß sich das Loch gerade über der Kante befindet. Wir bitten unseren Freund, mit einem Auge durch das Loch zu sehen und wieder mit dem Finger von oben herab über die Pappe hinweg gezielt und schnell einen der Gegenstände auf dem Tisch zu treffen.

Er versucht es. Sein Finger stößt herab. Aber unter dem Gelächter der umstehenden Zuschauer trifft er auch bei wiederholtem Bemühen keinen der Gegenstände. (Es empfiehlt sich, zwischen den Versuchen die Lage der Dinge auf dem Tisch etwas zu verändern.)

Der Grund für den Mißerfolg liegt darin, daß bei den Versuchen mit der Pappe nur einäugig gesehen wird. Ein räumlicher Eindruck, der für das richtige Schätzen der Entfernung zu den Dingen notwendig ist, entsteht nur beim Sehen mit zwei Augen. Wer es nach unseren Versuchen immer noch nicht glaubt, sollte probieren, einen Faden durch ein Nadelöhr zu ziehen und dabei ein Auge zuzukneifen. Es gelingt nicht. Jedes Auge beim einäugigen Sehen liefert ein Bild von dem gerade betrachteten Gegenstand, die beiden Teilbilder unserer Augen sind nicht deckungsgleich. In unserem Gehirn werden sie zu einem einzigen Bild vereinigt. Um einen Gegenstand scharf und in der richtigen Entfernung zu sehen, müssen die Augenachsen einander zugeneigt werden, bis die beiden Teilbilder sich decken. Die Neigung muß um so stärker sein, je näher der Gegenstand vor den Augen liegt. Dann entsteht ein räumlicher Eindruck, der es erlaubt, die Entfernung richtig zu schätzen.

Das verkehrte Netzhautbild

Versuch

Eine optische Linse bildet einen Gegenstand umgekehrt und seitenvertauscht ab. Auch in unserem Auge erfolgt die Abbildung der Außenwelt durch eine Linse. Trotzdem sehen wir die Gegenstände um uns aufrecht und seitenrichtig. Ob das Auge vielleicht anders abbildet als eine Glaslinse?

Wir stechen in ein Kartonstück mit einer Nadel ein Loch und halten den Karton im Abstand von einigen Zentimetern vor ein Auge. Zwischen Auge und Loch bringen wir von unten her eine senkrecht gehaltene Stecknadel mit dem Kopf nach oben (Abb. 47a). Von dem hellen Hintergrund, sei es der Himmel, die weiße Zimmerdecke oder das Licht einer mattierten Glühlampe, fällt Licht durch das Loch. Dann sehen wir vor einem hellen Feld den Stecknadelkopf mit verschwommenen Rändern unten an einer von oben kommenden Nadel. Bewegen wir die Nadel von links nach rechts, so bemerkt das Auge eine Bewegung von rechts nach links. Das Bild erscheint demnach zu unserer Überraschung umgekehrt und seitenvertauscht (Abb. 47b).

Dieses Bild wird aber nicht durch eine Linsenwirkung erzeugt. Bei dem geringen Abstand der Nadel vom Auge könnte durch das optische System des Auges höchstens eine geringfügige Lupenwirkung zustande kommen, die für die Orientierung des Bildes vernachlässigt werden darf. Vielmehr handelt es sich um das Schattenbild der Nadel. Dabei muß das Bild auf der Netzhaut aufrecht und seitenrichtig sein.

Daß die Augenlinse keine Rolle spielt, läßt sich mit einem Versuch zeigen. Wir ersetzen das Auge samt seiner Netzhaut durch eine

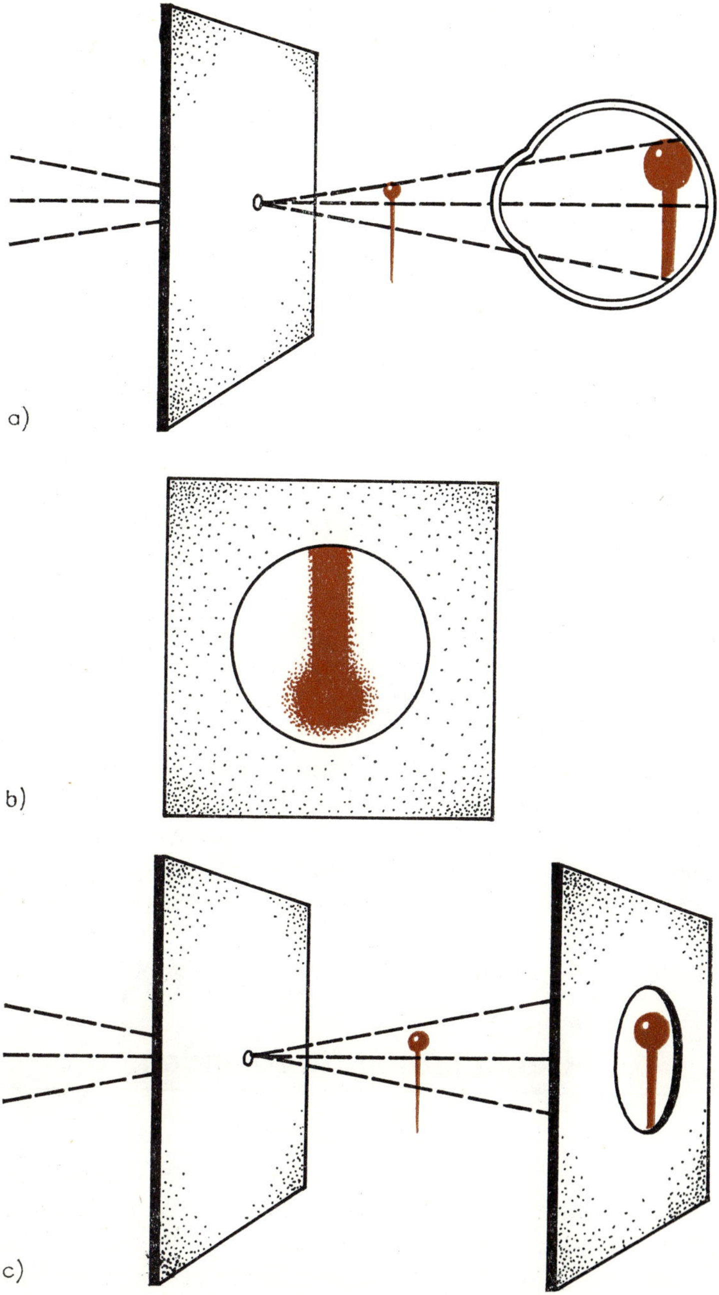

Abb. 47 a, b, c Das verkehrte Netzhautbild

Mattscheibe und richten eine Lichtquelle mit Hilfe eines Kondensors auf das Loch im Karton. Die Nadel, die wir zwischen Karton und die einige Zentimeter entfernte Mattscheibe halten, erscheint im Schattenwurf aufrecht und seitenrichtig. Bei einer seitlichen Bewegung der Nadel wandert das Bild seitenrichtig (Abb. 47c). Daran ändert sich auch nichts, wenn wir zwischen Nadel und Mattscheibe eine Sammellinse bringen. Sie soll das Linsensystem des Auges darstellen. Ihre Brennweite muß nur so groß sein, daß durch sie kein Bild auf der Mattscheibe entstehen kann. Nur die Größe des Schattenbildes wird geändert.

Bringen wir unser Auge an die Stelle der Mattscheibe, sehen wir das tatsächlich an dieser Stelle vorhandene, objektive, aufrechte Bild der Nadel aber wieder umgekehrt. Beim normalen Sehen bildet das optische System des Auges (Hornhaut, Linse, Glaskörper) einen Gegenstand wie eine Glaslinse ab. Auf der Netzhaut entsteht das umgekehrte, seitenvertauschte Bild. Jedoch: Das Sehzentrum im Gehirn ist von den ersten Tagen unseres Lebens daran gewöhnt worden, alle Eindrücke, die es von der Netzhaut übermittelt erhält, umzukehren. Wir erfassen unsere Umwelt nicht allein durch das Auge. Das Kleinkind ertastet alles, was es um sich herum vorfindet, das Spielzeug, seine Hände, das Bettchen, die Eltern. Diese Tasteindrücke koordiniert es mit den Netzhautbildern der Augen. Später überträgt es diese Zuordnung auch auf fernere Dinge, die es nicht unmittelbar betasten kann, das Haus gegenüber, einen Baum, die Berge. Die langjährige Erfahrung veranlaßt unser Gehirn, grundsätzlich jedes Netzhautbild umzukehren, also auch die objektiv aufrechten Schattenbilder in unseren Versuchen. Daher sehen wir die Nadel verkehrt. Das Auge bildet nicht anders ab als eine Glaslinse, nur das Gehirn sorgt für das »richtige« Sehen.

Die optischen Täuschungen

Versuch

Wenn wir etwas anders zu sehen glauben, als es in Wirklichkeit ist, wenn wir Geräusche oder Töne hören, die gar nicht oder in anderer Weise vorhanden sind, sprechen wir von Sinnestäuschungen. Tatsächlich täuschen sich die Sinne nicht. Getäuscht werden wir bei der Beurteilung des Wahrgenommenen durch das Gehirn. Ein erheblicher Teil der optischen Täuschungen beruht einfach darauf, daß wir das, was wir sehen, falsch beurteilen. Es handelt sich nicht um ein Versagen der Augen, sondern um Fehlurteile über das, was die Augen völlig richtig wahrgenommen haben. Das hat teils physiologische, teils psychologische Ursachen.

Zeichnen wir z. B. zwei 5 cm lange Strecken auf, die eine waagerecht, die andere senkrecht, so erscheint uns immer die letztere

a)

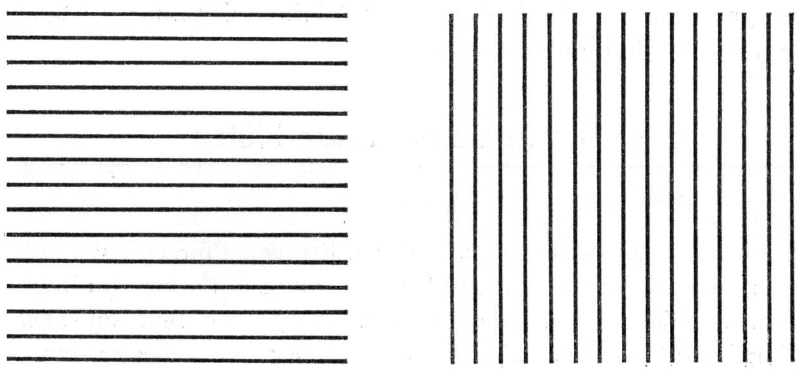

b)

Abb. 48 a, b Die optischen Täuschungen

als länger. Dies hängt offenbar damit zusammen, daß wir das Sehen in horizontale Richtung (wie beim Lesen) vor dem Sehen in vertikale Richtung bevorzugen.

Recht lustig ist die Betrachtung des Zylinderhutes in Abb. 48a. Er ist keineswegs höher als die Krempe breit ist, wie wir leicht nachmessen können.

In der Abb. 48b sehen wir zwei Scharen paralleler, äquidistanter Linien, die eine Schar horizontal (links), die andere vertikal (rechts). Vergleichen wir die beiden schraffierten Flächen, haben wir den Eindruck, die linke sei ein hochstehendes, die rechte ein querliegendes Rechteck. Tatsächlich sind es zwei gleichgroße Quadrate. Die Täuschung kommt dadurch zustande, daß der Betrachter die Breite der Figur zwar unmittelbar erfaßt, dagegen unbewußt die Abstände der Linien addiert und so die Höhe der linken Figur überschätzt. Bei der rechten Figur urteilt der Betrachter umgekehrt.

Die Abbildungen im Buch sind verhältnismäßig klein. Hätten wir sie in wesentlich größerem Format vorliegen, so sähen wir den genau umgekehrten Effekt. Die linke Figur in Abb. 48b ergäbe ein querliegendes, die rechte Figur ein hochstehendes Rechteck. Es ist dann nicht mehr möglich, die Breite der Figur mit einem Blick zu erfassen. Die Augen beginnen sofort, sich von links nach rechts zu bewegen, um dem Verlauf der horizontalen Linien zu folgen. Dazu müssen die Muskeln der Augen angestrengt werden. Dies empfinden wir schwerer als die unbewußte geistige Anstrengung bei der Beurteilung der Höhe durch Addition der Linienabstände. So wird die Breite überbewertet.

Die farbenfreudige Pfütze

Versuch

Wenn nach einem Regenguß auf den Straßen Pfützen entstanden sind, sehen wir oft auf ihnen Flecke, die in allen Farben des Regenbogens schillern. Hier haben Autos Öltropfen verloren. Ein solcher Tropfen breitet sich auf dem Regenwasser zu einer sehr dünnen Schicht aus, die sogar nur die Dicke eines Moleküls haben kann. Wie kommt die Farberscheinung zustande?

Das Tageslicht wird teilweise an der Oberfläche der Ölschicht reflektiert, teilweise durchdringt es sie und wird erst an der Unterseite der Schicht zurückgeworfen. Die Länge des Weges für das Licht von der Oberseite zur Unterseite der Ölschicht erscheint uns minimal klein. Aber wir müssen sie in Vergleich bringen mit den Wellenlängen des farbigen Lichts, aus dem sich unser Sonnenlicht zusammensetzt. Das sind Längen von nur rund 400 nm bei violettem und bis 800 nm bei rotem Licht ($400 \cdot 10^{-9}$ m bis $800 \cdot 10^{-9}$ m).

Nehmen wir an, Lichtwellen mit der Wellenlänge 400 nm durchlaufen die Dicke d der Schicht hin und zurück und überlagern sich dabei mit den Wellen, die an der Oberseite des Öls reflektiert werden. Dann kann es passieren, daß der Wellenzug aus dem Öl so an der Oberfläche ankommt, daß seine Wellenberge gerade auf Wellentäler der oben reflektierten Wellen fallen. Das ist der Fall, wenn der Weg 2 d ein ganzzahliges Vielfaches der Wellenlänge 400 nm ist. (Es muß dabei beachtet werden, daß bei der Reflexion an der Unterseite, wo Öl gegen Wasser grenzt, eine Umkehr von Wellenberg in Wellental erfolgt.) Dann aber löschen sich die Wellen mit der Wellenlänge 400 nm aus. Für dieses farbige Licht herrscht Dunkelheit. Das Licht anderer Farben, d. h. anderer Wellenlängen, wird aber nicht ausgelöscht. Verschwindet aus dem weißen Licht eine Farbe, so sehen wir Licht in der Komplementärfarbe. In unserem Falle wird blauviolettes Licht ausgelöscht. Es erscheint die Farbe Gelb.

Nun ist die Ölschicht nicht überall gleich dick. Daher werden je nach der Dicke Wellen verschiedener Wellenlängen, d. h. unterschiedlicher Farben, ausgelöscht. Es bleiben alle möglichen Komplementärfarben übrig. Sie erzeugen das Farbenspiel auf den Pfützen. Eine ebensolche Farberscheinung erleben wir, wenn Kinder Seifenblasen aufsteigen lassen. Dann erfreuen wir uns auch an den bunten Farben dieser äußerst dünnen Seifenhäutchen.

Was uns hier die Natur von selbst liefert, wird in der Schmiede künstlich erzeugt zu praktischer Ausnutzung. Viele Werkzeuge müssen gehärtet werden, z. B. Meißel oder Schraubenzieher. Der Schmied erhitzt dazu das Werkstück in der Schmiedeflamme bis zur Rotglut und taucht es dann schnell in kaltes Öl. Es zischt, brodelt und dampft. Auf dem Eisen erscheinen Farben. Die Verfärbung fängt bei 220 °C an mit hellem Gelb. Sie geht mit steigender Temperatur über in dunkles Gelb, Braunrot, Violett und schließlich bei 310 °C in helles Blau. Diese Farben werden in der Technik

Anlaß- oder Anlauffarben genannt. Der Schmied muß jetzt wissen, welche Farbe das Eisen haben muß, um die richtige Härte zu erhalten. Ist es später zu hart, dann splittert es beim Gebrauch wie Glas, ist es zu weich, dann verbiegt es sich.

Die Farben entstehen auf dem Eisen wie auf der Ölschicht durch Überlagerung (Interferenz) der Lichtwellen auf der Vorder- und Rückseite dünner Schichten. Sie werden von Eisenoxid (Fe_3O_4) gebildet, das sich beim Erwärmen des Eisens im Feuer bildet, und zwar in um so dünneren Schichten, je heißer das Eisen wird.

Das, was in der Schmiede geschieht, können wir in einem kleinen Versuch nachahmen. Wir reiben eine Rasierklinge kräftig mit Schmirgelpapier ab. Dann fassen wir sie an einer Ecke mit der Zange und halten die Klinge mit einem Ende oder mit der Längsseite in eine Kerzenflamme. Die Verfärbung tritt schnell auf, und zwar sehen wir die oben angegebenen Farben von Gelb bis Blau in gebogenen Streifen vom Rand der Klinge her nach ihrer Mitte zu weiterlaufen, so wie die Temperatur fortschreitet. Sobald die blaue Farbe zu sehen ist, nehmen wir die Rasierklinge aus der Flamme heraus und lassen sie abkühlen. Die Anlaßfarben bleiben so erhalten, wie sie zuletzt entstanden sind.

Die Farbstreifen auf der Rasierklinge sind recht schmal. Bei dicken Blechen oder Eisenstücken wie bei den Werkzeugen sind sie breiter, weil sich bei ihnen die Temperatur langsamer ausbreitet. Aber die Farbfolge bleibt die gleiche.

Verpackungen werden oft mit Blechstreifen zusammengebündelt. Ihre blaue Farbe deutet darauf hin, daß sie bei der Herstellung auf 310 °C erwärmt wurden.

Der projizierte Pulsschlag

Versuch

Wenn der Arzt zu einem Patienten kommt, fühlt er bei der Untersuchung auch nach dem Puls am Handgelenk. Er zählt, wie oft der Puls in der Minute zu spüren ist, wie oft und wie stark er schlägt. Damit hat er einen Hinweis darauf, wie das Herz arbeitet.

Kann der Pulsschlag nicht nur gefühlt, sondern auch gesehen werden? Wir schauen auf die Stelle kurz vor dem Handgelenk, wo wir den Puls ertasten können. Aber da ist keine Bewegung zu sehen, und doch hebt die pulsierende Ader die Haut ein klein wenig an. Das können wir stark vergrößert mit einem Lichtzeiger vorführen.

Wir legen den Unterarm flach auf den Tisch, die Handfläche nach oben. Dann suchen wir mit den Fingerspitzen der anderen Hand die Stelle, an der wir den Pulsschlag der Armarterie deutlich spüren. Auf diesen Punkt legen wir einen Spiegel. Er muß sehr klein sein, vielleicht 0,5 · 0,5 cm. Er braucht nicht unbedingt rechteckig zu sein. Wir dürfen ein kleines Bruchstück eines Taschenspiegels verwenden. Auf diesen Spiegel richten wir einen möglichst scharf gebündelten Lichtstrahl.

Das Licht entnehmen wir einer Stabtaschenlampe. Ihre Linse ziehen wir nach außen, bis das Lichtbündel an der Wand einen recht kleinen Lichtfleck erzeugt. Die Linsenhülse sichern wir am besten mit einem umgelegten Klebstreifen vor dem Abrutschen. Die Lampe halten wir so, daß das Licht auf den kleinen Spiegel fällt und von ihm auf die gegenüberliegende Wand reflektiert wird. Das Zimmer muß für die Beobachtung verdunkelt werden.

Der Lichtfleck an der Wand (oder an der Decke) zuckt auf und ab. Die sich durch den Druck des Blutes in der Arterie hebende Haut über der Ader an der Handwurzel schwenkt den Spiegel im Takt des Pulses zwar nur sehr wenig, aber der Lichtzeiger vergrößert die geringe Lageänderung. Der Pulsschlag wird so für uns in dem Auf- und Abschwingen des Lichtflecks sichtbar.

Noch von einer anderen Stelle können wir den Blutdruck mit dem Lichtzeiger demonstrieren, nämlich von der Arterie in der Kniekehle. Wenn wir den rechten Unterschenkel über das linke Knie legen und uns ruhig und entspannt verhalten, sehen wir sogar ohne Hilfsmittel, wie die Fußspitze im Takt des Blutdrucks auf und ab wippt. Legen wir einen Spiegel, der diesmal nicht gar so klein zu sein braucht, auf die Spitze des Schuhs und richten den Lichtstrahl darauf, dann tanzt der Lichtfleck an der Wand auf und ab.

Den Versuch können wir noch ausbauen, indem wir den reflektierten Strahl über einen Drehspiegel zur Wand leiten. Ein Drehspiegel läßt sich auf folgende Weise behelfsmäßig herstellen: Wir kleben zwei rechteckige Taschenspiegel nebeneinander auf ein Stück Pappe. Zwei Spiegel sind besser als einer, um eine längere Spiegelfläche zu erhalten. An den äußeren Enden der Pappe befestigen wir zwei Schnüre, die wir stark miteinander verdrillen. Sobald wir die zusammengedrehten Schnüre loslassen, entdrehen

Abb. 49 Der projizierte Pulsschlag

sie sich und wirbeln den Spiegel herum. Ein Helfer, der den Drehspiegel und eventuell die Lampe hält, leistet hier gute Dienste. Fällt jetzt der von dem Spiegel auf der Fußspitze reflektierte Strahl über den Drehspiegel auf die Wand des Zimmers, wird der dort sichtbare Lichtfleck zu einer breiten Geraden auseinandergezogen, zuckt der Fußspiegel, entstehen auf der Linie Zacken, wie sie Abb. 49 zeigt.

Wir könnten auf den Gedanken kommen, hier eine Blutdruckkurve oder gar das zu beobachten, was die Mediziner Elektrokardiogramm (kurz EKG) nennen und nur mit komplizierten elektronischen Geräten erhalten. Durch diese Methode ist das Verhalten des Herzens in vielen Einzelheiten zu beobachten. Das allerdings wäre ein schwerer Irrtum. Es handelt sich in unserem Versuch lediglich darum, daß die Pulsschläge, d. h. die Druckstöße im Blut, die vom Herzen her kommen und zeitlich aufeinanderfolgen, hier räumlich nebeneinander dargestellt werden.

Die Lichtmühle

In Schaufenstern von Optikern oder auch Spielwarengeschäften sehen wir hin und wieder kugelförmige Glasgefäße, in denen sich ein vierflügeliges Rädchen dreht (Abb. 50). Das Gerät wurde erstmals 1874 von dem englischen Physiker Sir William Crookes hergestellt. Er nannte es Radiometer. Heute wird es meist als Lichtmühle bezeichnet. Das Rädchen dreht sich auf einer feinen Spitze, aber wir können nirgends einen Antrieb feststellen. Warum heißt das Gerät Lichtmühle, und warum bewegt es sich?

Die Bezeichnung Lichtmühle läßt uns vermuten, daß die Einwirkung des Lichts bei der Bewegung eine Rolle spielt. Tatsächlich beobachten wir, daß sich das Rad am hellen Tage und besonders

Abb. 50 Die Lichtmühle

bei direktem Einfall von Sonnenlicht sehr schnell dreht, in der Dämmerung erheblich langsamer. Stellen wir das Gerät in einen dunklen Raum oder decken wir es mit einem lichtdichten Kasten zu, hört die Drehung vollständig auf. Sie scheint also wirklich etwas mit dem Licht zu tun zu haben. Man hat zunächst angenommen, Licht übe einen Druck auf die Flügel des Rädchens aus, daher der Name Lichtmühle. Das ist aber nicht der Fall.

Um hinter das Geheimnis zu kommen, müssen wir uns über den Aufbau des Geräts näher informieren. Die vier Flügel des Rädchens sind aus dünnem Leichtmetall (Aluminium) hergestellt. Auf jedem Flügel ist eine Seite geschwärzt, die andere Seite metallisch hell glänzend belassen. Der Glaskolben selbst ist weitgehend luftleer gepumpt. Nun sind Lichtstrahlen immer mit Wärmestrahlen verbunden. Stellen wir daher die Lichtmühle in das Licht, treffen auch Wärmestrahlen auf die Flügel des Rädchens. Dunkle Flächen erwärmen sich schneller als helle. Die geschwärzten Seiten der Flügel werden somit wärmer als die hellglänzenden blanken Seiten.

In dem Glaskolben sind trotz des Evakuierens noch viele Gasmoleküle der Luft vorhanden. Sie sind immer in Bewegung, fliegen kreuz und quer durch den Raum und treffen auch auf die Flügel des Rädchens. Dort werden sie reflektiert. Bei der Reflexion erzeugen die Gasmoleküle auf den reflektierenden Flächen einen Rückstoß. Von den schwarzen Flächen werden sie aber mit größerer Geschwindigkeit zurückgeworfen als von den hellen. Wegen der unterschiedlichen Geschwindigkeiten bei den schwarzen und hellen Flügeln ist der Rückstoß bei den schwarzen Flächen am größten. Sie müssen stärker zurückweichen als die hellen, und so kommt das Rädchen in Bewegung. Bei der Beobachtung einer Lichtmühle sehen wir, daß wirklich die Drehung in diesem Sinne erfolgt.

Die astronomische Aberration des Lichts

Unzählige Fixsterne bilden den gestirnten Himmel. Beobachten wir einen dieser Sterne hoch über uns längere Zeit durch ein Fernrohr, so müßten wir es immer in derselben Richtung aufstellen, wenn wir zur selben Zeit in der Nacht den Stern anvisieren wollen. Dies träfe zu, wäre die Erde in Ruhe. Abgesehen von der täglichen Umdrehung um ihre Achse, läuft sie aber auch noch im Zeitraum

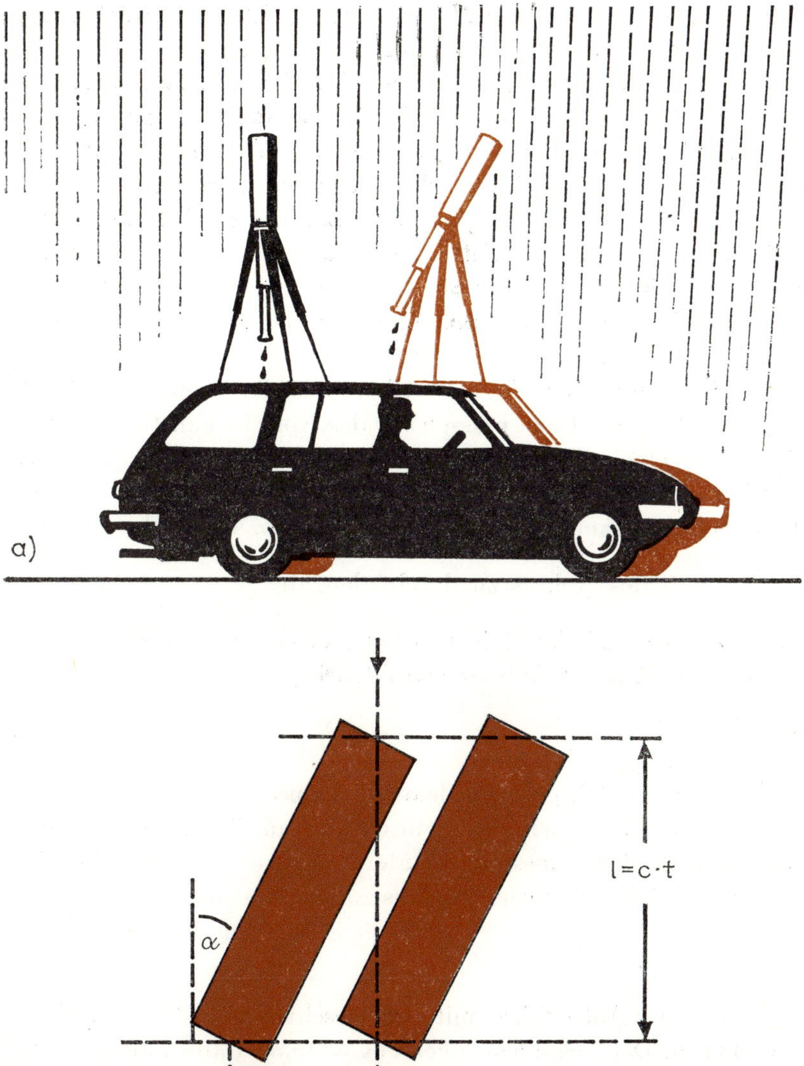

Abb. 51 a, b Die astronomische Aberration des Lichtes

eines Jahres auf einer elliptischen Bahn um die Sonne. Der Astronom, der einen Stern beobachtet, ist also nicht in Ruhe, sondern befindet sich in Bewegung. Die Folge davon ist, daß er sein Fernrohr um einen bestimmten Winkel in der Richtung vorwärts neigen muß, in der sich die Erde auf ihrer Ellipsenbahn bewegt.

Um das zu verstehen, denken wir uns den von dem Stern her kommenden Lichtstrahl ersetzt durch Regentropfen und das Fernrohr durch ein einfaches Rohr, das auf dem Dach eines Autos vorerst senkrecht aufgestellt ist. Wenn es regnet, trifft ein senkrecht herunterfallender Regentropfen, der oben in der Mitte des Rohres ankommt, unten in der Mitte des Bodens auf. Jedenfalls solange das Auto ruhigsteht. Ist es aber in Fahrt, trifft der Tropfen nicht mehr den Mittelpunkt am Boden des Rohres, sondern seine Seitenwand von innen.

Wir können es aber doch erreichen, daß der Tropfen wieder die Bodenmitte trifft. Dazu müssen wir das Rohr in Fahrtrichtung des Autos um einen Winkel α neigen. Wie groß der Winkel gewählt werden muß, hängt von der Geschwindigkeit v des Autos und der Fallgeschwindigkeit c des Regentropfens ab. Dieser braucht, um die Länge l des Rohres zu durchfallen, die Zeit $t = \frac{c}{l}$. Während dieser Zeit hat sich das Rohr mit dem Auto um die Strecke $x = v \cdot t$ verschoben. Aus der Abb. 51b ergibt sich

$$\tan \alpha = \frac{x}{l} = \frac{v \cdot t}{c \cdot t} = \frac{v}{c}.$$

Die Länge des Rohres spielt demnach keine Rolle.

Da wir die Geschwindigkeit des Autos am Tachometer ablesen und den Winkel α messen könnten, wäre es möglich, die Fallgeschwindigkeit des Regentropfens zu bestimmen.

$$c = \frac{v}{\tan \alpha}.$$

Beispiel: Das Auto fahre mit der Geschwindigkeit $v = 30$ km/h $= 8{,}33$ m/s. Der Neigungswinkel sei $\alpha = 15{,}5°$. Dann wäre die Fallgeschwindigkeit des Regentropfens

$$c = \frac{8{,}33 \text{ m/s}}{0{,}2773} \approx 30 \text{ m/s}.$$

Kehren wir zur Sternbeobachtung zurück. Die Geschwindigkeit v bedeutet jetzt in der Astronomie die Komponente der Bahngeschwindigkeit der Erde, die senkrecht zur Richtung nach dem beobachteten Stern steht. Die Geschwindigkeit c ist die Lichtgeschwindigkeit. Die Übertragung unserer Überlegungen von dem Rohr auf dem Auto auf die neuen Verhältnisse besagt dann, daß das Fernrohr ein wenig in Richtung der Erdbewegung vorwärts geneigt werden muß, damit die Lichtstrahlen von dem Fixstern, die oben in die Mitte des Objektivs am Fernrohr fallen, unten in der Mitte des Okulars auftreffen. Das Licht erreicht den Beobachter aus einer etwas anderen Richtung, als es bei einem auf einer ruhenden Erde befindlichen Beobachter der Fall wäre. Diese Erscheinung wird astronomische Aberration des Lichtes genannt. Der Ort des Sterns scheint ein wenig verschoben. Allerdings ist der Aberrationswinkel α wesentlich kleiner als bei dem Rohr auf dem Auto.

Da sich die Bewegungsrichtung der Erde, während sie die Sonne umkreist, dauernd ändert, muß auch die Stellung des Fernrohrs laufend geändert werden. Denken wir uns die Erdbahnebene so weit vergrößert, daß sie die (scheinbare) Himmelskugel schneidet, erhalten wir dort als größten Kreis die sogenannte Ekliptik. Senkrecht über ihrer Kreismitte liegt der Pol der Ekliptik. Sterne in der Nähe dieser Stelle beschreiben scheinbar während eines Jahres einen kleinen Kreis. Die Richtungen, die das Fernrohr, das den Stern verfolgt, einnimmt, beschreiben einen Kegelmantel. Sein halber Öffnungswinkel ist nichts anderes als unser Winkel α. Er beträgt nur 20,6′.

Diese Beobachtung machte 1728 der Engländer James Bradley. Er benutzte die Aberration zur Bestimmung der Lichtgeschwindigkeit. Die Geschwindigkeit der Erde auf ihrer Bahn ist bekannt, $v \approx 30$ km/s. Bradley, der den Winkel α noch nicht genau genug messen konnte, erhielt einen zu kleinen Wert für die Lichtgeschwindigkeit. Mit unseren heutigen Meßwerten erhalten wir für die Lichtgeschwindigkeit $c = 300\,000$ km/s.

Die Elektronen strömen

Wir drücken auf den Lichtschalter an der Tür, und schon flammt einige Meter entfernt an der Decke des Zimmers das Licht auf. Der elektrische Strom hat dort die dünnen Drähte in der Glühlampe in Weißglut versetzt, die Glühbirne leuchtet auf. Aber wie ist der Strom so schnell vom Schalter zur Glühlampe gekommen? Erzeugt wird er doch viele Kilometer von uns entfernt im Kraftwerk und ist trotzdem, ohne daß wir eine Zeitdifferenz feststellen können, in dem Augenblick, in dem wir den Schalter betätigen, an der Lampe.

Um dem Geheimnis auf die Spur zu kommen, befassen wir uns zuerst mit einer Taschenlampe. Drücken wir auf ihren Schalter, blitzt das Glühbirnchen sofort auf. Die Batterie liefert Strom, allerdings im Gegensatz zum Elektrizitätswerk Gleichstrom. Er erleichtert uns das Verstehen.

Um den Draht in der Glühbirne zum Leuchten zu bringen, ist Wärme erforderlich. Wärme, das wissen wir, ist eine Form der Energie. Also muß dem Glühdraht Energie zugeführt werden. Sie kann nur von der elektrischen Batterie bzw. dem E-Werk herkommen. Somit, folgern wir, ist auch Elektrizität eine Form der Energie. Aber wir sehen nicht, wie sie in den Zuleitungsdrähten fließt.

Andererseits erleben wir Elektrizität auch, wenn wir z. B. beim Anfassen einer Türklinke einen »Schlag« verspüren. Ein winziger Funke springt von der Türklinke zur Hand über, dabei knistert es. Das ist nichts anderes als eine Miniaturausgabe von Blitz und Donner bei einem Gewitter. Wir sagen dann, die Türklinke war elektrisch geladen. Mit dem Funken ist eine kleine Menge der Ladung auf uns übergegangen. Sie ist sichtbar durch die Luft transportiert worden. Entsprechend wird auch Ladung durch die Leitungsdrähte transportiert. Angetrieben wird dieser Vorgang durch »geheimnisvolle« Kräfte.

Aus einer Flachbatterie ragen zwei Metallplättchen hervor, die sogenannten Pole. Der eine ist ein Pluspol, auch Anode genannt, der andere ein Minuspol, die Katode. Unwillkürlich denken wir an einen Magneten mit seinen Nord- und Südpolen. Zwischen ihnen besteht ein Magnetfeld, das z. B. eine Kompaßnadel ablenken kann. Etwas Ähnliches und doch ganz anderes ist das elektrische Feld, das zwischen den Polen der Batterie besteht. Keines der beiden Felder können wir sehen oder fühlen. Sie sind nur an ihren Wirkungen festzustellen. Das elektrische Feld pumpt die elektrischen Ladungen durch die Leitungen, und zwar vom Pluspol zum Minuspol hin. Weder die Batterie noch das E-Werk erzeugen Ladungen. Sie sorgen nur dafür, daß die Ladungen in Bewegung kommen. Dafür allerdings wird wieder Energie gebraucht, die im E-Werk

z. B. von Turbinen geliefert wird, die ihrerseits von Wasserkraft angetrieben werden. In der Batterie wird dazu chemische Energie verbraucht.

Die Physiker können die elektrischen Ladungen auch messen. Als Einheit dient das Coulomb. Es ist nach dem französischen Physiker Charles Augustin de Coulomb benannt (1736—1806). Es handelt sich dabei um diejenige Ladung, die aus Wasser 0,19 cm^3 Knallgas abzuscheiden vermag (bei 20 °C und 0,1 MPa Druck). Diese Ladung besteht nun aus $6{,}25 \cdot 10^{18}$, das sind 6,25 Milliarden Milliarden kleinster Ladungen, den Elementarladungen. Sie werden Elektronen genannt. Sie sind überall in den elektrischen Leitern vorhanden, ihre Zahl dort ist enorm hoch. In einem Kubikzentimeter Kupfer sind 400000mal mehr Elektronen vorhanden als in einem Coulomb. Es sind $2{,}5 \cdot 10^{24}$, also 2,5 Billionen Billionen Elektronen.

Wir kehren zur Frage zurück, wie und was in den Zuleitungen zur Glühbirne fließt. Überall liegen in den Drähten Elektronen dicht gedrängt vor. Schließen wir den Schalter, kommen die Elektronen in Bewegung. Von der Stromquelle rücken Elektronen in dem Draht, der vom Pluspol ausgeht, nach. Sie schieben alle anderen vor ihnen, auch die vor dem Schalter sitzenden Elektronen, in dem Augenblick weiter, in dem wir den Schalter schließen. Auch in dem Glühdraht der Lampe rücken sie weiter. Nun hat dieser Draht aber einen hohen elektrischen Widerstand. Die Elektronen müssen sich gewissermaßen durch ihn hindurchpressen. Dabei entsteht Reibungswärme, die den Draht aufglühen läßt. In den Minuspol an den Drahtwindungen der Maschinen im E-Werk fließen Elektronen zurück. Der Kreislauf geht einfach weiter. In der Batterie übernehmen Atome und Molekülteile der chemischen Substanz die Elektronen und tragen sie zur Anode als ihrem Ausgangspunkt zurück.

Fließt bei diesem Umlauf in einer Sekunde durch den Querschnitt des Leiters gerade die Gesamtladung von 1 C, also $6{,}25 \cdot 10^{18}$ Elektronen, sprechen wir von einer Stromstärke von 1 A. Sie wird zu Ehren des französischen Physikers André Marie Ampère (1775 bis 1836) so genannt.

Die im elektrischen Feld vorliegenden Feldkräfte sind offenbar in der Lage, die Elektronen in den Leitungsdrähten in Bewegung zu setzen. Diese Bereitschaft, jederzeit elektrische Energie zu transportieren, nennen wir Spannung. Sie wird in Volt gemessen.

Dem Italiener Alessandro Volta (1745—1827) gelang es als erstem, eine brauchbare elektrische Batterie zu bauen. Auch an den beiden Polen der Steckdose stehen Elektronen abrufbereit für ihren Einsatz zur Verfügung. Es herrscht dort Spannung. Es ist also falsch, zu sagen, in der Steckdose sei Strom vorhanden, wie oft zu hören ist.

Bisher haben wir von Gleichstrom gesprochen. Er wird heute nur noch von Batterien und Akkumulatoren geliefert. In unseren Leitungsnetzen ist er seit langem vom Wechselstrom abgelöst worden. Vorzüge sowohl bei den Maschinen in den E-Werken als auch bei der Übertragung der Spannung auf weite Entfernungen sind die Ursache dafür. Dabei ist es so, daß die Pole bei der Erzeugung der Spannung dauernd sehr schnell abwechseln, 50mal in der Sekunde erfolgt dieser Wechsel, d. h. mit einer Frequenz von 50 Hertz. Dadurch werden die in den Leitungen vorhandenen Elektronen zu ebensoraschem Hin- und Herschwingen veranlaßt. Sobald ein Gerät angeschlossen wird, pflanzen sich die Anstöße an die Elektronen vom E-Werk her durch die Leitungen fort und besorgen den Energietransport zum Schalter oder der Steckdose und von dort weiter bis in unsere Glühlampe oder ein anderes Gerät.

Der elektrische Schlag an der Wohnungstür

Wem ist es nicht schon passiert: Man greift an eine Türklinke und zuckt zurück. Man hat einen »Schlag« verspürt. Wie kommt das? Ist der Schlag gefährlich für den Menschen? Warum erlebt man ihn nicht überall, sondern nur manchmal?

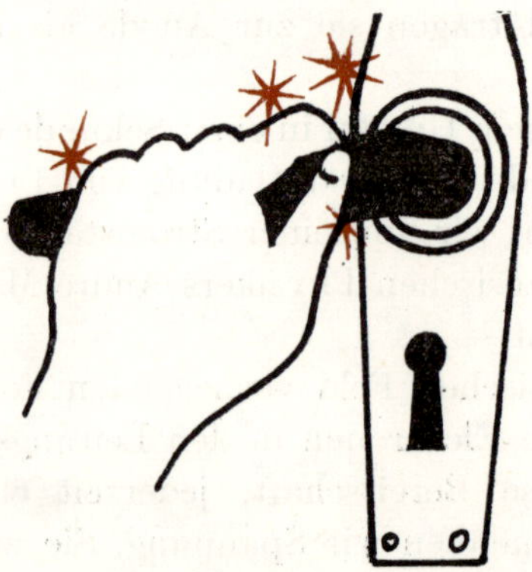

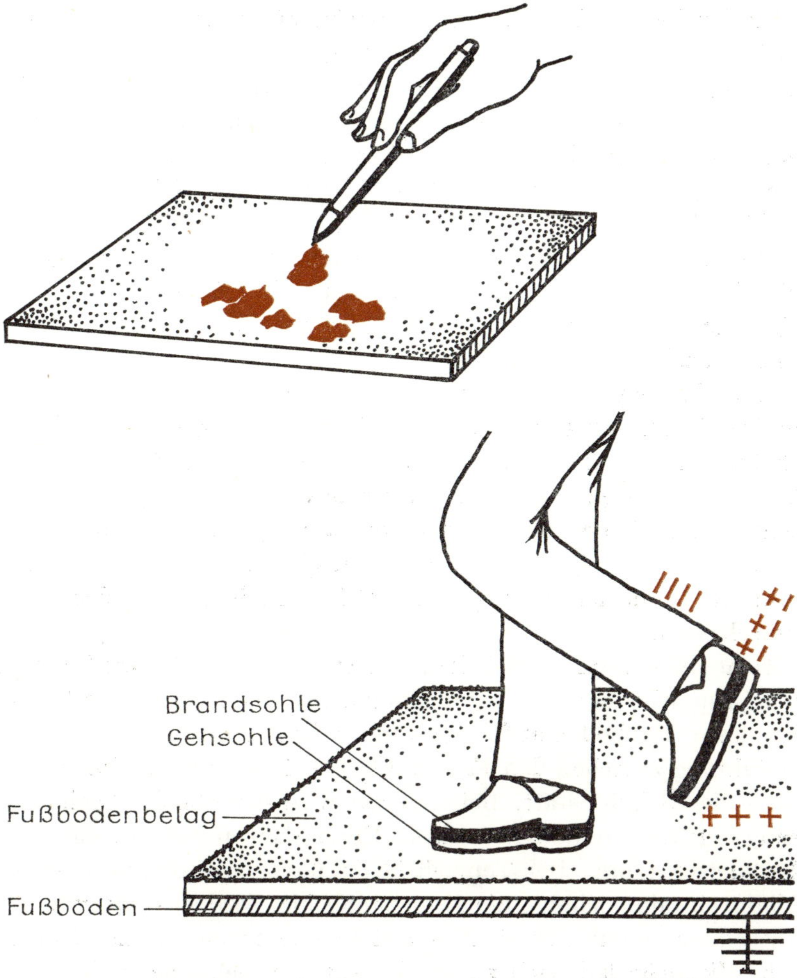

Abb. 52 So geht die elektrostatische Aufladung vor sich

Zunächst ist festzustellen, daß ähnliche elektrische Erscheinungen recht häufig zu spüren sind. Da knistert es, wenn der Kunststoffkamm durch trockene Haare fährt oder wenn ein Kunststoffpullover über ein Hemd gezogen wird. Im Dunkeln kann man sogar winzige Fünkchen aufblitzen sehen. Und schließlich funkt es nicht nur beim Griff zur Türklinke, sondern auch beim Anfassen der Wasserleitung oder einer Autotür, was täglich geschehen kann. Solche Erscheinungen erinnern an Schulversuche, bei denen Stäbe oder Stücke aus Kunststoff, Bernstein, Styropor, Glas, also aus Isoliermaterial, mit Lappen aus Wolle, Perlon, Seide, Leder oder mit einem Katzenfell gerieben werden. Die geriebenen Stücke ziehen dann Papierschnitzel an. Solche Versuche kann jeder sofort nachvollziehen, indem er seinen Schreiber oder sein Plastiklineal am Ärmel seines Anzugs reibt. Dann sind die geriebenen Stücke elektrisch geladen.

Wenn es beim Griff an die Türklinke funkt, ist der Mensch offenbar auch geladen. Aber wir sind uns doch nicht bewußt, uns eigens irgendwo gerieben zu haben. Und doch kommt es dazu, ohne daß es uns bewußt wird.

Beim Reiben eines der genannten Materialien erfolgt zuerst eine innige Berührung der beiden nichtleitenden Stoffe. Dabei treten Elektronen von dem einen Körper in den anderen über. Werden beide Teile getrennt, verbleibt auf dem einen ein Elektronenüberschuß, d. h. eine elektrisch negative Ladung, auf dem anderen ein Elektronenmangel, d. h. eine elektrisch positive Ladung. Die Ladungen sind dem Betrag nach gleich groß, dem Vorzeichen nach verschieden.

Geht ein Mensch mit Schuhen über einen Bodenbelag wie Teppich oder Teppichboden, der auf einem gut leitenden mit der Erde verbundenen Fußboden aufliegt, so findet beim Auftreten eine innige Berührung zwischen den Fasern des Teppichs und der Kunststoffsohle des Schuhs statt. Beim Gehen wird der Schuh abgehoben, es erfolgt die Trennung von zwei Materialien und damit auch die Ladungstrennung. Der Teppich bleibt positiv geladen zurück, die Unterseite des Schuhs, die Kunststoffsohle, wird negativ geladen. Diese Ladung teilt sich nicht unmittelbar dem menschlichen Körper mit. Vielmehr lädt sich zuerst die auf der Gehsohle aufliegende lederne Brandsohle durch Influenz positiv auf und dann erst der Mensch selbst durch nochmalige Influenz negativ (Abb. 52).

Natürlich ist die Ladungsmenge (Elektrizitätsmenge), die bei einem einzelnen Schritt entsteht, nur ganz gering. Aber bei längerem Gehen addieren sich die einzelnen Ladungen zu einer erheblichen Menge. Dabei wächst die elektrische Spannung zwischen Mensch und Boden immer mehr an. Erreicht sie 3000 V, dann kommt es bei der Berührung eines geerdeten Leiters zu einer Entladung. Der Mensch spürt einen »Schlag«. Oft steigt die Spannung aber noch höher, bis auf 10000 V. Trotzdem ist der Entladungsfunke

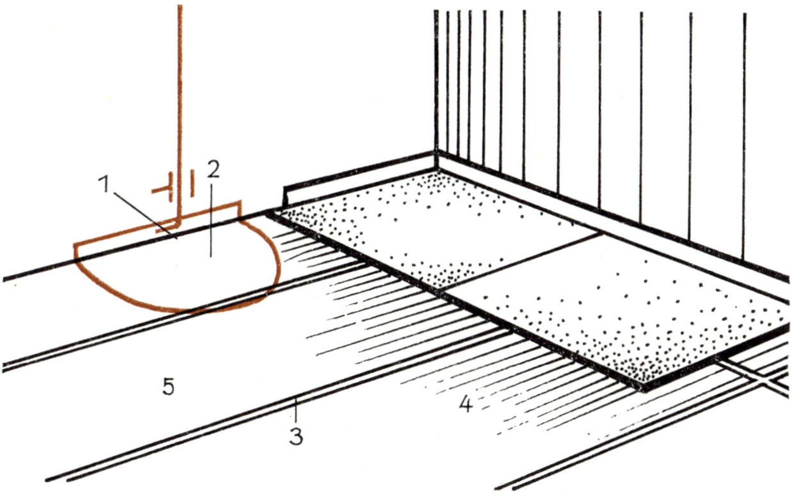

Abb. 53 Damit eine elektrostatische Aufladung beim Begehen eines Kunststoffußbodens vermieden wird, muß dieser leitfähig gemacht werden. Auf dem Estrich (5) werden Kupferbänder (3) ausgelegt, die über ein Kupferblech (2) an die Erdleitung (1) angeschlossen werden. Die Kunststoffplatten (4) werden mit einem leitfähigen Kleber auf die Kupferbänder verlegt.

für den Menschen ungefährlich, denn die Ladung selbst ist immer noch minimal. Sie beträgt höchstens ein millionstel Coulomb (10^{-6} C $= 10^{-6}$ As).

Gefahr kann aber entstehen, wenn der Funke in einem Raum aufblitzt, in dem sich explosive Gase oder Dämpfe entwickelt haben. Das ist gelegentlich in Werkräumen der Fall, fast nie aber im Haushalt. In Operationsräumen, in denen sich z. B. Etherdampf bilden kann, dürfen daher keine isolierenden Fußbodenbeläge ausgelegt und keine Schuhe mit isolierenden Sohlen getragen werden. Gefährlich ist auch das Waschen von Seidenstoffen in Waschbenzin. Die Reibung der Seide in der Flüssigkeit kann zu höheren Ladungen führen. Ergibt sich ein Entladungsfunke, löst er unweigerlich die Explosion des dann immer vorhandenen Luft-Benzindampf-Gemisches aus mit schlimmen Folgen. Ein derartiger Waschvorgang darf daher nur im Freien durchgeführt werden, weil dort die Luftbewegung das Entstehen des explosiven Gasgemisches von vornherein verhindert.

Der elektrische Strom beim Essen

Versuch

Galvanische Elemente sind uns eigentlich nur noch in der Form von Taschenlampenbatterien bekannt. Um so mehr überrascht es, daß wir selbst unter besonderen Umständen in den Stromkreis eines galvanischen Elements geraten können, und zwar beim Essen. Aber keine Angst, die auftretende Stromstärke ist völlig harmlos und keinesfalls gesundheitsschädlich. Um sie messen zu können, benötigen wir ein Meßinstrument mit einem Meßbereich, der bei Vollausschlag 1 bis 2 mA anzeigt.

Eine elektrische Spannung entsteht zwischen zwei verschiedenen Metallen, wenn sie in einen Elektrolyt eintauchen. So liefert das Volta-Element, bei dem eine Zink- und eine Kupferelektrode in Schwefelsäure stehen, die Spannung von etwa 1 V. Volta baute im Jahre 1800 die erste brauchbare Stromquelle. Wenn wir mit Messer und Gabel aus verschiedenen Metallen eine säurehaltige Speise essen, tritt ebenfalls zwischen den Metallen eine elektrische Spannung auf.

Weil Aluminium leicht zu bearbeiten ist, besorgen wir uns eine Gabel aus diesem Metall. Den Stiel sägen wir durch und verbinden die beiden Teile wieder mit einem Stück Kunststoff als isolierendes Material. Es kann mit Nieten oder Schrauben und Muttern leicht befestigt werden (Abb. 54). In jedes Teilstück der Gabel bohren wir ein Loch passender Größe und drehen eine Steckbuchse hinein. Die isolierende Stelle der Gabel überbrücken wir mit dem empfindlichen Meßinstrument.

Die so präparierte Gabel dient als eine Elektrode des galvanischen Elements, die andere ist die stählerne Schneide eines Messers. Als Elektrolyt verwenden wir bei unserem Versuch z. B. einen frischen Apfel. Wir stechen zunächst die Zinken der Gabel hinein und fassen ihr freies Ende mit der einen Hand. Die andere Hand schneidet mit dem Messer in den Apfel. (Das Messer darf natürlich nicht die Zinken der Gabel treffen.) Falls das Messer einen Griff aus Holz oder einem anderen isolierenden Material besitzt, müssen wir die Schneide anfassen. Jetzt zeigt das Amperemeter einen Strom an. Dies überrascht, weil unser Körper in dem geschlossenen Stromkreis einen sehr großen Ohmschen Widerstand besitzt.

Abb. 54 Der elektrische Strom beim Essen

Wir können statt mit dem Apfel auch mit anderen Früchten experimentieren. Dabei sollten wir bei der Messung der Stromstärke die Vorsichtsregel beachten, mit einem hohen Meßbereich des Instruments anzufangen und dann erst auf den empfindlicheren Bereich umzuschalten. Besonders zu empfehlen ist solches Vorgehen, falls wir als Elektrolyt eine Tomate verwenden.

Vielleicht gelingt es auch, statt des Meßinstruments ein Taschenlampenbirnchen zum schwachen Glühen zu bringen, um so den Stromfluß »einleuchtend« zu demonstrieren.

Die hüpfende Zigarettenasche und der verbogene Wasserstrahl

Versuch

Beim Auskleiden am Abend ziehen wir einen Pullover über den Kopf. Zu unserer Überraschung erschreckt uns auf einmal ein deutliches Knistern. Manchmal riechen wir auch einen schwachen Ozongeruch. Auch wenn wir unser (trockenes) Haar mit einem Kunststoffkamm kämmen, tritt das Knistern auf. Halten wir darauf den Kamm an unser Ohr, merken wir an einem winzigen, kurzen Schmerz, daß ein Funke überspringt. Er kann auch hörbar sein. Im Dunkeln sehen wir das Fünkchen sogar. Ob diese Erscheinungen eintreten oder nicht, hängt von dem Material ab. Meist handelt es sich um einen der modernen Chemiefaserstoffe Polyacrylnitril oder Polyamid, aber auch um Seide oder Wolle. Das Knistern stellt sich immer dann ein, wenn sich solche Stoffe beim Ausziehen am Körper oder selbst aneinander reiben, nicht aber, solange sie ruhiggehalten werden.

Ein kleiner Funke ist spürbar und oft auch hörbar beim Griff an eine Autotür, eine metallene Türklinke, einen Wasserhahn. Unwillkürlich zuckt die Hand zurück. Wir sagen, das war ein elektrischer Schlag. Auch hier ist immer ein Reibungsvorgang vorausgegangen. Diesmal sind es die Schuhe mit Kunststoffsohle, die über bestimmte Stoffe des Fußbodenbelags schritten. Je länger die Berührung von Schuhen und Fußboden beim Gehen dauerte, desto heftiger empfinden wir den Schlag, z. B. wenn wir über einen langen, mit dem entsprechenden Material belegten Gang gelaufen sind.

Solche alltäglichen Erlebnisse reizen dazu, gezielte Versuche anzustellen. Wir legen z. B. ein Stück Papier auf den Tisch. Es läßt sich leicht und ohne Schwierigkeiten wieder aufheben. Wenn wir aber einige Male unter kräftigem Druck mit dem Handballen über das Papier fahren, scheint es am Tisch zu kleben. Es läßt sich nur schwer und langsam von ihm abziehen.

Recht lustig ist es, wenn wir eine Postkarte auf dem Tisch mit einer Bürste kräftig bürsten. Auch sie haftet an der Tischplatte. Wir streuen einige Krümel Zigarettenasche darauf. Ziehen wir jetzt die Karte vom Tisch ab, wird die Asche auseinander und in die Höhe geschleudert. Die Ascheteilchen fallen wieder zurück, werden erneut abgestoßen und hüpfen so auf der Karte.

Auf dem Schreibtisch finden wir allerlei Gegenstände, die sich für weitere Versuche eignen. Da liegen Füllhalter, Kugelschreiber, ein Lineal aus Plexiglas, ein Zeichendreieck aus Kunststoff, Stücke von Zelluloid und Filme. Aus der Küche holen wir Klarsichtfolie, von Verpackungen Styroporplatten. Wir streuen einige kleine Papierschnitzelchen, Watteflöckchen oder Styroporteilchen auf den Tisch. Dann reiben wir einen der obengenannten Gegenstände am

Ärmel unseres Anzugs oder fahren damit durch unsere Haare. Sobald wir darauf in die Nähe der kleinen Teilchen kommen, springen sie an die geriebenen Stücke und haften daran. Längliche Teilchen werden abgespreizt und stellen sich senkrecht auf. Manche werden wieder abgestoßen und erneut angezogen.

Nicht jedes Material eignet sich für unsere Versuche gleich gut. Es ist unterhaltsam, herauszufinden, welche Stücke besonders schön zu den erwähnten Effekten führen (z. B. Styropor) und was als Reibzeug am besten dient. Letzteres kann ein Lappen aus Seide oder Wolle oder einem Kunststoff sein. Sowohl die geriebenen Körper wie das Reibzeug müssen trocken sein. So kommt es bei feuchtem, regnerischem Wetter oder bei Nebel gelegentlich zu Mißerfolgen bei den Versuchen. Dann hilft es, die Geräte auf der Heizung oder mit der heißen Luft aus dem Fön zu trocknen.

Warum aber werden kleine Stückchen Papier, Watte, Styropor (früher verwendete man gern Holundermarkkügelchen) von den geriebenen Gegenständen angezogen? Da Magnete auch anziehen, wird oft zunächst bei unseren Versuchen an Magnetismus gedacht. Ein Magnet zieht jedoch nur Eisen an, nicht unsere Teilchen. Im Altertum wurden unsere Versuche auch bereits ausgeführt, jedoch rieben die Griechen Bernstein, den sie Elektron nannten. Von diesem Namen ist unser Wort Elektrizität hergeleitet. Unsere Beobachtungen beruhen auf elektrostatischen Kräften.

Ein Körper, der keinerlei elektrische Eigenschaften erkennen läßt, heißt elektrisch neutral. In ihm gleichen sich gleichviele positive und negative elektrische Ladungen aus. Die negativen Ladungen, Elektronen genannt, lassen sich von einem Körper abziehen und auf einen anderen übertragen. Dazu müssen die beiden Körper in möglichst enge Berührung gebracht werden. Das geschieht beim kräftigen Reiben, beim Bürsten, beim Ziehen eines Kammes durch das Haar. Dann werden dem einen Gegenstand Elektronen entzogen, er hat Mangel an Elektronen. Der andere Gegenstand erhält einen Überschuß an Elektronen. Entfernen wir jetzt die beiden Körper voneinander, entsteht zwischen ihnen eine elektrische Spannung. Die Körper wollen den Unterschied im Elektronenhaushalt ausgleichen und ziehen einander an. Der Ausgleich kann auch durch einen Funken erfolgen.

Zwei Gegenstände mit gleichen Ladungen stoßen sich ab. Das sehen wir in dem Versuch mit der Zigarettenasche, die wir auf das geriebene Lineal streuen. Die Teilchen laden sich mit der überschüssigen Ladung des Lineals selber gleichartig auf und werden abgestoßen, so daß sie hüpfen.

Ein geladener Körper kann bei einem anderen elektrisch neutralen Körper dessen Ladungen trennen, ohne daß sie den Körper verlassen. Dann ist die eine Seite positiv, die gegenüberliegende negativ geladen. Das zeigen wir in der Küche am Wasserhahn. Wir lassen einen dünnen Strahl Wasser auslaufen und nähern ihm von der Seite her ein stark geriebenes und somit elektrisch geladenes Stück Styropor. Der Strahl biegt sich nach dem Styropor hin, wie es die Abb. 55 zeigt und erläutert.

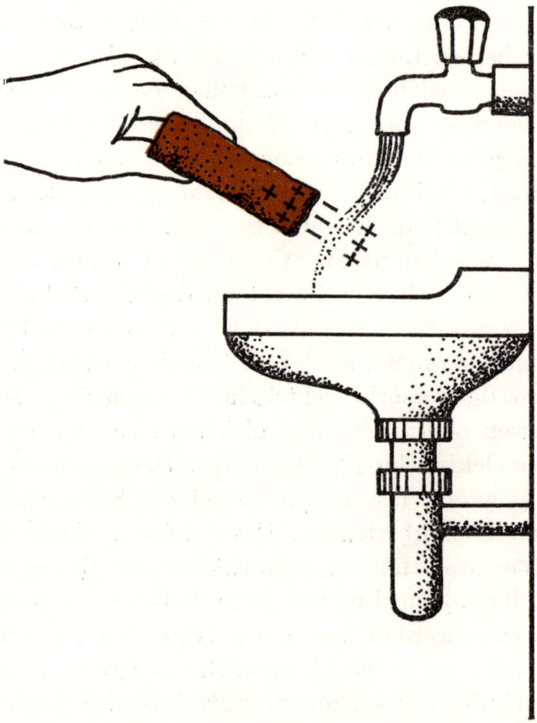

Abb. 55 Die hüpfende Zigarettenasche

Versuch

Der Transport, die Übertragung von Energie von einer Stelle zur anderen, ist ein wichtiges technisches Problem. Wir denken z. B. daran, wie die elektrische Energie vom Kraftwerk zu uns ins Haus und in die Wohnung gelangt. Hier sind Erdkabel und Freileitungen erforderlich. Beim Rundfunk und Fernsehen wird Energie vom Sender zum Empfänger drahtlos durch den Raum übertragen. Dabei müssen auf beiden Seiten Schwingkreise aufeinander abgestimmt sein. Sie sind miteinander gekoppelt. Was verstehen wir unter Kopplung ?

Am einfachsten machen wir uns das an einem Beispiel aus der Mechanik verständlich. Wir hängen zwei gleiche, längere Fadenpendel auf, vielleicht am Türrahmen. Es sind Fäden, z. B. dünne Angelschnüre, die unten mit gleichschweren Stücken belastet sind. Wir achten auf wirklich gleiche Längen. Stoßen wir das eine Pendel an, daß es in Schwingungen gerät, macht das dem anderen gar nichts aus. Es bleibt ruhig hängen. Nun verbinden wir die beiden Pendelfäden in gleicher Höhe durch einen leicht gespannten Gummifaden. Setzen wir jetzt das eine Pendel in Schwingungen, passiert etwas Merkwürdiges. Die größte Auslenkung, die sogenannte Amplitude, dieses ersten Pendels wird immer kleiner. Das andere, zweite Pendel kommt ganz von selbst in Schwingungen. Das erste Pendel kommt allmählich sogar ganz in Ruhe. Dann erreichen die Auslenkungen des zweiten Pendels gerade die Größe der Amplitude des ersten Pendels zu Beginn dessen Schwingungen. Nun kehrt sich der Vorgang um. Die Auslenkungen des zweiten Pendels werden kleiner, es kommt zur Ruhe. Dafür nehmen die Auslenkungen des ersten Pendels zu, bis sie wieder die volle Größe der der allerersten Amplitude erreichen. Und wieder beginnt das Spiel von neuem. Natürlich nehmen alle Auslenkungen nach und nach wegen der vorhandenen Reibung, die bremsend wirkt, ab.

Was ist bei diesem Experiment geschehen ? Wir haben dem ersten Pendel durch unseren Anstoß Energie zugeführt. Sie ist allmählich vollständig auf das zweite Pendel übertragen worden, wie wir an den Bewegungen der Pendel sehen. Dazu war aber der Gummifaden notwendig. Er stellte eine Kopplung zwischen den Pendeln her.

Wer übrigens gerade keinen Gummifaden zur Hand hat, kann auch ein Stück Seil zwischen die Pendelfäden knüpfen und es in der Mitte mit einem kleinen Gewicht belasten. Das Kopplungsglied ist bei diesem Versuch sichtbar. Viel verblüffender und geheimnisvoller ist es, wenn die Kopplung nicht zu sehen ist. Dazu brauchen wir für einen neuen Versuch zwei gleiche, etwa 40 cm lange Lineale aus Plexiglas oder Zelluloid. Sie müssen an einem Ende ein Loch haben. Sie sollen nämlich um einen durch das Loch gesteckten Stift als Pendel schwingen.

Damit die Reibung zwischen Stift und Lineal möglichst klein bleibt – sonst wird die Schwingung zu stark gedämpft –, muß der Stift recht glatt und dünn sein. Gut eignen sich Stricknadeln. Wir stecken zwei Nadeln in die Schmalseiten von kleinen Brettchen, nachdem wir die Löcher mit einem dünnen Nagel vorgearbeitet haben. Die Brettchen legen wir über die Tischkante und beschweren sie tüchtig, damit sie beim Schwingen der übergehängten Lineale absolut festliegen (Abb. 56).

Die Lineale hängen wir in etwa 10 cm Abstand so auf, daß sie, ohne sich zu berühren, in ein und derselben Ebene schwingen kön-

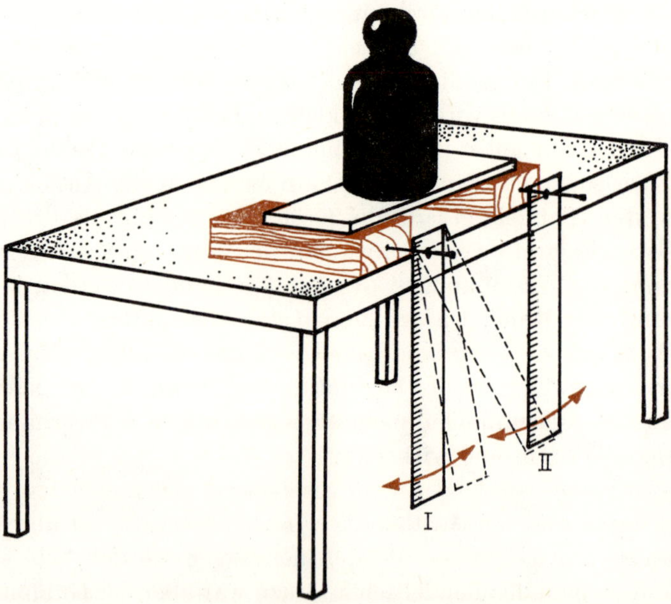

Abb. 56 Die gekoppelten Lineale

nen. Nun probieren wir noch aus, wie stark wir sie anstoßen dürfen, damit sie sich bei ihren Bewegungen nicht treffen. Rutscht ein Lineal beim Schwingen nach vorn oder hinten, klemmen wir Pappestückchen unter das Brettchen, bis die Nadel wirklich horizontal liegt. Endlich achten wir noch darauf, daß beide Lineale im gleichen Takt, d. h. mit gleicher Frequenz, schwingen. Lassen wir jetzt das Lineal I schwingen, bleibt das Lineal II in Ruhe und umgekehrt ebenso.

Nach diesen Vorbereitungen kommt der eigentliche Versuch! Wir laden die beiden Lineale elektrisch auf. Dazu legen wir sie auf den Tisch und reiben mit einem Wolltuch oder mit dem trocknen Handballen mehrmals kräftig darüber. Dann heben wir sie senkrecht von der Tischplatte hoch. Zur Probe, ob ein Lineal tatsächlich geladen ist, nähern wir ihm einen Finger. Es muß ein winziger Funke knisternd überspringen. Das Lineal muß dann neu geladen werden.

Wir hängen die geladenen Lineale über die Nadeln. Das Lineal I stoßen wir an, das Lineal II bleibt dabei in Ruhe. Der Anstoß muß mit einem Nichtleiter erfolgen, z. B. mit einem Bleistift oder Kugelschreiber. Die Berührung mit einem Finger würde ja das Lineal wieder entladen. Bald fängt das Lineal II an zu schwingen. Erst sind die Auslenkungen noch sehr klein, dann werden sie immer größer. Gleichzeitig nehmen die Auslenkungen des Lineals I ab, sie werden kleiner, bis dieses Lineal ganz zur Ruhe kommt. Anschließend kehrt sich das Spiel um. Das Lineal II kommt nach und nach zur Ruhe, das Lineal I beginnt wieder zu schwingen.

Am Anfang des Versuchs haben wir mit der Hand Arbeit verrichtet, um das Lineal I anzuheben. Wir haben Energie hineingesteckt. Sie wandelt sich zunächst in Schwingungsenergie um. Wo bleibt sie, wenn dieses Lineal zur Ruhe kommt? Weil das Lineal II von unseren Händen keine Energie empfängt, muß es, um schwingen zu können, die dazu nötige Energie offenbar vom Lineal I herübergeholt haben. Jetzt begreifen wir, warum dieses Lineal mit immer kleineren Auslenkungen schwingt und schließlich stehenbleibt. Die Energie wandert vom Lineal I zum Lineal II und wieder zurück.

Dieser Austausch der Energie von einem Lineal zum anderen und früher von einem Fadenpendel zum anderen ist charakteristisch für gekoppelte Schwingungen von zwei Systemen mit gleicher Frequenz. Aber wo ist bei den Linealen die Kopplung? Wir sehen sie nicht. Hier liegt eine elektrostatische Feldkopplung vor. Das zuerst aufgeladene Lineal umgibt sich mit einem für uns unsichtbaren elektrischen Feld. Das Lineal II taucht hinein, entzieht dem Lineal I Energie und übernimmt sie für sich. Nun wird uns auch klar, warum wir zwei elektrische Schwingkreise aufeinander abstimmen müssen. Sie müssen eben gleiche Frequenzen haben, dann wechselt auch bei ihnen die Energie von einem Schwingkreis zum anderen über. Das gilt auch für Sender und Empfänger bei Rundfunk und Fernsehen. Dabei handelt es sich um elektromagnetische Felder, die die Kopplung herbeiführen.

Wir können unsere Versuche noch mannigfach variieren. So ist es reizvoll, die Kopplung bei den Fadenpendeln durch strafferes Spannen des Gummifadens bzw. stärkere Belastung des zwischengespannten Seils enger zu machen. Dann verläuft der Energieaustausch schneller.

Es ist auch möglich, die Längen der Pendelfäden und damit die Frequenzen der beiden Pendel zu verändern, also etwas verschieden lang zu wählen. Dann erfolgt der Energieaustausch nicht vollständig, und es kommt z. B. eines der Pendel nicht völlig zur Ruhe. Ähnlich können wir unterschiedlich lange Lineale verwenden oder sie mehr oder weniger weit voneinander aufhängen. So ist eine ganze Serie interessanter Beobachtungen zur Kopplung möglich.

Literaturhinweise

Als man in der Physik noch ohne unsere heutigen elektronischen Hilfsmittel und hochempfindlichen Apparaturen auskommen mußte, wurde trotzdem eifrig mit einfachen Hilfsmitteln experimentiert. Viele solcher Versuche ohne großen Aufwand an Geräten sind in alten Büchern aufgezeichnet, z. B. in

La Physique sans appareils, Gaston Tissandier, Paris 1883, Le nature, Revue des Sciences, G. van der Mensbrugghe und F. Lenoine, Paris 1889,

La science amusante, Arth. Good, Paris, I/1890; II/1892, Soap bubbles and the forces which mould them, van der Mensbrugghe, London, 1890,

Light visible and invisible, S. P. Thoson, London, 1896, Physikalisches Spielbuch für die Jugend, B. Donath, 1907.

Die darin angegebenen Versuche wurden bis in die heutige Zeit von vielen Autoren in Lehrbücher, Zeitschriften und volkstümliche Bücher übernommen, ohne die eigentliche Herkunft noch zu erwähnen. Meist wird sie sogar unbekannt gewesen sein. Im vorliegenden Buch gehen viele Versuchsbeschreibungen auf die genannten alten Werke zurück, nur wurden sie den Ansprüchen unserer Zeit entsprechend formuliert.

Außerdem danke ich Herrn Professor Erich Krumm, Freiburg, für die Mitteilung zahlreicher sonstiger Anregungen und für Vorschläge für Versuche.